全国高职高专建筑类专业规划教材

建筑装饰制图与识图

主　编　张多峰
副主编　吴　云　周　红　仇多荣
　　　　张　剑　张　敏　张永恒
主　审　孟庆伟

黄河水利出版社
·郑　州·

内 容 提 要

本书是全国高职高专建筑类专业规划教材，是根据教育部对高职高专教育的教学基本要求及中国水利教育协会职业技术教育分会高等职业教育教学研究会组织制定的建筑装饰工程制图与识图课程标准编写完成的。本书为任务驱动型教材，适应“教、学、做一体化”教学模式，与黄河水利出版社出版的张多峰主编《建筑装饰制图与识图习题集》配套使用，采用2011 年、2017 年国家颁布的有关房屋建筑制图标准编写。本书共有19 个学习型任务，内容包括：课程了解与制图工具准备、制图标准学习与应用、绘制平面几何图形、徒手绘制平面图形、绘制正投影图与三视图、绘制平面体三视图、绘制曲面体三视图、绘制组合体三视图、绘制常见螺旋形体三视图、绘制正等轴测图、绘制斜二轴测图、识读组合体视图补画第三视图、视图表达、剖面图表达、断面图表达、识读房屋建筑施工图、绘制房屋建筑施工图、房屋建筑装饰施工图识读、建筑装饰工程测绘等。

本套教材可供高等职业院校建筑装饰专业使用，也可作为建筑装饰从业人员的参考用书。

图书在版编目(CIP)数据

建筑装饰制图与识图/张多峰主编. —郑州：黄河水利出版社，2019. 4
全国高职高专建筑类专业规划教材
ISBN 978 - 7 - 5509 - 2315 - 7

Ⅰ. ①建…　Ⅱ. ①张…　Ⅲ. ①建筑装饰 - 建筑制图 - 高等职业教育 - 教材②建筑装饰 - 建筑制图 - 识别 - 高等职业教育 - 教材　Ⅳ. ①TU238

中国版本图书馆 CIP 数据核字(2019)第 052662 号

组稿编辑：王路平　电话：0371 - 66022212　E-mail：hhslwlp@163. com
　　　　　田丽萍　　　　66025553　　　　912810592@qq. com

出 版 社：黄河水利出版社　　网址：www. yrcp. com
　　地址：河南省郑州市顺河路黄委会综合楼 14 层　邮政编码：450003
发行单位：黄河水利出版社
　　发行部电话：0371 - 66026940、66020550、66028024、66022620(传真)
　　E-mail：hhslcbs@126. com
承印单位：河南承创印务有限公司
开本：787 mm × 1 092 mm　1/16
印张：11. 25
字数：250 千字　　印数：1—2 100
版次：2019 年 4 月第 1 版　　印次：2019 年 4 月第 1 次印刷

定价：32. 00 元

前 言

本书是贯彻落实《国家中长期教育改革和发展规划纲要(2010～2020年)》、《国务院关于加快发展现代职业教育的决定》(国发〔2014〕19号)、《现代职业教育体系建设规划(2014～2020)年)》等文件精神,在中国水利教育协会指导下,由中国水利教育协会职业技术教育分会高等职业教育教学研究会组织编写的第二轮建筑类专业规划教材。本套教材力争实现项目化、模块化教学模式,突出现代职业教育理念,以学生能力培养为主线,体现出实用性、实践性、创新性的教材特色,是一套理论联系实际、教学面向生产的高职教育精品规划教材。

《建筑装饰制图与识图》教材按照建筑装饰设计员与施工员的岗位任职要求构建教学内容,应用"任务驱动,教、学、做一体化"的课程教学模式,突出学生实践能力培养,可作为高等职业教育教学用书。

建筑装饰设计员与施工员岗位要求学生具有识读和绘制建筑装饰工程施工图的能力。本书从生产实际出发,参照建筑装饰施工员职业资格标准,设计了19个学习型任务,主要内容包括:课程了解与制图工具准备、制图标准学习与应用、绘制平面几何图形、徒手绘制平面图形、绘制正投影图与三视图、绘制平面体三视图、绘制曲面体三视图、绘制组合体三视图、绘制常见螺旋形体三视图、绘制正等轴测图、绘制斜二轴测图、识读组合体视图补画第三视图、视图表达、剖面图表达、断面图表达、识读房屋建筑施工图、绘制房屋建筑施工图、房屋建筑装饰施工图识读、建筑装饰工程测绘等。

本书有以下几个突出特点:

1. 按任务编排教学内容,将制图理论学习和制图能力训练紧密结合,适应"任务驱动,教、学、做一体化"的教学模式,便于学习任务的教学学时安排,便于结合CAD软件完成较复杂的绘图实训任务。

2. 力求标准严谨规范、概念定义通俗易懂、图例丰富生动、制图方法针对性强。

3. 采用现行的有关建筑工程制图的国家标准,主要有:《房屋建筑室内装饰装修制图标准》(JGJ/T 244—2011)、《房屋建筑制图统一标准》(GB/T 50001—2017)。

本书由山东水利职业学院主持编写,其他高职高专院校协助编写;作为校企合作单位,日照市建筑设计研究院有限公司参与教材编写工作,着力结合企业的实际工作案例,将新方法、新内容、新规范、新标准等编入教材。

本书编写人员及编写分工如下:山东水利职业学院张多峰编写任务1、任务2、任务5;安徽水利水电职业技术学院仇多荣编写任务3、任务4;河南水利与环境职业学院张剑编写任务6、任务7;日照市建筑设计研究院有限公司张永恒编写任务8、任务9;广西水利电力职业技术学院刘政权编写任务10、任务11;长江工程职业技术学院牛彧男编写任务12、任务13;山西水利职业技术学院吴云编写任务14、任务15;山东水利职业学院张敏编写任务16、任务18;山东水利职业学院周红编写任务17、任务19。本书由张多峰担任主编，主持编写和统稿工作；由吴云、周红、、仇多荣、张剑、张敏、张永恒担任副主编；由河南水利与环境职业学院孟庆伟担任主审。

本书在编写过程中，得到了李宜法设计师的大力协助，特此表示衷心感谢！

由于作者水平有限，书中难免存在错误和不当之处，恳请读者批评指正，欢迎向编者(sdsxzdf@163.com)提出您宝贵的意见或建议。

编　者

2019 年 1 月

目 录

任务1　课程了解与制图工具准备

1　本课程的地位和作用

在现代房屋装饰装修工程中，表达和交流设计构思、解决技术问题，都离不开建筑装饰工程图样。所谓建筑装饰工程图样，就是表达装饰工程构筑物的形状、大小、材料、构造以及各组成部分之间安装关系的图纸。在建筑装饰工程技术领域，建筑装饰图样是建筑装饰工程技术人员用以表达设计意图、组织生产施工、交流技术思想的重要技术资料。设计人员通过图样把房屋装饰工程的结构、材料、尺寸、效果表达出来，施工人员通过图样组织建筑装饰施工，客户通过装饰图样来进行意见交流、装饰维护和更新改造。因此，工程图是工程技术人员的“共同语言”。

“建筑装饰制图与识图”是学习如何用规定的图示方法来表达空间物体、培养空间想象和思维能力、掌握绘制和阅读工程图样方法的一门课程，是建筑装饰工程专业的一门重要技术基础课。

2　本课程的教学目的、内容及要求

本课程的教学目的是培养学生达到房屋建筑装饰工程一线技术员所应具有的绘制、阅读工程图样的能力水平，其具体的教学内容和要求如下所述。

2.1　制图基本知识

要求掌握建筑装饰制图基本标准；正确使用制图仪器；掌握平面图形的绘图方法。

2.2　正投影原理和制图方法

要求掌握正投影的基本原理及各种图示方法，能够图示表达常见形体结构；掌握轴测图的画法。

2.3　专业制图

要求掌握房屋建筑装饰相关专业制图标准；掌握工程图的图示特点、表达方法；能够识读房屋建筑装饰施工图、钢筋混凝土结构施工图、钢结构施工图、室内给水排水施工图等图样。

3　本课程的学习方法

3.1　理解制图原理

正投影原理是工程制图的基本理论，课堂学习重在理解制图原理，注意分析物体与平面图形的对应关系，逐步培养空间想象能力。

3.2　掌握制图方法

不同特点的建筑装饰构筑物制图方法不同，课程的主要内容就是解决各种形体的制图方法和读图方法。绘图和识图方法的掌握运用主要是通过完成一系列的学习任务来实现的，所以学习中最重要的环节是制图和识图的实训。

3.3 学习与工程实践相结合

工程图样直接为生产建设服务，与专业技术密切相关，在绘制和阅读建筑装饰图样的过程中，注意与装饰施工实践相结合，逐步积累建筑装饰专业知识。

3.4 保证作业质量

制图和识图实训任务重，要求质量高，学习过程中需要培养耐心细致的工作作风和持之以恒的精神品质。

4 手工制图常用工具与使用

4.1 图板、丁字尺和三角板

图板是铺贴图纸用的，要求板面平滑光洁；又因它的左侧边为丁字尺的导边，所以必须平直光滑，图纸用胶带纸固定在图板上。当图纸较小时，应将图纸铺贴在图板靠近左上方的位置，如图 1-1 所示。

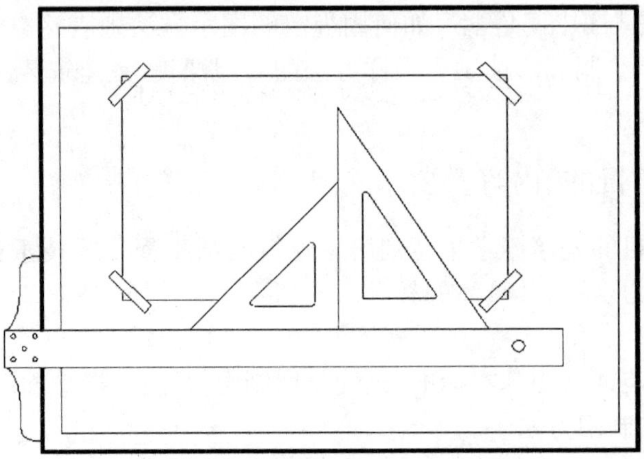

图 1-1 图板、丁字尺和三角板

丁字尺由尺头和尺身两部分组成。它主要用来画水平线，其头部必须紧靠绘图板左边，然后用丁字尺的上边画线。移动丁字尺时，用左手推动丁字尺头沿图板上下移动，把丁字尺调整到准确的位置，然后压住丁字尺进行画线。画水平线是从左到右画，铅笔前后方向应与纸面垂直，而在画线前进方向倾斜约 30°，有多条水平线时，按先上后下的顺序依次画出，如图 1-2(a)所示。画竖直线是从下向上画，在画线前进方向略有倾斜，有多条竖直线时，按先左后右的顺序依次画出，如图 1-2(b)所示。

三角板分 45°和 30°、60°两块，可配合丁字尺画铅垂线及 15°倍角的斜线，如图 1-2(c)所示。用两块三角板配合可以画任意角度已知直线的平行线或垂直线，如图 1-3 所示。

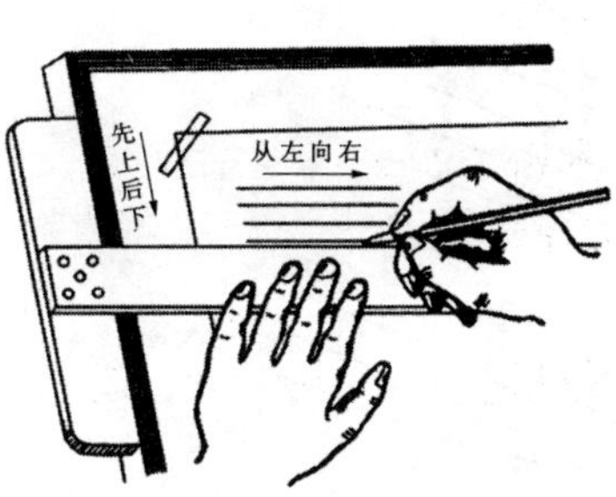

(a) 画水平线

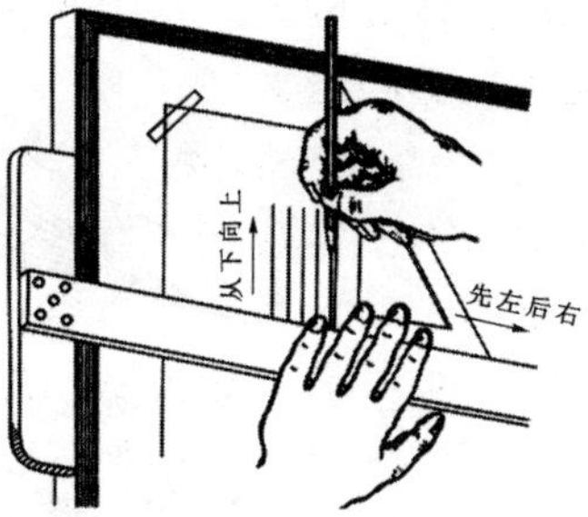

(b) 画垂直线

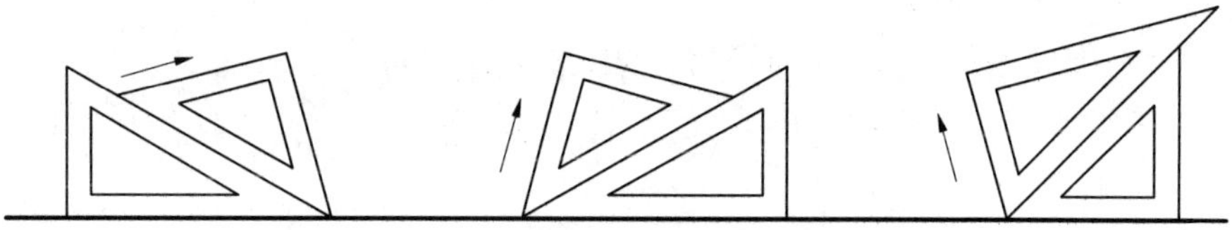

15°　　75°　　105°

(c)画常用角度的线

图 1-2　丁字尺和三角板的配合使用

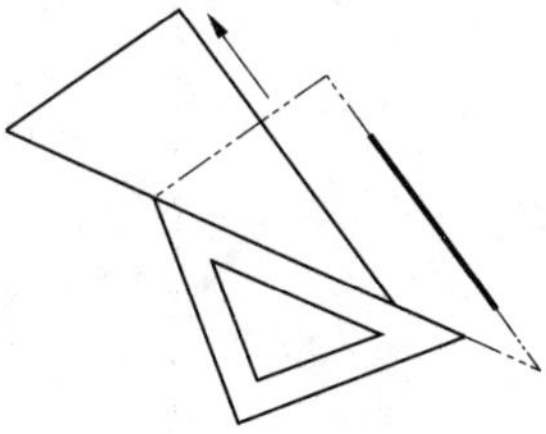

(a)平行线

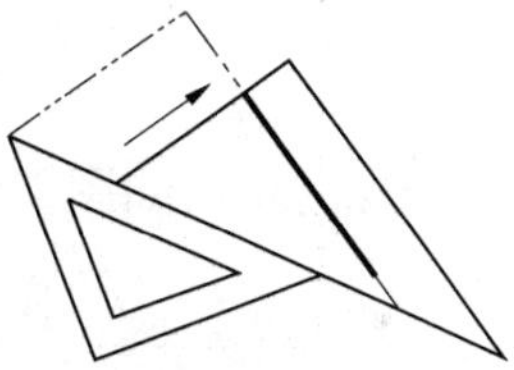

(b)垂直线

图 1-3　三角板画平行线和垂直线

4.2　铅笔

绘图用铅笔的铅芯分别用 B 和 H 表示其软、硬程度，绘图时根据不同使用要求，应准备以下几种硬度不同的铅笔；

B 或 HB——画粗实线用；

HB 或 H——画箭头和写字用；

H 或 2H——画各种细线和画底稿用。

其中用于画粗实线的 B 或 HB 型铅笔磨成矩形，其宽度 b 为粗实线的线宽（一般 $b \approx 0.7$ mm），其余的磨成圆锥形，如图 1-4 所示。

4.3　圆规和分规

圆规用来画圆和圆弧。画图时应尽量使钢针和铅芯都垂直于纸面，钢针的台阶与铅芯尖应平齐，使用方法如图 1-5 所示。

分规主要用来量取线段长度或等分已知线段。分规的两个针尖应调整平齐。从比例尺上量取长度时，针尖不要正对尺面，应使针尖与尺面保持倾斜。用分规等分线段时，通

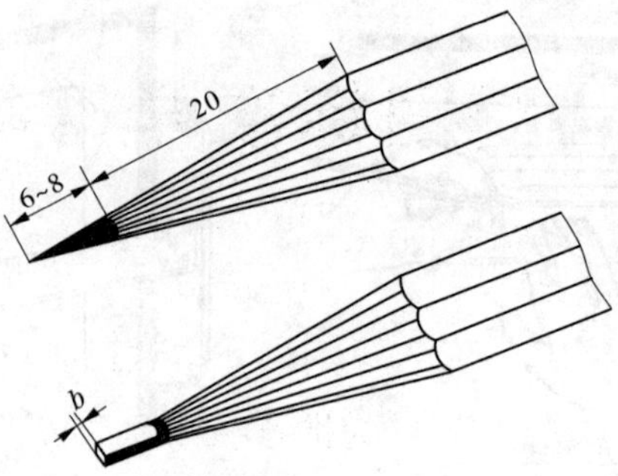

图 1-4　铅芯的形状图

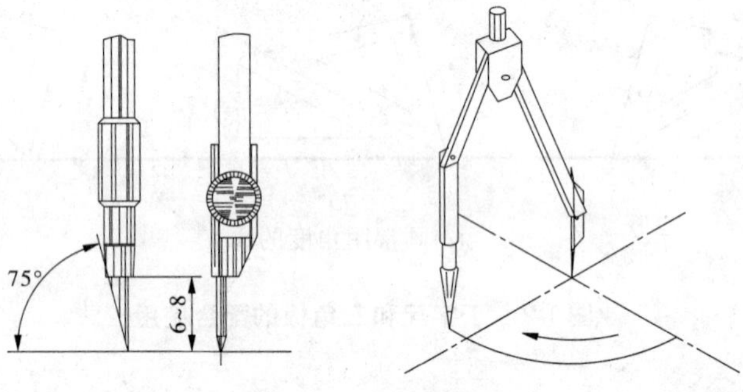

图 1-5　圆规的用法

常要用试分法。分规的用法如图 1-6 所示。

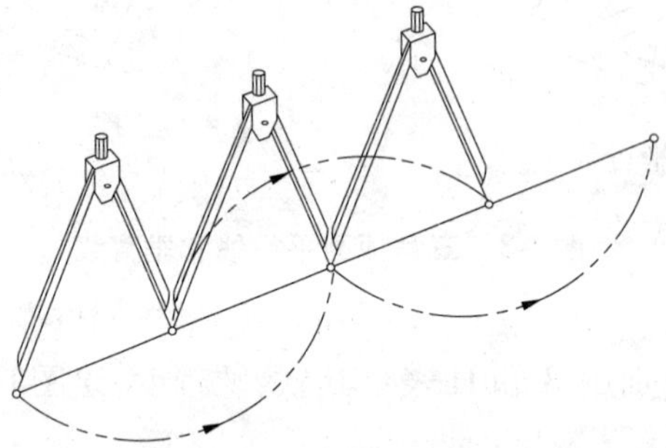

图 1-6　分规的用法

任务 2　制图标准学习与应用

1　常用制图国家标准

我国国家标准代号为“GB”（“GB/T”为推荐性国标），现行的有关建筑制图的国家标准有：《房屋建筑室内装饰装修制图标准》（JGJ/T 244—2011）、《房屋建筑制图统一标准》（GB/T 50001—2017）、《总图制图标准》（GB/T 50103—2010）、《给水排水制图标准》（GB/T 50106—2010）等。其中，《房屋建筑制图统一标准》（GB/T 50001—2017）是各相关专业的通用部分。

本任务主要学习《房屋建筑制图统一标准》（GB/T 50001—2017）和《房屋建筑室内装饰装修制图标准》（JGJ/T 244—2011）的基本规定，主要包括图幅、图线、字体、比例、尺寸标注等。

1.1　图纸的幅面和格式

1.1.1　图纸幅面、图框

图纸的幅面规格共有 5 种，从大到小的幅面代号为 A0、A1、A2、A3、A4。图幅的幅面代号和尺寸见表 2-1。

表 2-1　图纸幅面代号和尺寸　（单位：mm）

幅面代号	A0	A1	A2	A3	A4
$B \times L$	841 × 1 189	594 × 841	420 × 594	297 × 420	210 × 297
a	25				
c	10			5	

A0 图幅的面积为 1 m^2，A1 图幅由 A0 图幅对裁而得，其他图幅依此类推。

长边作为水平边使用的图幅称为横式图幅，短边作为水平边使用的图幅称为立式图幅。A0 ~ A3 图幅宜横式使用，必要时立式使用，A4 图幅只立式使用。

在图纸上，图框线用粗实线画出，如图 2-1 所示。图形必须画在图框之内。

1.1.2　标题栏

标题栏是用来说明图样内容的专栏。每张图纸都应在图框的右下角设置标题栏，位置如图 2-1 所示。标题栏格式如图 2-2 所示，根据工程需要选择确定其尺寸、格式及分区。签字区应包含实名列和签名列。

1.1.3　会签栏

会签栏应按图 2-3 的格式绘制，其尺寸应为 100 mm × 20 mm，栏内应填写会签人员的专业、姓名、日期（年、月、日）；一个会签栏不够时，可另加一个，两个会签栏应并列；不需会签的图纸可不设会签栏。

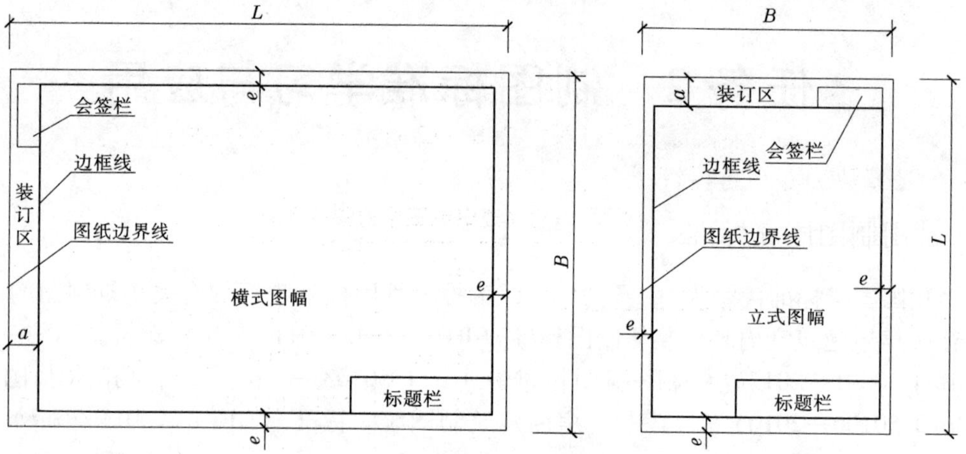

图 2-1　需要装订图样的图框格式

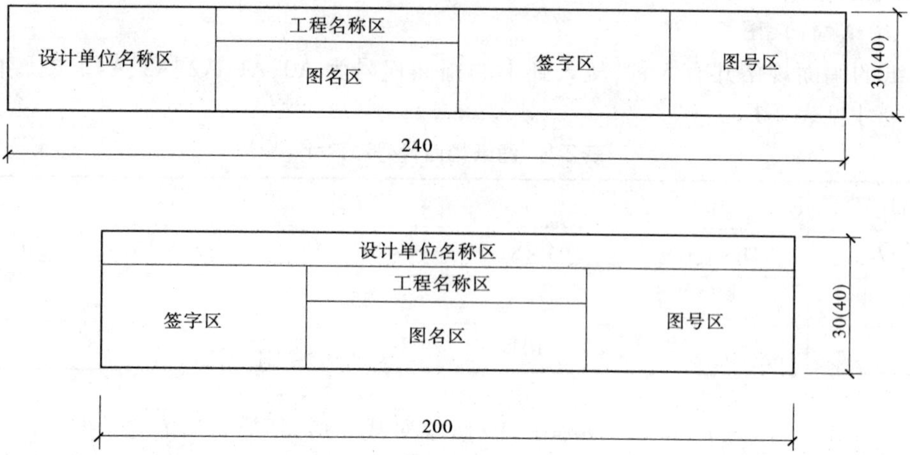

图 2-2　标题栏　(单位:mm)

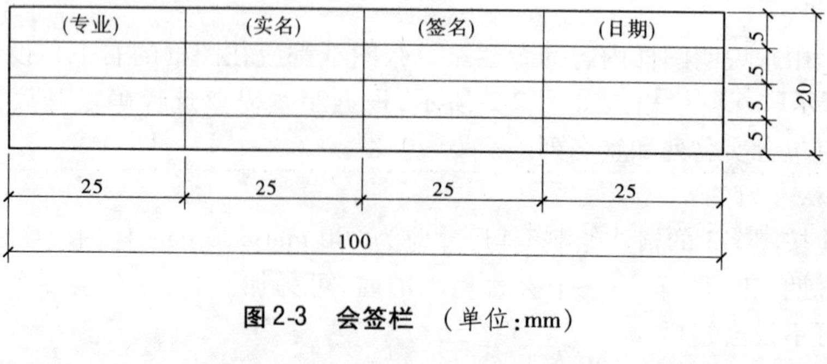

图 2-3　会签栏　(单位:mm)

1.2　图线

1.2.1　线型

房屋建筑制图最常用的几种线型如表2-2所示。手工绘图时，一般情况下，虚线的每画长宜为3～6 mm，点画线的长画长宜为8～12 mm，点画线的短画长宜为1 mm左右，虚线和点画线每画间的间隔宜为1 mm左右。

表2-2　房屋建筑制图中的常用图线

名称	线型	线宽	用途
粗实线		b	主要可见轮廓线
中实线		$0.5b$	可见轮廓线、尺寸线
细实线		$0.25b$	图例填充线、家具线
粗虚线		b	新建的给水排水管道线、总平面图中的地下建筑物或地下构筑物等
中虚线		$0.5b$	不可见轮廓线、图例线
细虚线		$0.25b$	图例填充线、家具线
粗单点长画线		b	起重机(吊车)轨道线
细单点长画线		$0.25b$	中心线、对称线、定位轴线等
粗双点长画线		b	预应力钢筋线等
细双点长画线		$0.25b$	假想轮廓线、成型以前的原始轮廓线
折断线		$0.25b$	断开界线
波浪线		$0.25b$	断开界线

1.2.2　线宽

房屋建筑制图图线的宽度b，宜从下列线宽系列中选用：2.0 mm、1.4 mm、1.0 mm、0.7 mm、0.5 mm、0.35 mm。选定基本线宽b，再根据线宽比就可以确定中粗线和细线的宽度。每个图样应根据复杂程度与比例大小，选用表2-3中相应的线宽组。同一张图纸内，相同比例的各图样，应选用相同的线宽组。

表2-3　线宽组　　（单位：mm）

线宽比	线宽组					
b	2.0	1.4	1.0	0.7	0.5	0.35
$0.5b$	1.0	0.7	0.5	0.35	0.25	0.18
$0.25b$	0.5	0.35	0.25	0.18		

图纸的图框和标题栏线，可采用表2-4所示的线宽。

表 2-4 图框和标题栏线宽

幅画代号	图框线	标题栏外框线	标题栏分格线、会签栏线
A0,A1	b	$0.5b$	$0.35b$
A2、A3、A4	b	$0.7b$	$0.35b$

1.2.3 图线的画法规定

(1)相互平行的两直线,其间隙不宜小于其中的粗线宽度,且不宜小于 0.7 mm。

(2)虚线、单点长画线或双点长画线的线段长度和间隔,宜各自相等。

(3)单点长画线或双点长画线,当在较小的图形中绘制有困难时,可用实线代替。

(4)单点长画线或双点长画线的两端不应是点,点画线与点画线交接或点画线与其他图线交接时,应是线段交接。

(5)虚线与虚线交接或虚线与其他图线交接时,应是线段交接。虚线为实线的延长线时,不得与实线连接,如图 2-4 所示。

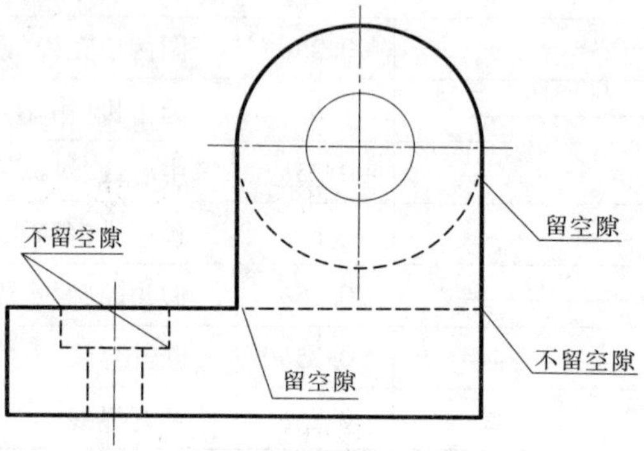

图 2-4 图线的画法

(6)图线不得与文字、数字或符号重叠、混淆,不可避免时,应首先保证文字等的清晰。

1.3 字体

房屋建筑工程图中书写字体的基本要求如下:

(1)图纸上所需书写的文字、数字或符号等,均应笔画清晰、字体端正、排列整齐;标点符号应清楚正确。

(2)文字的字高,应从如下系列中选用:3.5 mm、5 mm、7 mm、10 mm、14 mm、20 mm。如需书写更大的字,其高度应按$\sqrt{2}$的比值递增。

(3)图样及说明中的汉字,宜采用长仿宋体,宽度与高度的关系应符合表 2-5 的规定。大标题、图册封面、地形图等的汉字,也可书写成其他字体,但应易于辨认。

表 2-5 长仿宋体字高宽的关系 (单位:mm)

字高	20	14	10	7	5	3.5
字宽	14	10.	7	5	3.5	2.5

书写长仿宋字的要领是:横平竖直、起落分明、笔锋满格、布局均匀。如图 2-5 所示是长仿宋体字的书写示例。

横平竖直　注意起落　结构均匀　排列整齐

图 2-5　长仿宋体字例

(4)拉丁字母、阿拉伯数字与罗马数字的字高,应不小于 2.5 mm。数量的数值注写,应采用正体阿拉伯数字。各种计量单位凡前面有量值的,均应采用国家颁布的单位符号注写,并应采用正体字母。拉丁字母、阿拉伯数字与罗马数字,如需写成斜体字,其斜度应是从字的底线逆时针向上倾斜 75°。

拉丁字母、阿拉伯数字与罗马数字的示例如图 2-6 所示。

ABCDEFGHIJKLMNOPQRSTUVWXYZ

abcdefghijklmnopqrstuvwxyz

ABCDEFGHIJKLMNOPQRSTUVWXYZ

abcdefghijklmnopqrstuvwxyz

1234567890

1234567890

I　II　III　IV　V　VI　VII　VIII　IX　X

I　II　III　IV　V　VI　VII　VIII　IX　X

图 2-6　拉丁字母、阿拉伯数字与罗马数字示例

(5)分数、百分数和比例数的注写,应采用阿拉伯数字和数学符号,例如:四分之三、百分之二十五和一比二十应分别写成 3/4、25% 和 1:20。

1.4　比例

(1)图样的比例,应为图形与实物相对应的线性尺寸之比。比例的大小,是指其比值的大小,如 1:50 大于 1:100。

(2)比例的符号为":",比例应以阿拉伯数字表示,如 1:1、1:2、1:100 等。

(3)比例宜注写在图名的右侧,字的基准线应取平;比例的字高宜比图名的字高小一号或二号。比例标注的样例如图 2-7 所示。

平面图 1:100　　② 1:100

图 2-7　比例的注写

(4)绘图所用的比例,应根据图样的用途与被绘对象的复杂程度,从表 2-5 中选用,并优先用表中常用比例。

表 2-5　绘图所用的比例

常用比例	1:1　1:2　1:5　1:10　1:20　1:50　1:100　1:150　1:200　1:500　1:1 000 1:2 000　1:5 000　1:10 000　1:20 000　1:50 000　1:100 000　1:200 000
可用比例	1:3　1:4　1:6　1:15　1:25　1:30　1:40　1:60　1:80　1:250　1:300　1:400 1:600　1:5 000　1:10 000　1:20 000　1:50 000　1:100 000　1:200 000

1.5　尺寸标注

1.5.1　尺寸的组成

图样上的尺寸标注,包括尺寸界线、尺寸线、尺寸起止符号和尺寸数字,如图 2-8 所示。

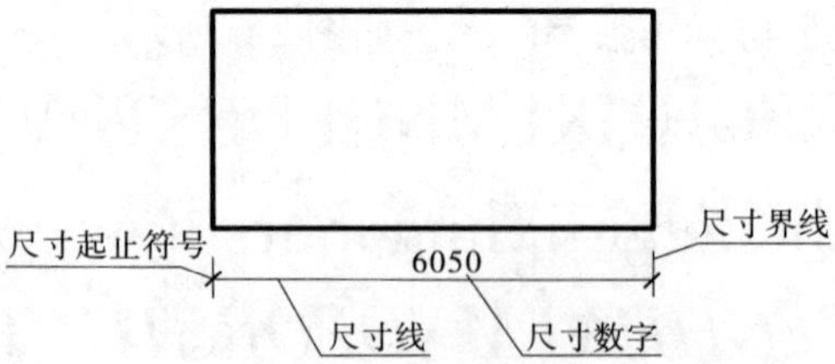

图 2-8　尺寸的组成

1.5.1.1　尺寸界线

尺寸界线应用细实线绘制,一般应与被注长度垂直,其一端应离开图样轮廓线不小于 2 mm,另一端宜超出尺寸线 2 ~ 3 mm,图样轮廓线可兼作尺寸界线,如图 2-9 所示。

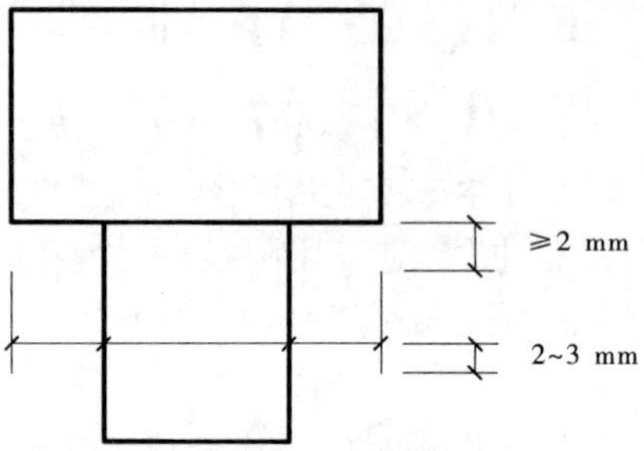

图 2-9　尺寸界线

1.5.1.2　尺寸线

尺寸线用细实线绘制,应与被注长度平行,如图 2-8 所示,图样本身的任何图线均不得用作尺寸线。

1.5.1.3　尺寸起止符号

建筑制图中尺寸起止符号可以用中粗斜短线绘制。中粗斜短线的倾斜方向应与尺寸界线成顺时针 45°角,长度宜为 2 ~ 3 mm,样式如图 2-10(c)所示。半径、直径、角度与弧长的尺寸起止符号,宜用箭头表示,箭头宽度 b 不宜小于 1 mm,样式如图 2-10(a)或图 2-10(b)所示。轴测图中用小圆点表示尺寸起点符号,小圆点直径 1 mm。

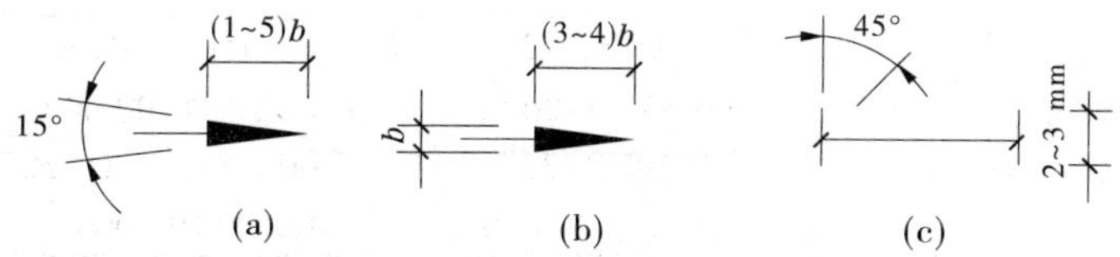

图 2-10　尺寸起止符号画法

1.5.1.4　尺寸数字

图样上的尺寸,应以尺寸数字为准,不得从图上直接量取。图样上的尺寸单位,除标高及总平面以米为单位外,其他必须以毫米为单位。

尺寸数字的方向有如下的规定:水平尺寸注在尺寸线的上方中部,字头向上;竖直尺寸注在尺寸线的左方中部,字头向左;倾斜尺寸注在尺寸线的上方,字头有朝上的趋势,如图 2-11(a)所示;若尺寸在 30°斜线区内,宜按图 2-11(b)、(c)所示形式注写。

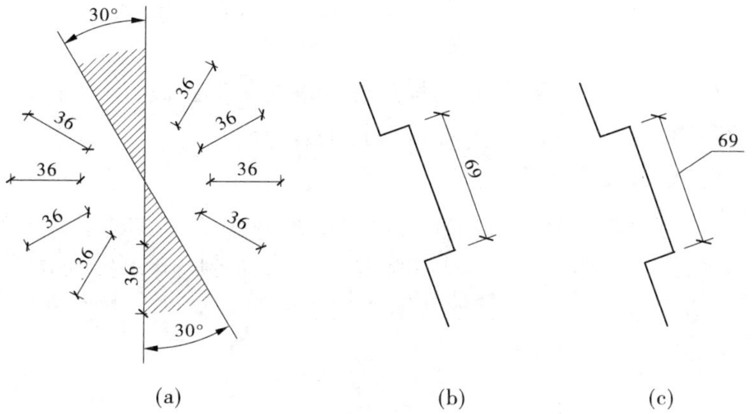

图 2-11　尺寸数字的注写方向

尺寸数字一般应依据其方向注写在靠近尺寸线的上方中部。如没有足够的注写位置,最外边的尺寸数字可注写在尺寸界线的外侧,中间相邻的尺寸数字可错开注写,如图 2-12 所示。

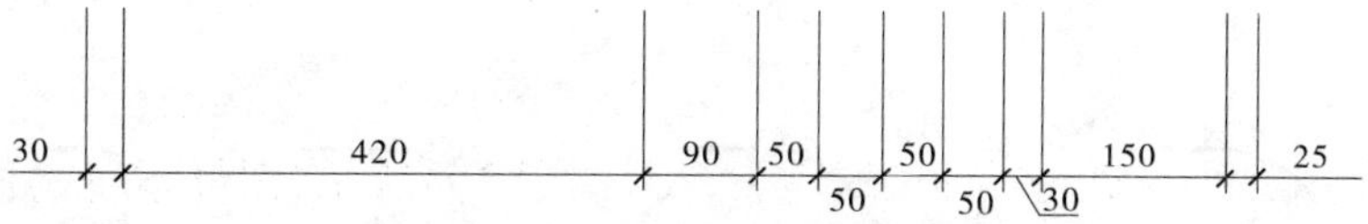

图 2-12　尺寸数字的注写位置

1.5.2　尺寸的排列与布置

尺寸宜标注在图样轮廓以外,不宜与图线、文字及符号等相交,如果尺寸数字与图线相交不可避免,则应将图线断开,如图 2-13 所示。

互相平行的尺寸线,应从被注写的图样轮廓线由近向远整齐排列,较小尺寸应离轮廓线较近,较大尺寸应离轮廓线较远,如图 2-14 所示。

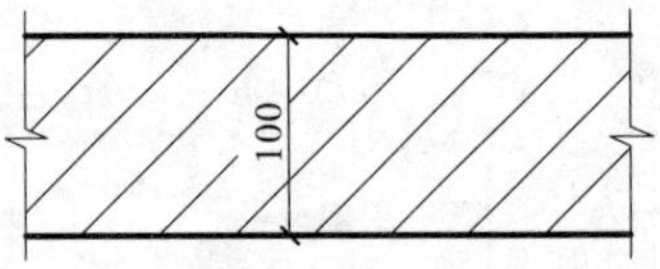

图 2-13　尺寸数字处图线应断开

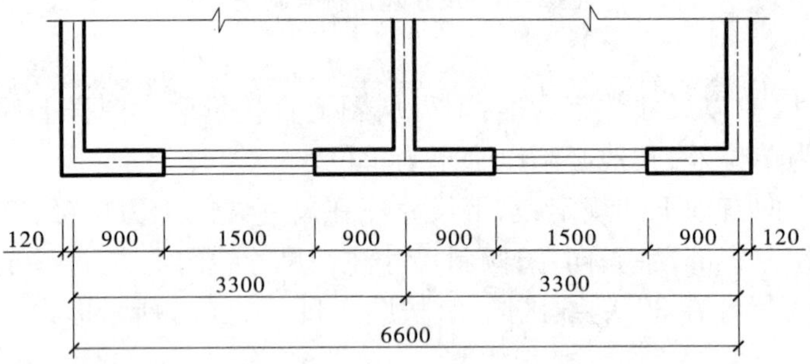

图 2-14　尺寸的排列

图样轮廓线以外的尺寸界线，距图样最外轮廓之间的距离，不宜小于 10 mm。平行排列的尺寸线的间距，宜为 7 ~ 10 mm，并应保持一致。

1.5.3　圆弧、圆、球的尺寸标注

1.5.3.1　圆弧半径标注

在一般情况下，小于或等于半圆的圆弧标注半径。圆弧半径的尺寸线应一端从圆心开始，另一端画箭头指向圆弧，半径数字前应加注半径符号“*R*”，样式如图 2-15 所示。

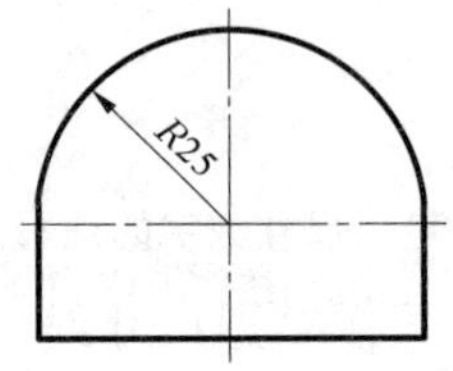

图 2-15　半径标注方法

较小圆弧的半径，可按图 2-16 样式标注。

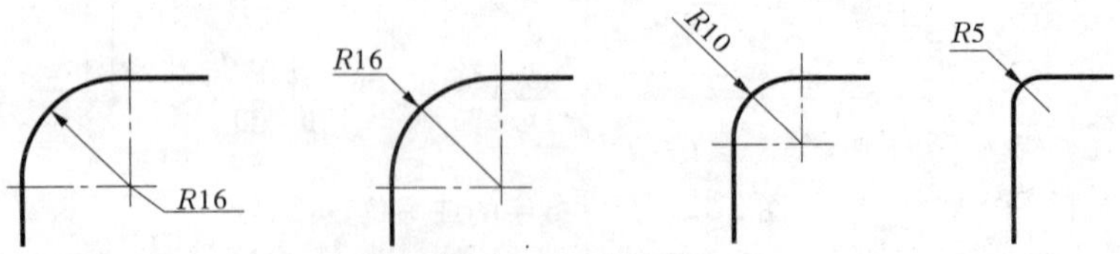

图 2-16　小圆弧半径标注

较大尺寸圆弧的半径，可按图 2-17 样式标注。

1.5.3.2　圆直径标注

在一般情况下，圆或大于半圆的圆弧标注直径。标注圆的直径尺寸时，圆内标注的尺

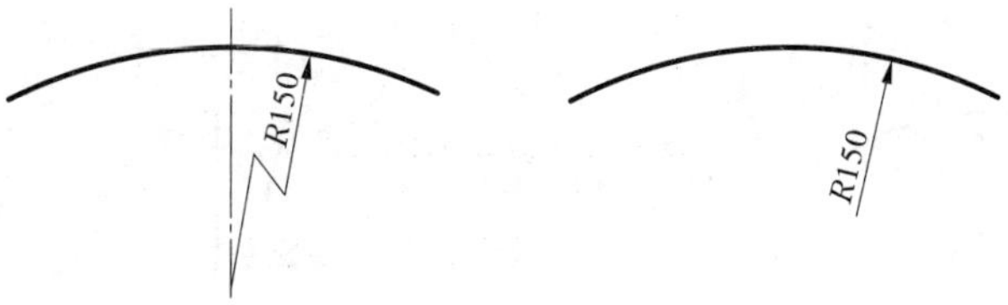

图 2-17　大圆弧半径标注

寸线应通过圆心，直径数字前应加直径符号φ。在两端画箭头指至圆弧，样式如图 2-18 所示。

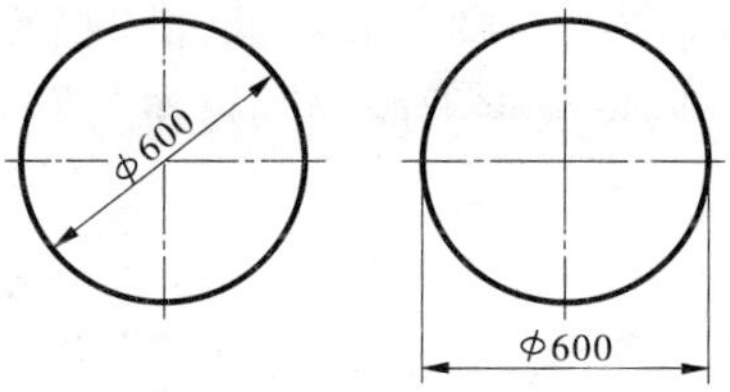

图 2-18　圆直径标注

较小圆的直径尺寸，可标注在圆外，样式如图 2-19 所示。

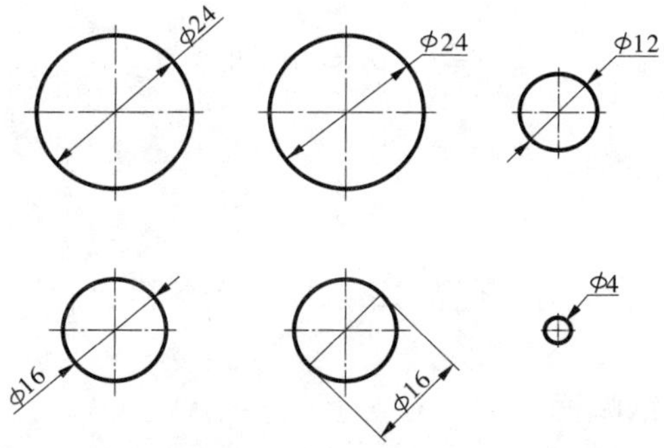

图 2-19　小圆直径标注

1.5.3.3　圆球标注

标注球的半径尺寸时，应在尺寸数字前加注符号"*SR*"；标注球的直径尺寸时，应在尺寸数字前加注符号"*S* φ"。注写方法与圆弧半径和圆直径的尺寸标注方法相同。

1.5.4　角度、弧度、弧长的标注

1.5.4.1　角度标注

角度的尺寸线用细实线圆弧表示，该圆弧的圆心为角的顶点，角的两条边为尺寸界线，起止符号应以箭头表示，如没有足够位置画箭头，可以圆点代替，角度数字应沿尺寸线方向注写。如图 2-20 所示。

1.5.4.2　弦长标注

标注圆弧的弦长时，尺寸线应以平行于该弦的直线表示，尺寸界线垂直于该弦，起止符号用中粗斜短线表示，如图 2-21(a)所示。

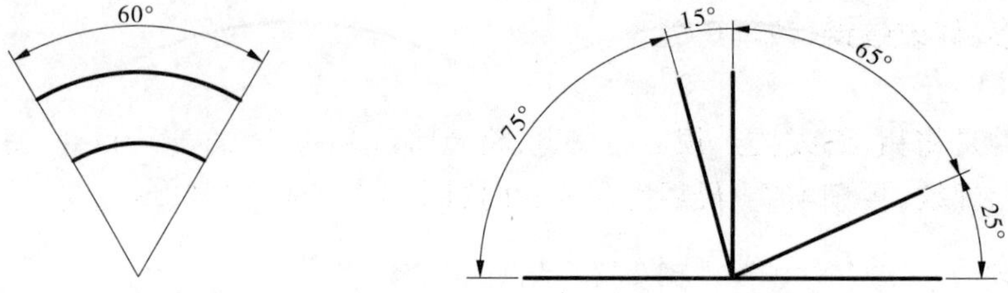

图 2-20　角度的标注

1.5.4.3　弧长标注

标注圆弧的弧长时，尺寸线应以与圆弧同心的细圆弧线表示，尺寸界线应垂直于该圆弧的弦，起止符号用箭头表示，弧长数字上应加圆弧符号“⌒”，如图 2-21(b)所示。

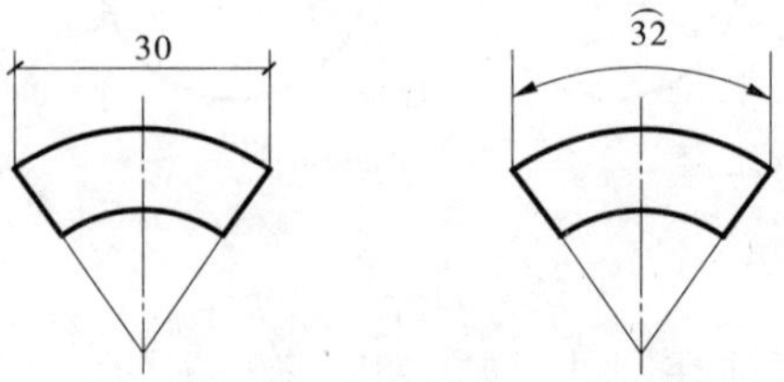

(a)弦长的标注　　(b)弧长的标注

图 2-21　弦长、弧长的标注

2　平面图形的绘图步骤

2.1　准备工作

将粗、细铅笔按要求削、磨好；圆规的铅芯同样准备粗、细两种，削磨好；图板、丁字尺、三角板擦干净。

2.2　选择绘图比例和图纸幅面

根据图形的大小，确定绘图比例和图纸的幅面，所绘图形在图纸中不可太拥挤，也不可太松散，一般情况下图形占图纸幅面的 2/3 较为合适。

2.3　固定图纸

丁字尺尺头紧靠图板左边，与图板下边保留 2 ~ 3 个尺身的距离，将图纸下边与丁字尺对齐，并用胶纸粘贴在图板上。

2.4　画图框和标题栏

按规定要求画出图框和标题栏，注意最好先用细线画，最后描深，这样可减轻绘图时反复摩擦图面造成的污损。

2.5　布图

设想、计算布图方案，画出图形的基准线，如中心线、对称线、底边线等。

2.6　绘制底稿

绘制底稿时用细而轻的图线，便于擦涂和修改，但图形尺寸要准确无误。

2.7　检查、修改和清理

检查图形,修改错误,清理作图线。

2.8　描深

描深指的是将粗、细线描到规定的线宽,将点画线和虚线按标准画好。描深时顺序应为:先点画线、虚线,再细实线,最后粗实线;在描同一线型时应先圆后直线。

3　课外思考

1. 制图标准规定,铅直尺寸线上的尺寸数字字头方向是(　　)。

   A. 向上　　B. 向左　　C. 保持字头向上的趋势　　D. 任意

2. 在线性尺寸中尺寸数字 200 代表(　　)。

   A. 物体的实际尺寸是 200 mm　　B. 图上线段的长度是 200 mm

   C. 比例是 1:200　　D. 实际线段长是图上线段长的 200 倍

3. 制图标准规定,尺寸起止符号必须采用箭头的是(　　)。

   A. 弧长　　B. 半径　　C. 角度　　D. 以上都是

4. 制图标准规定,尺寸线(　　)。

   A. 可以用轮廓线代替　　B. 可以用轴线代替

   C. 不能用任何图线代替　　D. 可以用中心线代替

任务3　绘制平面几何图形

1　绘制常见正多边形

绘制正多边形一般是先画出正多边形的外接圆，然后用圆规等分外接圆圆周，再连接等分点。

1.1　正三边形

正三边形画法如图3-1所示，画图步骤如下：

(1)先画出正三边形的外接圆 O，如图3-1(a)所示，以 O_1 为圆心，以 $R_1=R$ 为半径画弧与圆 O 相交于2、3两点，则图中1、2、3点为圆 O 上三等分点。

(2)如图3-1(b)所示，连接圆 O 上三等分点，则画出圆内接正三边形。

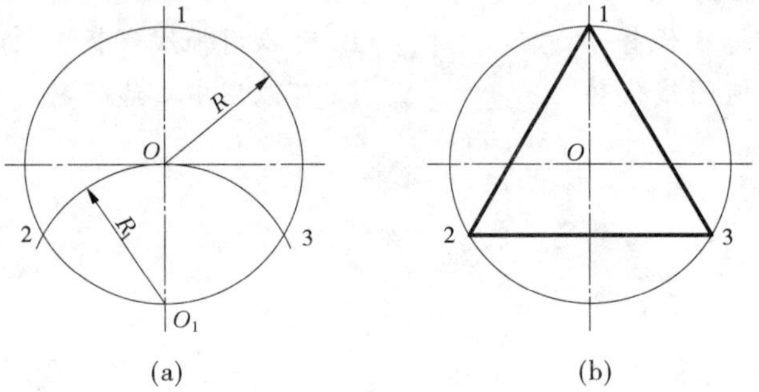

图3-1　正三边形画法

1.2　正六边形

正六边形画法如图3-2所示，画图步骤如下：

(1)如图3-2(a)所示，先画出正六边形的外接圆 O，分别以 O_1、O_2 为圆心，以 R_1、R_2($R_1=R_2=R$)为半径画弧与圆 O 相交于3、4、5、6四点，则图中 O_1、O_2、3、4、5、6点为圆 O 上六等分点。

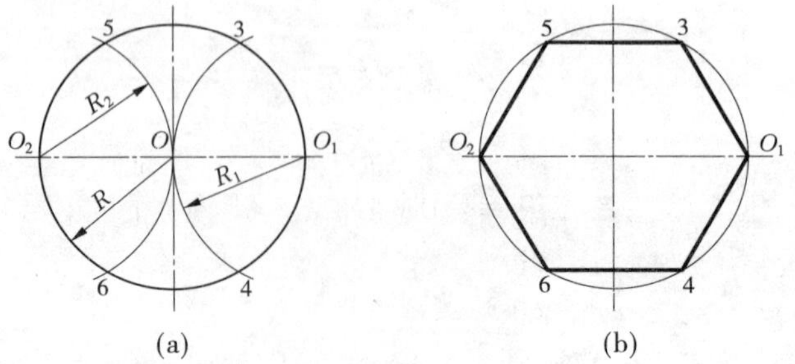

图3-2　正六边形画法

(2)如图3-2(b)所示,连接圆 O 上六等分点,则画出圆内接正六边形。

1.3　正五边形

正五边形画法如图3-3所示,画图步骤如下:

(1)如图3-3(a)所示,先画出正五边形的外接圆 O,以 O_1 为圆心,以 R_1($R_1=R$)为半径画弧与圆 O 相交于 A_1、A_2 两点,连接 A_1、A_2,与圆 O 的水平中心线交于 O_2 点。

(2)如图3-3(b)所示,以 O_2 点为圆心,以 R_2($R_2=O_2O_3$)为半径画弧与圆 O 的水平中心线交于 B 点。

(3)如图3-3(c)所示,以 O_3 点为圆心,以 R_3($R_3=O_3B$)为半径画弧与圆 O 交于1、2两点。再分别以1、2两点为圆心,以 R_3 为半径画弧与圆 O 交于3、4两点,则 O_3、1、2、3、4五点为圆 O 的五等分点。

(4)如图3-3(d)连接圆 O 上五等分点,则画出圆内接正五边形。

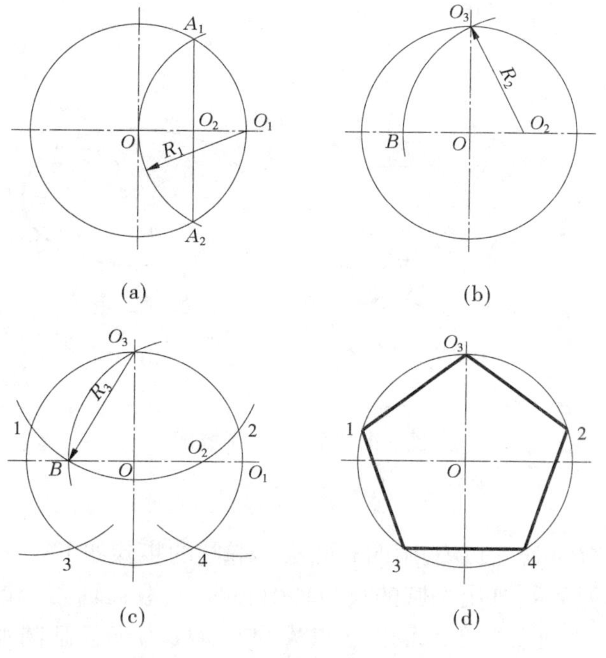

图3-3　正五边形画法

2　绘制椭圆

椭圆有两条相互垂直而且对称的轴,即长轴和短轴。常见的椭圆画法主要有同心圆法和四心圆法两种。同心圆法是先求出椭圆曲线上一定数量的点,再徒手将各点连接成椭圆;四心圆法是用四段圆弧连接成近似椭圆。下面分别介绍其画法。

2.1　同心圆法

已知椭圆长轴和短轴,用同心圆画法绘制椭圆的步骤如下:

(1)以长轴和短轴为直径画两同心圆,如图3-4(a)所示。

(2)过圆心作一系列直线与两圆相交，本例将圆周 12 等分，过等分点和圆心均匀画出直线，直线与内外圆均有交点，如图 3-4(b)所示。

(3)如图 3-4(c)所示，从每一个直线与外圆的交点画竖直线，再从每一个直线与内圆的交点画水平线，水平面和竖直线的交点就是椭圆上的点。

(4)徒手连接各点，即得所求椭圆，如图 3-4(d)所示。

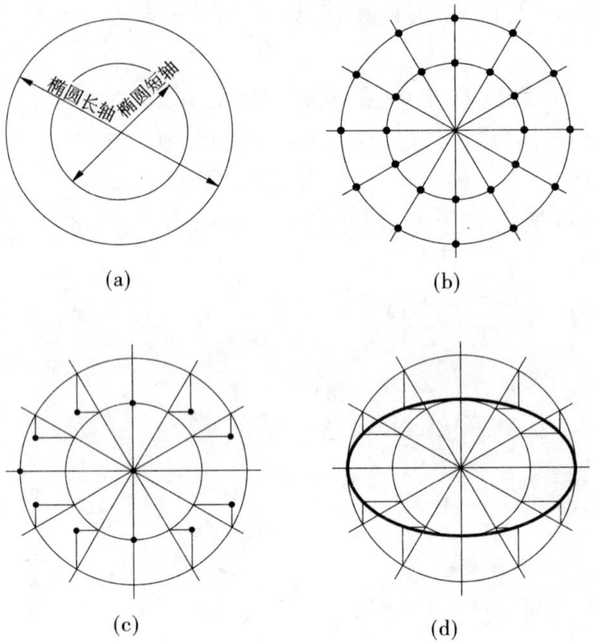

图 3-4　同心圆法画椭圆

2.2　四心圆法

已知椭圆长轴 AB 和短轴 CD，用四心圆法作椭圆的步骤如下：

(1)如图 3-5(a)所示，画出椭圆的长短轴中心线，量取长轴 AB 和短轴 CD。

(2)如图 3-5(b)所示，连接 AC，以 O 点为圆心，OA 为半径画圆弧交 OC 延长线于点 E，再以点 C 为圆心，CE 为半径画弧交 AC 于 E_1 点。

(3)如图 3-5(c)所示，作 AE_1 的垂直平分线，与长轴及短轴的延长线分别交于 O_1、O_2 两点。

(4)分别作 O_1、O_2 的对称点 O_3、O_4，连接 O_1O_4、O_2O_3、O_3O_4 并延长，如图 3-5(d)所示。

(5)以 O_1、O_2、O_3、O_4 各点为圆心，分别以 O_1A、O_2C、O_3B、O_4D 为半径，O_2O_1、O_4O_1、O_2O_3、O_4O_3 的延长线为分界线，分别画弧，即得近似椭圆，如图 3-5(e)、(f)所示。

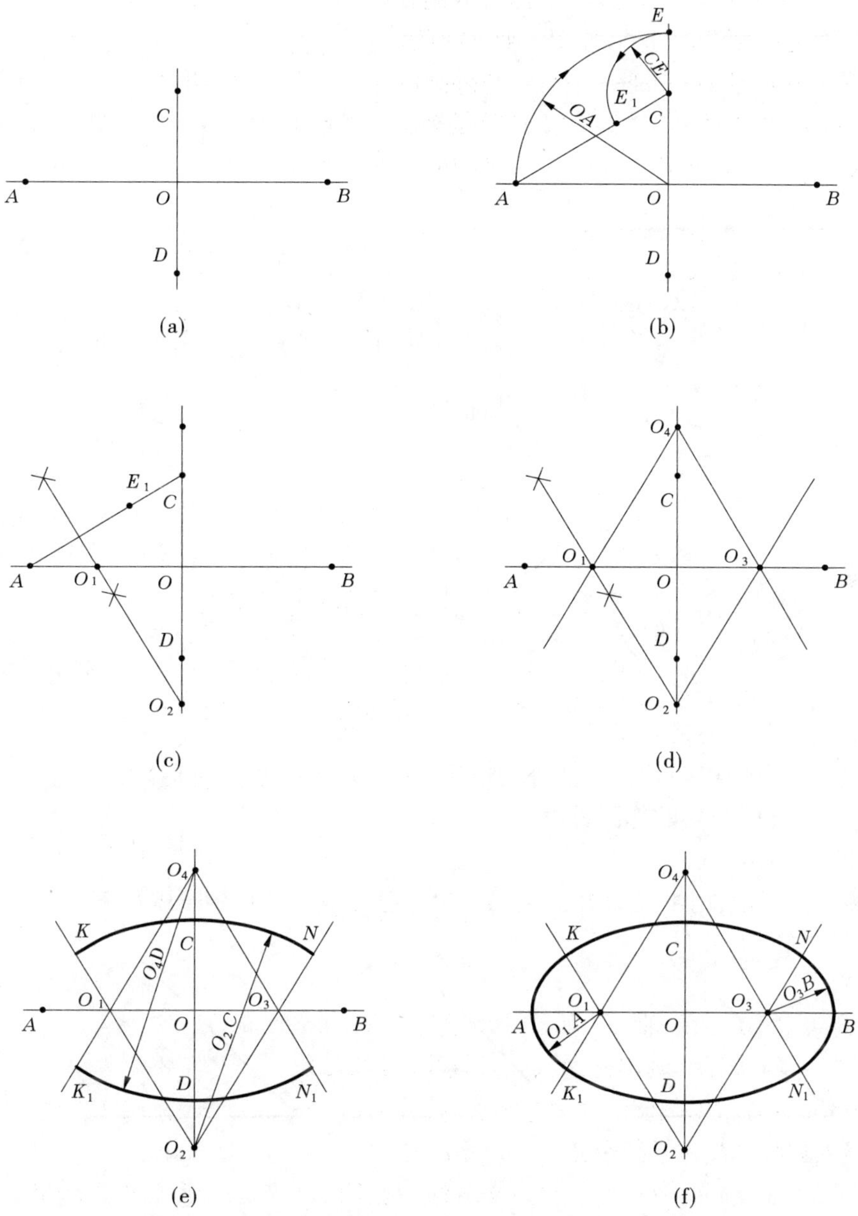

图3-5　四心圆法画椭圆

3　圆弧连接

3.1　圆弧连接的概念

在绘图时,经常需要用圆弧光滑地连接相邻的两条已知线段。这种用一段圆弧光滑地连接两相邻已知线段的作图方法,称为圆弧连接。圆弧连接的实质就是要使连接圆弧与相邻线段或曲线相切,以达到光滑连接的效果。圆弧连接作图的关键就是如何准确找到连接圆弧的圆心和切点。表3-1说明了各种连接方式下找圆心和找切点的作图原理。

表 3-1　圆弧连接的作图原理

类别	图形	求连接弧圆心	求切点
圆弧与直线相切	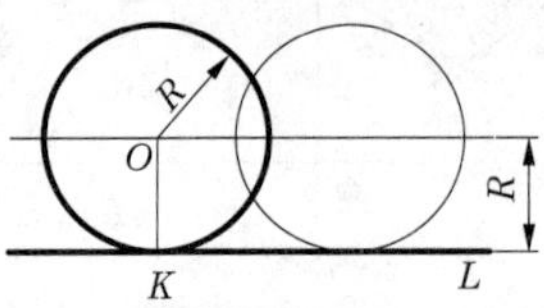	连接弧（R）的圆心位于与直线（L）相距为 R 的平行线上	切点K为由圆心向直线作垂线的垂足
圆弧与圆弧相外切	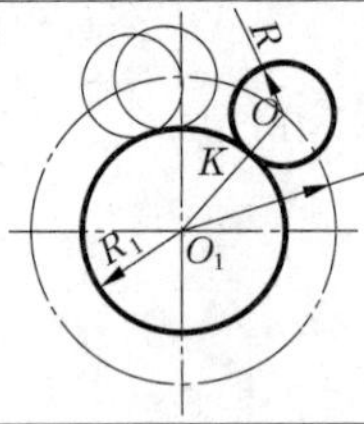	连接弧（R）的圆心位于与已知圆弧（R_1）同心，并以 $R+R_1$为半径的圆周上	切点K为两圆心连线与已知圆的交点
圆弧与圆弧相内切	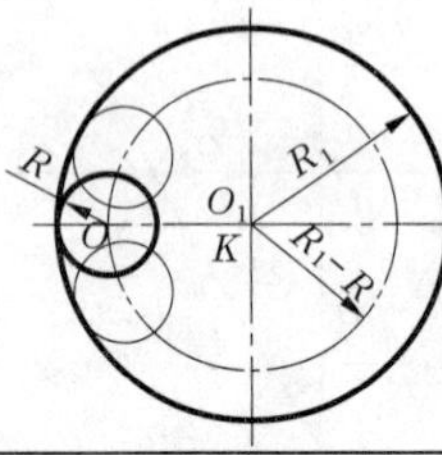	连接弧（R）的圆心位于与已知圆弧（R_1）同心，并以 R_1-R为半径的圆周上	切点K为两圆心连线的延长线与已知圆的交点

3.2　圆弧连接的作图方法

圆弧连接有圆弧连接直线、圆弧外切连接圆弧、圆弧内切连接圆弧等形式。下面介绍不同连接形式下圆弧连接的作图方法。

3.2.1　用圆弧连接两直线

如图 3-6(a)所示，用半径为 R 的圆弧连接两已知直线。作图步骤如下：

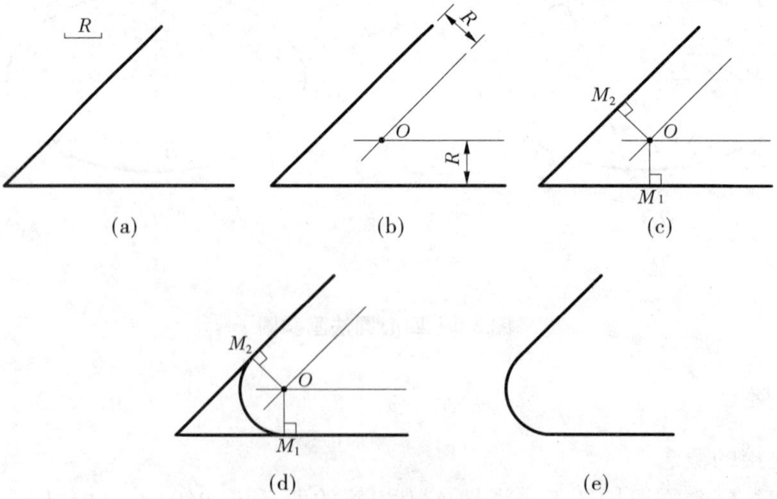

图 3-6　用圆弧连接两直线

(1)找圆心。分别作两已知直线距离为 R 的平行线，两平行线的交点即连接圆弧的

圆心 O,如图 3-6(b)所示。

(2)找切点。过连接圆弧的圆心分别向两已知直线做垂直线,垂足点即为连接圆弧与已知直线的切点 M_1、M_2,如图 3-6(c)所示。

(3)画连接弧。以 O 为圆心,R 为半径,用圆规连接 M_1、M_2,画出连接圆弧,如图 3-6(d)所示。

(4)擦除作图线和多余图线,得到的连接圆弧如图 3-6(e)所示。

3.2.2　用圆弧外切连接两圆弧

如图 3-7(a)所示,用半径为 R 的圆弧外切连接两已知圆弧。作图步骤如下:

(1)找圆心。分别以 O_1、O_2 为圆心,以 R_1+R、R_2+R 为半径画圆弧交于 O 点,O 点即连接圆弧的圆心,如图 3-7(b)所示。

(2)找切点。分别连接 O_1O 和 O_2O,两连心线与圆 O_1、O_2 的交点即为连接圆弧与已知圆弧的切点 M_1、M_2,如图 3-7(c)所示。

(3)画连接弧。以 O 为圆心,R 为半径,用圆规连接 M_1、M_2,画出连接圆弧,如图 3-7(d)所示。

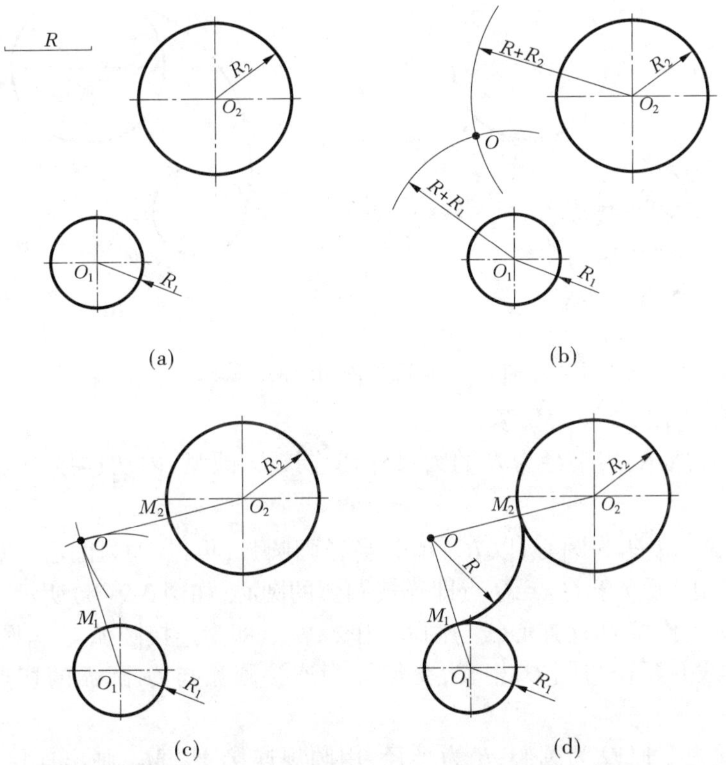

图 3-7　用圆弧外切连接两圆弧

3.2.3　用圆弧内切连接两圆弧

如图 3-8(a)所示,用半径为 R 的圆弧内切连接两已知圆弧。作图步骤如下:

(1)找圆心。分别以 O_1、O_2 为圆心,以 $R-R_1$、$R-R_2$ 为半径画圆弧,两圆弧交于 O 点,O 点即连接圆弧的圆心,如图 3-8(b)所示。

（2）找切点。如图 3-8（c）所示，分别连接 O_1O 和 O_2O 两连心线并延长与圆 O_1、O_2 相交，交点即为连接圆弧与已知圆弧的切点 M_1、M_2。

（3）画连接弧。以 O 为圆心，用圆规连接 M_1、M_2，画出连接圆弧，如图 3-8（d）所示。

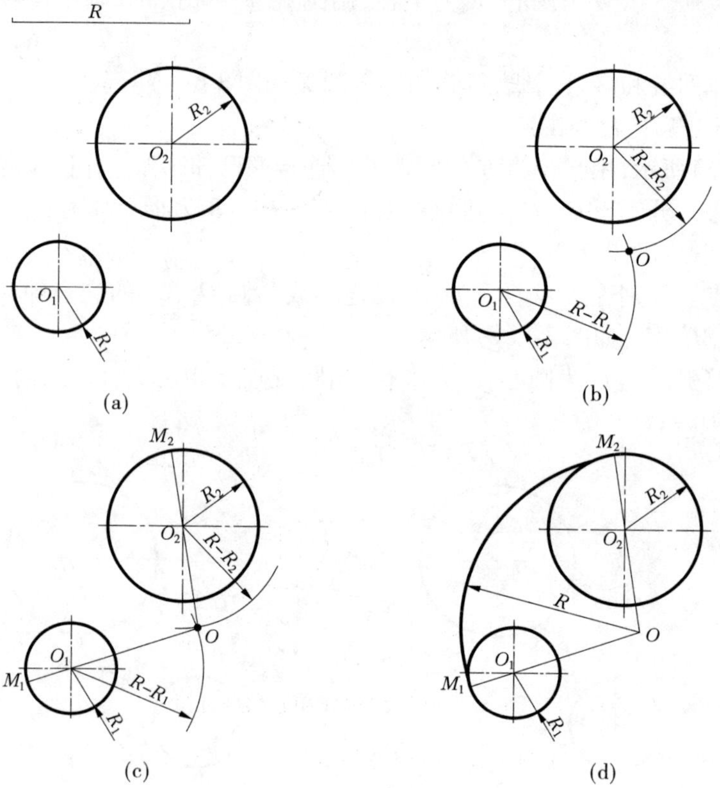

图 3-8　用圆弧内切连接两圆弧

3.2.4　用圆弧内外切连接两圆弧

如图 3-9（a）所示，用半径为 R 的圆弧外切连接 O_1 圆弧，内切连接 O_2 圆弧，作图步骤如下：

（1）找圆心。以 O_1 为圆心，以 $R+R_1$ 为半径画圆弧；再以 O_2 为圆心，以 $R-R_2$ 为半径画圆弧。以上两圆弧交于 O 点，O 点即连接圆弧的圆心，如图 3-9（b）所示。

（2）找切点。连接 O_1O 连心线与圆 O_1 相交，交点即为连接圆弧与 O_1 圆弧的切点 M_1，连接 O_2O 连心线并延长与圆 O_2 相交，交点即为连接圆弧与 O_2 圆弧的切点 M_2，如图 3-9（c）所示。

（3）画连接弧。以 O 为圆心，R 为半径，用圆规连接 M_1、M_2，画出连接圆弧，如图 3-9（d）所示。

4　圆弧连接平面图形分析与绘图步骤

4.1　尺寸分析

圆弧连接平面图形的尺寸按其作用分为定形尺寸和定位尺寸。为了确定画图时所需

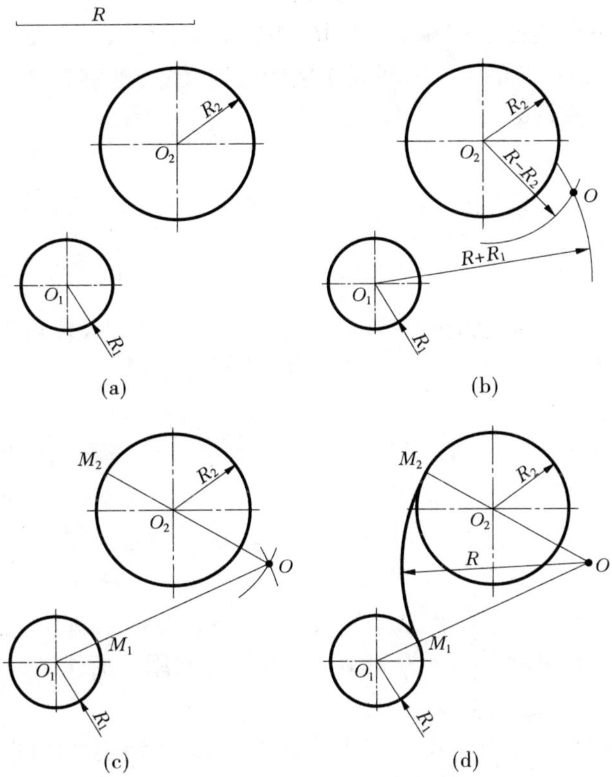

图3-9　用圆弧内外切连接两圆弧

要的尺寸数量及画图的先后顺序,必须首先确定尺寸基准。

4.1.1　尺寸基准

尺寸基准是标注尺寸的起点,一个平面图形应有两个方向的尺寸基准。平面图形一般以图形的对称线、较大圆的中心线或主要轮廓线作为基准线。在图3-10中大圆的中心线是长和高两个方向的尺寸基准。

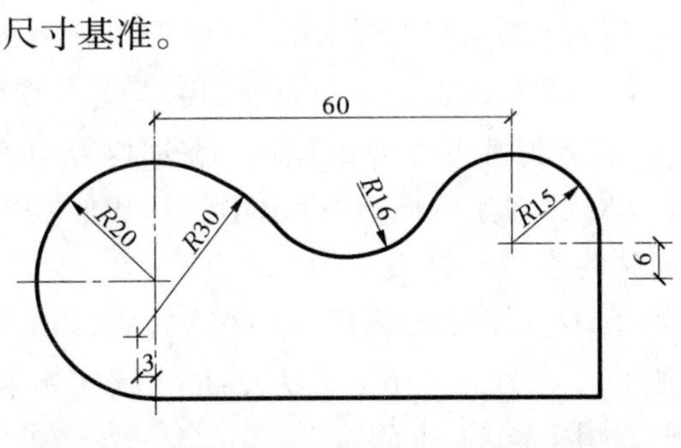

图3-10　平面图形尺寸分析和线段分析

4.1.2　定形尺寸

确定平面图形中各线段形状大小的尺寸称为定形尺寸,如直线段的长度、圆和圆弧的直径或半径、角度的大小等。如图3-10中的$R20$、$R15$、$R16$、$R30$等尺寸均为定形尺寸。

4.1.3 定位尺寸

确定平面图形中各线段之间相对位置的尺寸称为定位尺寸。如图 3-10 中的 60、6 是定位尺寸，确定 $R20$ 和 $R15$ 的圆心位置。3 也是定位尺寸，确定 $R30$ 圆弧圆心与 $R20$ 圆弧圆心水平方向上的距离。

4.2 线段分析

圆弧连接平面图形的线段按所给尺寸的多少和类型可分为：已知线段、中间线段和连接线段。

4.2.1 已知线段

定形尺寸和定位尺寸均给出的线段称为已知线段。已知线段可根据基准线位置和图中所注尺寸直接画出。如图 3-10 中的 $R20$、$R15$ 等线段。

4.2.2 中间线段

除图形所标注的尺寸外，还需要根据一个连接关系才能画出的线段称为中间线段。如图 3-10 中圆弧 $R30$ 属中间线段。由于该圆心只有一个为 3 的定位尺寸，还必须依靠该圆弧与 $R20$ 圆弧相切的关系，通过几何作图的方法确定圆心的位置。

4.2.3 连接线段

没有定位尺寸，需要根据两个连接关系才能画出的线段，称为连接线段。如图 3-10 中的 $R16$ 等线段。$R16$ 是利用与 $R30$ 和 $R15$ 相切，再利用几何作图的方法找到圆心。

4.3 圆弧连接平面图形绘图步骤

通过对圆弧连接平面图形的尺寸与线段分析可知，在绘制平面图形时，首先应画已知线段，其次画中间线段，最后画连接线段。

图 3-10 圆弧连接平面图形的绘图步骤如图 3-11 所示。

4.3.1 绘制基准线

绘制两圆的中心线作为图形的定位基准线，如图 3-11(a)所示。

4.3.2 绘制已知线段

绘制 $R20$ 和 $R15$ 两已知圆弧和底边、右边两已知直线，如图 3-11(b)所示。

4.3.3 绘制中间线段

“相距圆心 O_1 的竖直中心线为 3 画一条竖直线，再以 O_1 为圆心，以 $R30-R20$ 为半径画弧，则该圆弧与竖直线的交点为圆弧 $R30$ 的圆心 O_3，连接 O_1O_3 并反向延长，交圆弧 $R20$ 于点 M，M 点即为 $R30$ 与 $R20$ 两圆弧的切点，画出中间圆弧如图 3-11(c)所示。

4.3.4 绘制连接线段

以 O_3 为圆心，以 $R30+R16$ 为半径画弧；再以 O_2 为圆心，以 $R15+R16$ 为半径画弧；两弧的交点为 $R16$ 连接圆弧的圆心 O_4，连接 O_3、O_4 交 $R30$ 圆弧于 N 点，连接 O_2、O_4 交 $R15$ 圆弧于 P 点，画出连接圆弧如图 3-11(d)所示。

5 绘图任务与指导

5.1 绘图任务

用铅笔和圆规在 A4 图纸上绘制图 3-12 所示的“吊钩”的圆弧连接平面图形，比例 1:1。

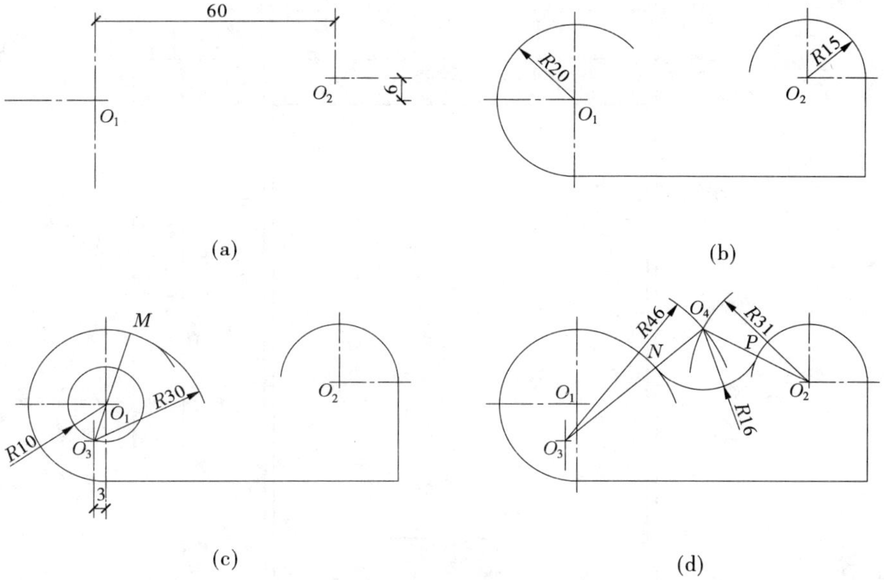

图 3-11　圆弧连接图形绘图步骤

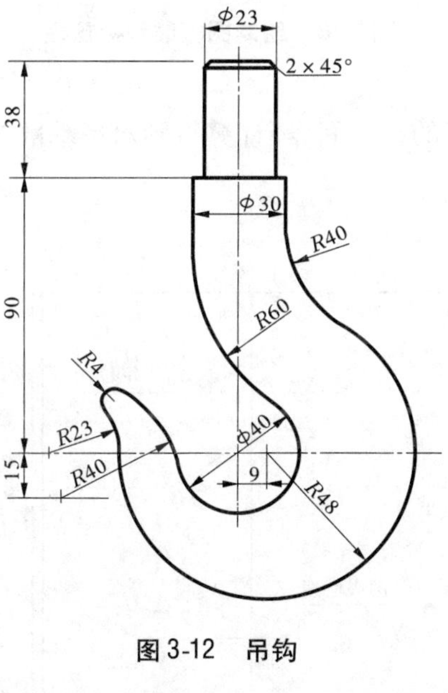

图 3-12　吊钩

5.2　绘图指导

5.2.1　平面图形分析

定位尺寸有 90、15、9，其余为定形尺寸。已知圆弧有 Φ40、*R*48；中间线段有 *R*23、*R*40；连接线段有 *R*40、*R*60、*R*4。

5.2.2　绘制图框线和标题栏

格式和尺寸如图 3-13 所示。

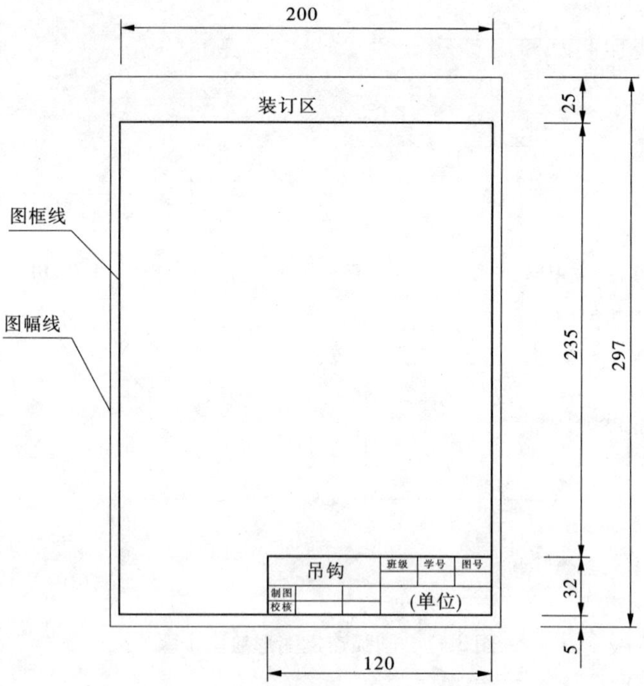

图 3-13 绘制图框线和标题栏

5.2.3 绘制定位基准线

竖直定位基准线在图框的正中间，经计算得到水平基准线、竖直基准线和圆中心线的位置尺寸，如图 3-14 所示。

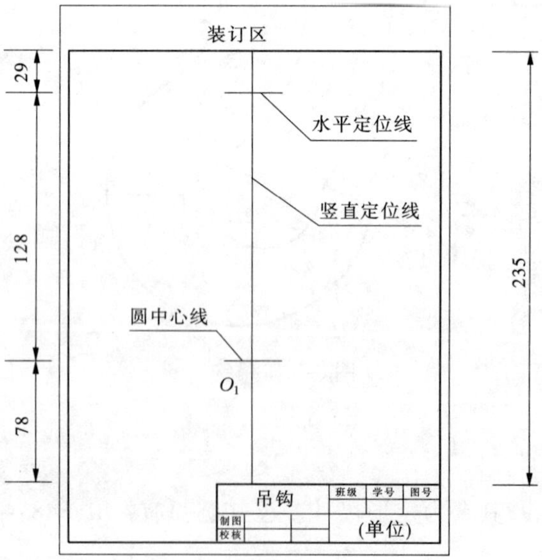

图 3-14 绘制定位基准线

5.2.4 绘制已知线段

绘制上部直线和Φ40、R48 两圆,如图 3-15 所示。

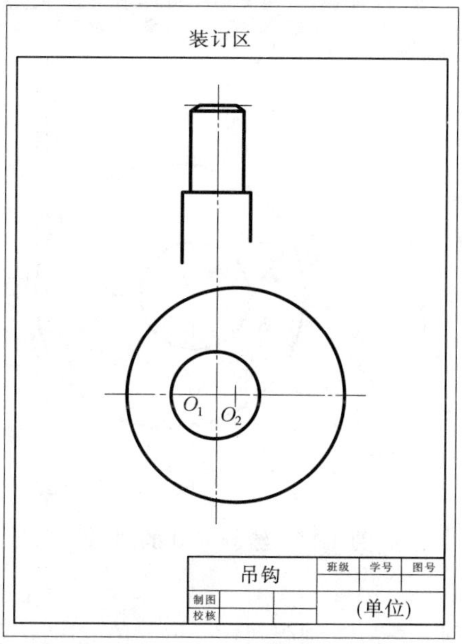

图 3-15 绘制已知线段

5.2.5 绘制中间圆弧

(1)绘制 $R23$ 的圆弧。从 $R48$ 圆心 O_2 向左量取距离 71(23 + 48)得到的点即为 $R23$ 的圆心 O_3,$R23$ 与 $R48$ 圆弧的切点 K_1 在水平中心线上,以 O_3 为圆心,K_1 为切点,绘制 $R23$ 的圆,如图 3-16 所示。

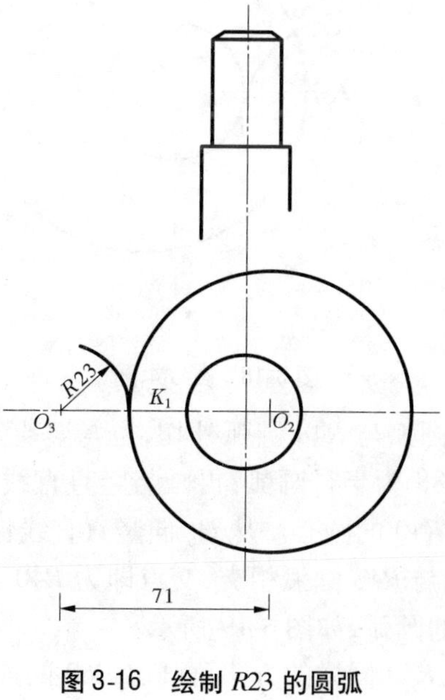

图 3-16 绘制 $R23$ 的圆弧

(2)绘制 $R40$ 的圆。用细实线画出 $\phi 40$ 圆的水平中心线和与之相距为 15 的平行线。然后以 $\phi 40$ 圆心 O_1 为圆心,以 $R=20+40=60$ 为半径画圆,该圆与前面所做的水平线的交点 O_4 为 $R40$ 圆的圆心,连接 O_1 和 O_4 与 $\phi 40$ 圆弧相交,交点为两圆的切点 K_2,以 O_4 为圆心,K_2 为切点画出 $R40$ 的圆弧,如图 3-17 所示。

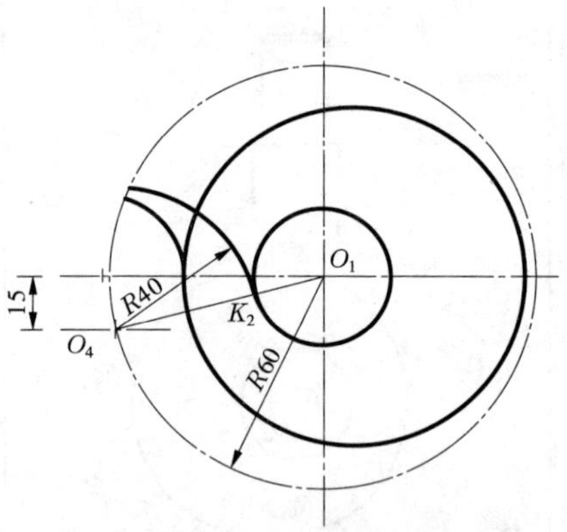

图 3-17　绘制 R40 的圆弧

5.2.6　绘制连接圆弧

(1)绘 $R4$ 圆弧。$R4$ 圆弧与 $R23$ 圆弧外切,与 $R40$ 圆弧内切。以 $R23$ 圆弧圆心 O_3 为圆心,以 $R=23+4=27$ 为半径画弧;再以 $R40$ 圆弧圆心 O_4 为圆心,以 $R=40-4=36$ 为半径画弧。两圆弧的交点即是 $R4$ 的圆心 O_5。连接圆心 O_3、O_5 得到切点 K_3,连接圆心 O_4、O_5 并延长得到切点 K_4,以 O_5 为圆心 K_3、K_4 为切点,画出 $R4$ 的圆,如图 3-18 所示。

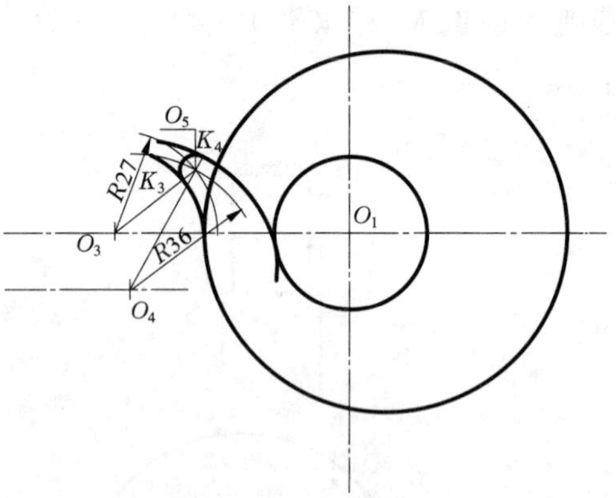

图 3-18　绘 R4 圆

(2)绘 $R40$ 圆弧。$R40$ 圆弧与 $R48$ 圆弧外切,也与竖直直线相切。以 $R48$ 圆弧圆心 O_2 为圆心,以 $R=48+40=88$ 为半径画弧;再画与竖直直线相距为 40 的竖直线,该竖直直线与圆弧的交点 O_6 即是 $R40$ 的圆心。从 O_6 向竖直直线作垂线,垂足即 $R40$ 与竖直直线的切点 K_5;再连接 O_2、O_6 与 $R48$ 圆弧相交,交点即为 $R40$ 与 $R48$ 的切点 K_6,以 O_6 为圆心,K_5、K_6 为切点画出 $R40$ 的圆弧,如图 3-19 所示。

(3)绘 $R60$ 圆弧。用画 $R40$ 同样的方法可画出 $R60$ 的连接弧,如图 3-20 所示。

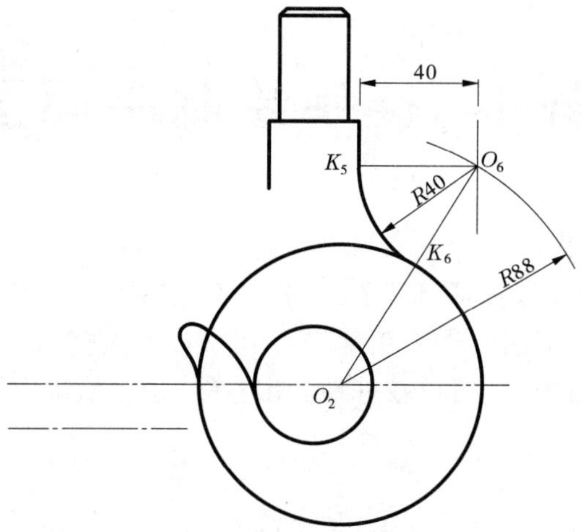

图 3-19　绘 $R40$ 圆弧

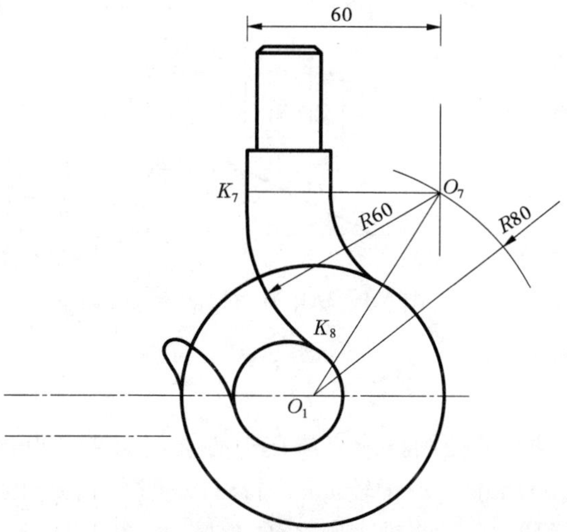

图 3-20　绘 $R60$ 圆弧

任务4　徒手绘制平面图形

徒手绘图就是不用仪器而徒手画的图。徒手图也叫草图,但没有潦草的涵义。在施工现场或作设计构思阶段常要画出草图,经客户确认后再画成正规图纸。

徒手画图要求画图速度快,图形正确,标注清晰,图面整洁。草图一般画在白纸或小方格纸上。在方格纸上画草图可以较好地画出直线,也容易确定图样的比例。

1　徒手画直线

徒手画直线时,眼睛应看着线的末点,手腕放松,笔尖沿着直线方向画过去。画线的方向应自然,切不可为了加粗线型而来回地涂画。如果感到直线的方向不够顺手,可将图纸转动适当的角度。特殊倾角直线可按图4-1所示的方法按格子取向画出。

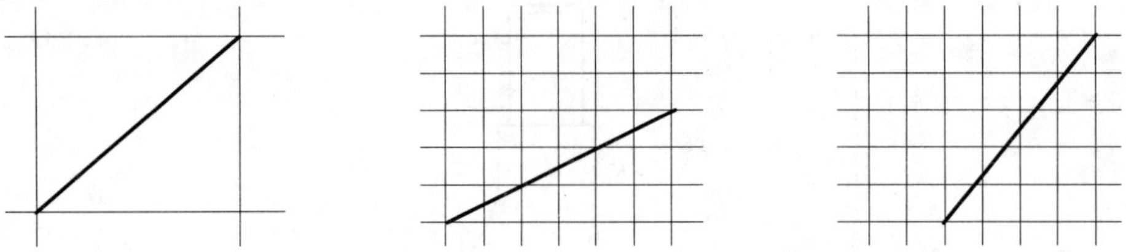

图4-1　徒手画直线的方法

2　徒手画圆

确定了圆心后,可根据半径用目测方法在中心线定出4个点,再分别通过3点圆2段弧而成整圆,如图4-2(a)所示。对于较大的圆,可以通过圆心作两条互相垂直的45°辅助线,同样每过3点作一段圆弧,由4段圆弧合成整圆,如图4-2(b)所示。

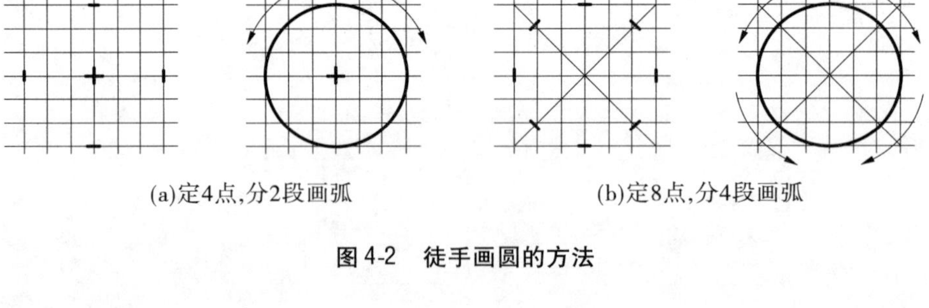

(a)定4点,分2段画弧　　(b)定8点,分4段画弧

图4-2　徒手画圆的方法

3　徒手画椭圆

已知长、短轴画椭圆时,应先画出长、短轴;再过长、短轴上的端点画出外切矩形,连矩形的对角线,等分对角线的每一侧为三等份,取最外等分点稍偏外一点的分点(亦可在半

对角线上,从角点向中心取3:7的分点);最后用圆滑曲线将作出的长、短轴上的端点和对角线上的4个分点顺序连成椭圆,如图4-3所示。

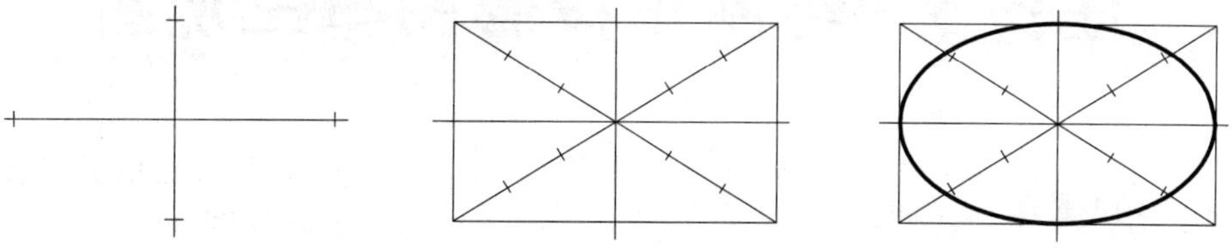

(1) (2) (3)

图4-3 椭圆的徒手画法

4 徒手画平面图形

在画徒手图时应尽量利用方格纸上的线条和方格的对角点。

图形的大小比例,特别是各部分、几何元素的大小和位置,应做到大致符合比例,应有意识地培养目测的能力。图4-4为徒手画平面图形的举例。

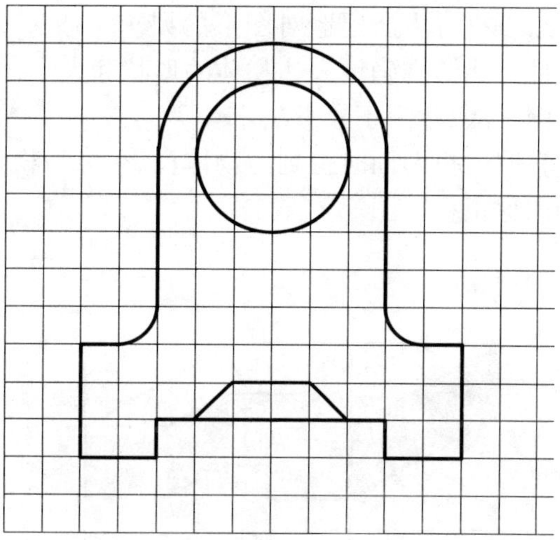

图4-4 徒手画平面图形的方法

任务5　绘制正投影图与三视图

1　正投影的概念

1.1　投影法的概念

古人在探索用图形来表达物体的过程中,发现物体在太阳光或灯光的照射下,在墙面或地面上产生影子,于是根据这个现象探索影子与物体之间的关系,总结了将物体的影子形状用图线画出来的方法,这种绘图的方法沿袭到今天,被称为投影法制图,简称投影法。

投影法因为光源、光线等条件的不同,分为中心投影法、斜投影法、正投影法等多种,分别应用于美术绘画、摄影、透视绘图、轴测绘图、工程制图等工作领域。

1.2　正投影的概念

为了制作和建造的需要,工程图必然要准确表达物体的形状和大小。一般在自然投影条件下,投影会有变形,不符合生产建造对图形的要求。通过人们不断的探索,发现物体的影子在正投影的条件下能够准确地表达物体的形状和大小,经过人们的科学抽象,形成了正投影条件下的绘图方法,称为正投影法。

当互相平行光线垂直照射投影面时得到的物体投影,称为物体的正投影,如图5-1所示。按正投影法画出的图称正投影图。

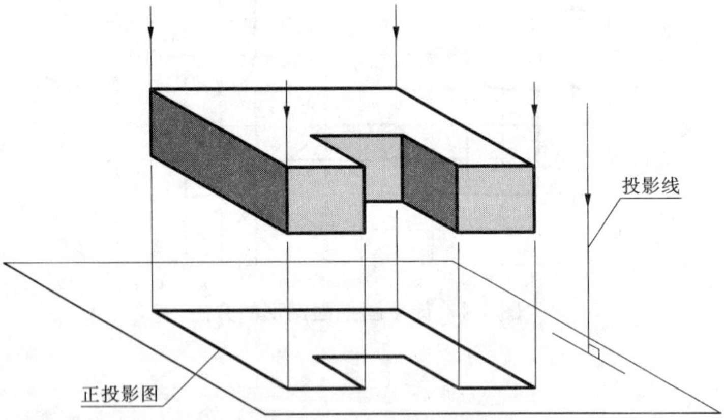

图5-1　正投影的形成

物体的正投影图能够准确反映物体一个方面的实际形状和大小,而且作图简单,所以正投影法被广泛应用于工程制图。

物体的正投影图不同于影子,影子只反映物体的外形轮廓,如图5-2(a)所示,正投影图是假定投影线能穿透物体或者物体透明,因而能反映物体的所有内外轮廓线,如图5-2(b)所示。

规定物体的可见轮廓线在正投影图中用粗实线画,不可见轮廓线用细虚线画。

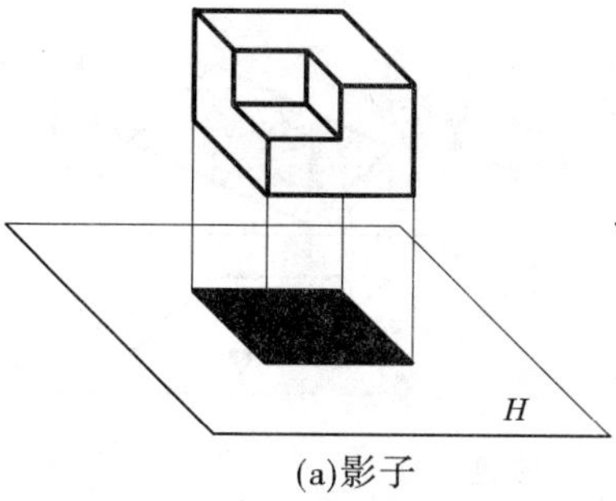

图5-2　影子与正投影图的区别

2　正投影基本特性

2.1　实形性

当直线或平面平行于投影面时,在投影面上的投影反映直线的实长或平面图形的实际形状,如图5-3所示,这种投影特性称为实形性。

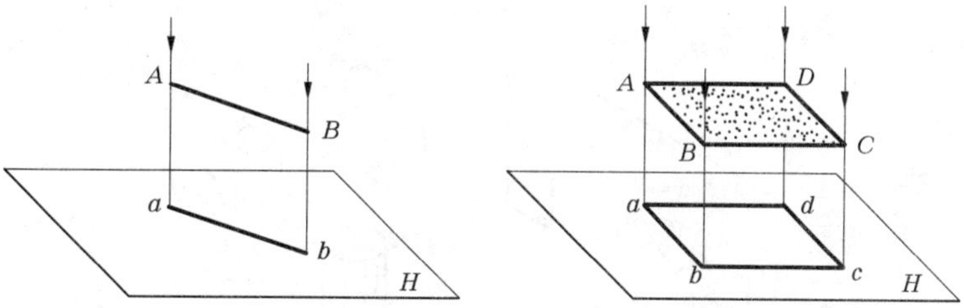

图5-3　实形性

2.2　积聚性

当直线或平面垂直于投影面时,在投影面上的投影积聚成一个点或一条直线,如图5-4所示,这种投影特性称为积聚性。

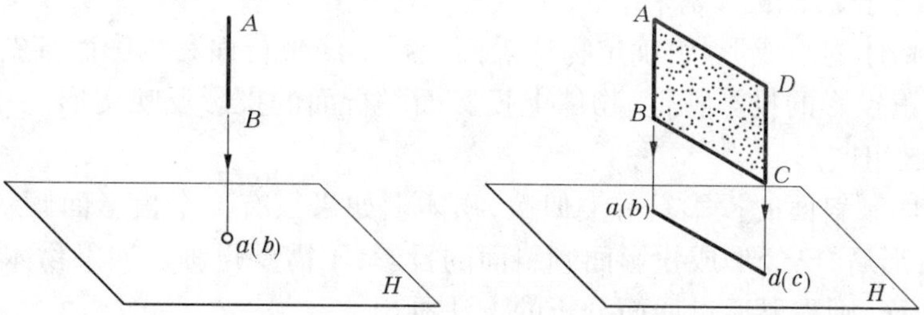

图5-4　积聚性

2.3　类似性

当直线或平面倾斜于投影面时,直线的投影长度缩短,平面的投影尺寸发生变化,形状类似于平面的实形,如图5-5所示,这种投影特性称为类似性。

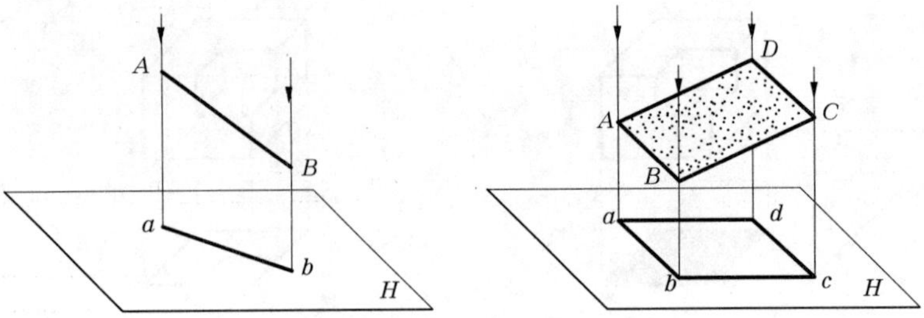

图 5-5　类似性

3　正投影图的画法

设置一个投影面,用正投影法从物体的一个方向垂直于投影面进行投射,按投影形状画出其正投影图,图 5-6 为几种形体的正投影图。物体可以画出多个不同方向的正投影图。

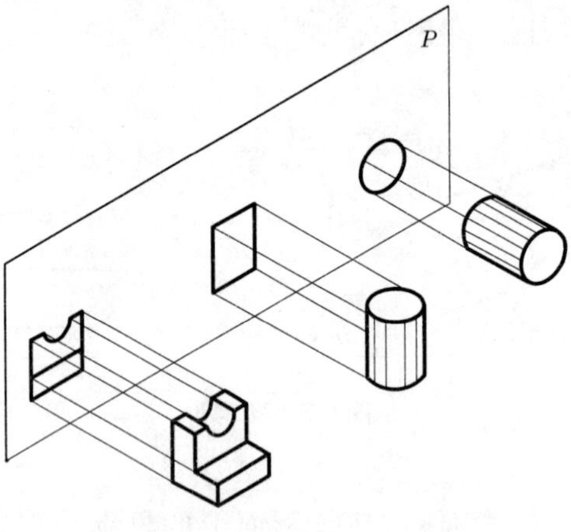

图 5-6　几种形体的单面正投影

绘制物体正投影图的步骤:

(1) 观察物体的组成形状,确定物体表面上投影面平行面和投影面倾斜面的数量。

(2) 根据正投影的投影特性,物体上投影面平行面的投影反映实形,一般按从大到小的顺序,依次画出实形。

(3) 投影面倾斜面的投影具有类似性,物体上如果只有 1 个投影面倾斜面,画完投影面平行面的实形后,已经形成投影面倾斜面的投影,不需要再画。如果物体上有 2 个以上的投影面倾斜面,则需要通过线面分析的方法画出。

正投影图是通过观察和分析画出的,所以正投影图又称为视图。

【例 5-1】　画出如图 5-7 所示物体在图示方向上的单面正投影图。

画图步骤:

(1) 观察分析:如图 5-8 所示,在图示方向上设置投影面 P,形体上共有 1、2、3 三个表面与投影面平行,没有投影面的倾斜线。

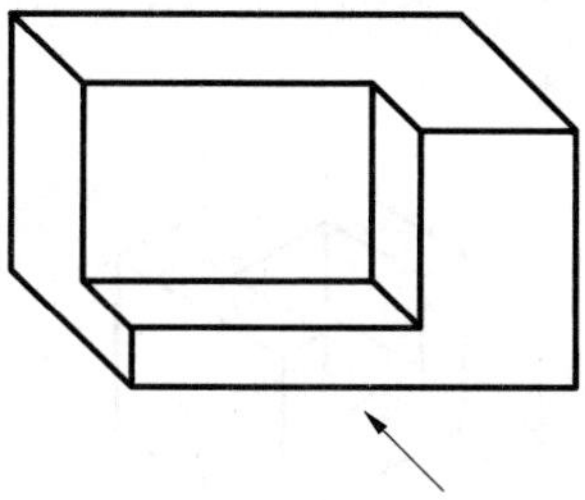

图5-7　形体一

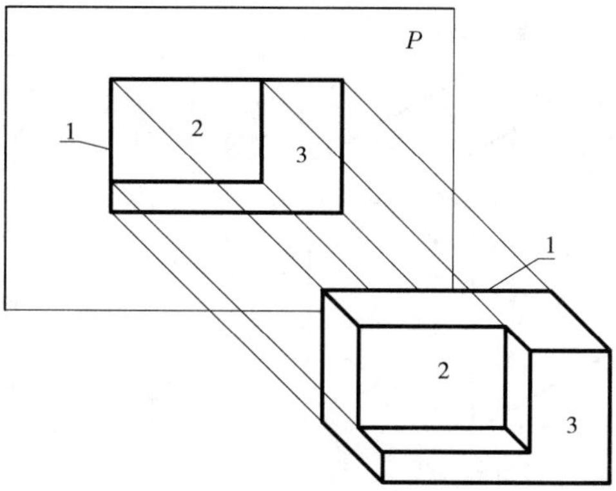

图5-8　正投影图观察分析

（2）画图：如图5-9所示，先画出1面的矩形实形，再画出2面的矩形实形，3表面自然构成，不用再画。

其余的物体表面都与投影面垂直，其积聚投影与1、2、3面的边线重合，已经存在，不用再画。

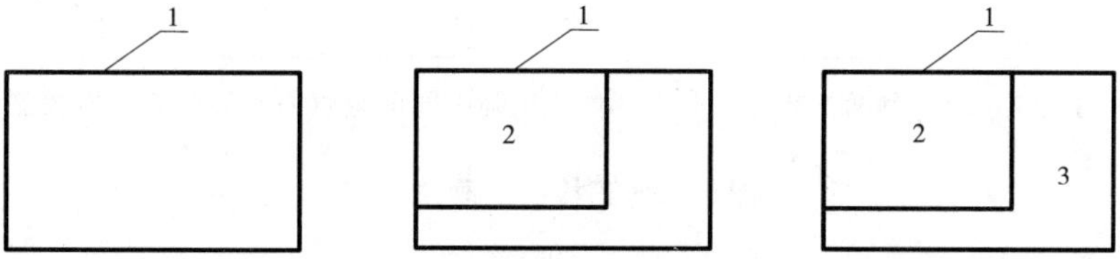

(a)先画1平面的实形　　(b)再画2平面的实形　　(c)3平面的投影自动形成

图5-9　单面正投影图的画法

【例5-2】　画出图5-10所示物体在图示方向上的正投影。

画图步骤：

（1）观察分析：如图5-11所示，在图示方向上设置投影面P，形体上的共有4个表面与投影面平行，但前后表面投影在投影方向上两两重合，只需要画出A、B 2个表面的投影面，形体也没有投影面的倾斜线。

（2）画图：如图5-12所示，先画出A面的矩形实形，再用虚线画出B面的矩形实形。

【例5-3】　画出图5-13所示物体在图示方向上的正投影。

画图步骤：

（1）观察分析：如图5-14所示，在图示方向上设置投影面P，形体上共有1、2两个表面与投影面平行，有3、4、5、6四个表面为投影面的倾斜面，3、4面与5、6面前后对称。

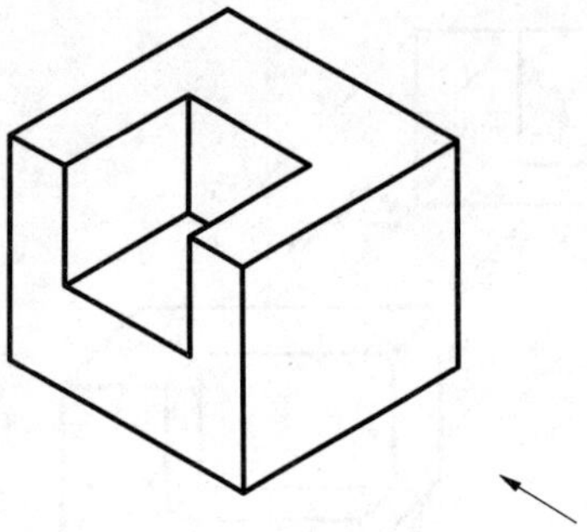

图 5-10　形体二

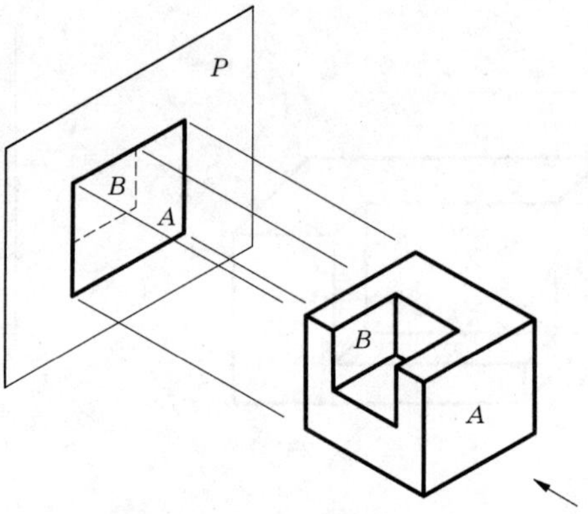

图 5-11　正投影图观察分析

(a)画上下左右4个侧面的投影　　(b)画中间前竖直面和后竖直面的投影

图 5-12　正投影的画法

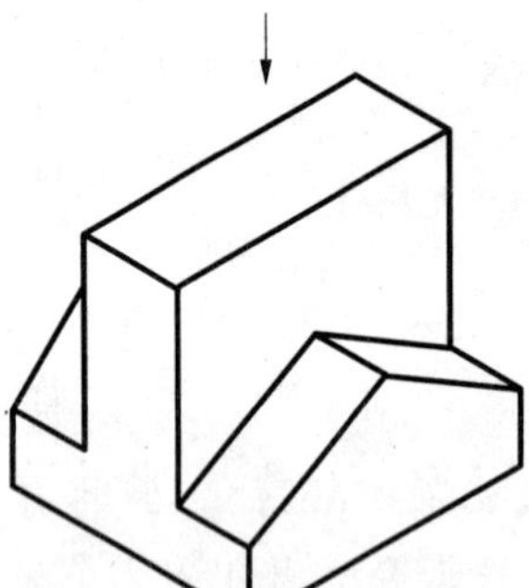

图 5-13　形体三

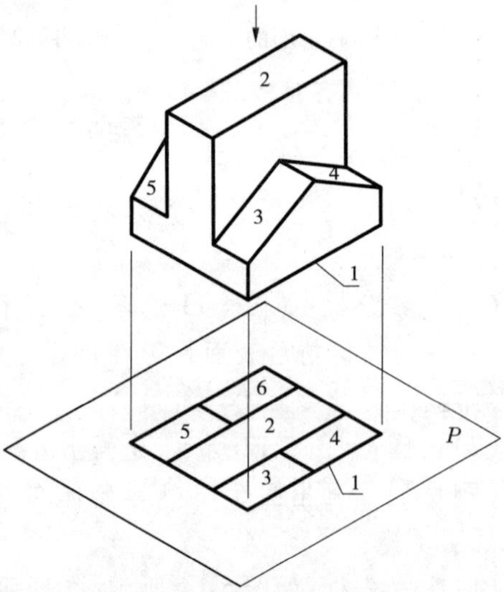

图 5-14　正投影图观察分析

(2)画图:如图 5-15 所示,先画出 1 面的矩形实形,再画出 2 面的矩形实形,再画出 3、4 倾斜面和 5、6 倾斜面之间的交线,形成 3、4、5、6 平面的投影。

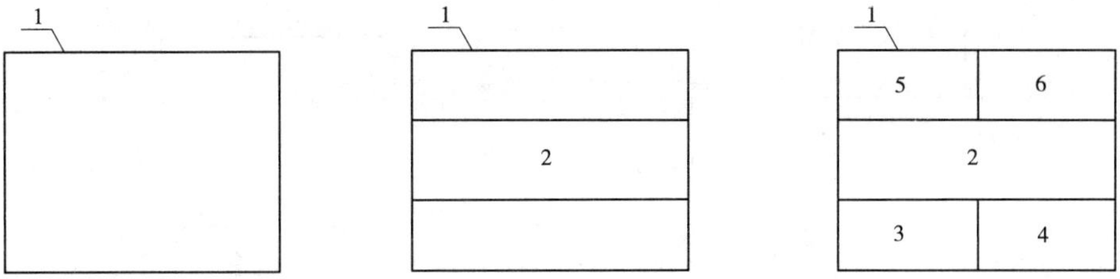

(a)　　(b)　　(c)

图 5-15　正投影图的画法

4　三视图的形成与画法

如图 5-16 所示为几个不同形状的物体，它们在同一个投影面上的投影却是相同的。因此，在正投影法中物体的一个投影一般是不能准确确定空间物体结构形状的，必须有两个或者多个投影图表达才能准确清楚地表示物体的结构形状。由于物体一般有左右、前后和上下三个方向的形状，我们一般用三面投影图来表示物体，称为物体的三视图。

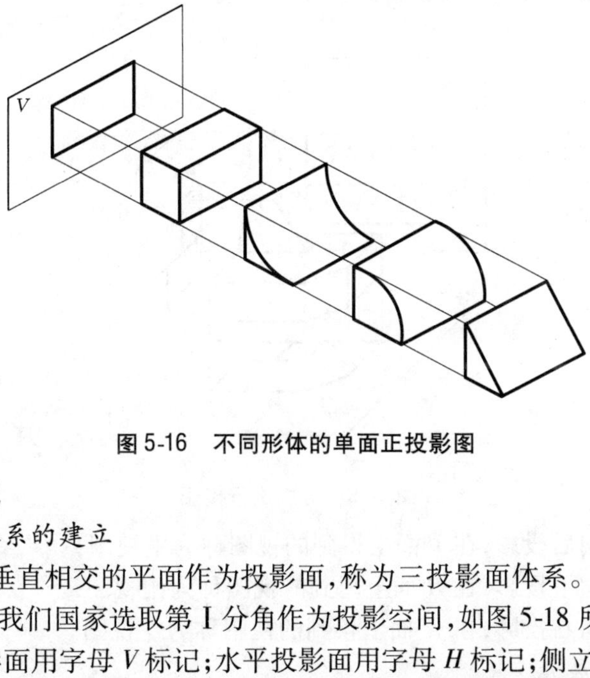

图 5-16　不同形体的单面正投影图

4.1　三视图的形成

4.1.1　三投影面体系的建立

设置三个互相垂直相交的平面作为投影面，称为三投影面体系。把空间分成 8 个分角，如图 5-17 所示，我们国家选取第 Ⅰ 分角作为投影空间，如图 5-18 所示。

其中：正立投影面用字母 V 标记；水平投影面用字母 H 标记；侧立投影面用字母 W 标记。三个投影面的交线 OX、OY、OZ 称为投影轴。三根投影轴互相垂直相交于一点 O，称为原点。

物体有长、宽、高三个方向的尺寸以及上、下、前、后、左、右六个方位，通常规定：以原点 O 为基准，沿 X 轴方向量取物体的长度，确定左、右方位；沿 Y 轴方向量取物体的宽度，确定前、后方位；沿 Z 轴方向量取物体的高度，确定上、下方位。

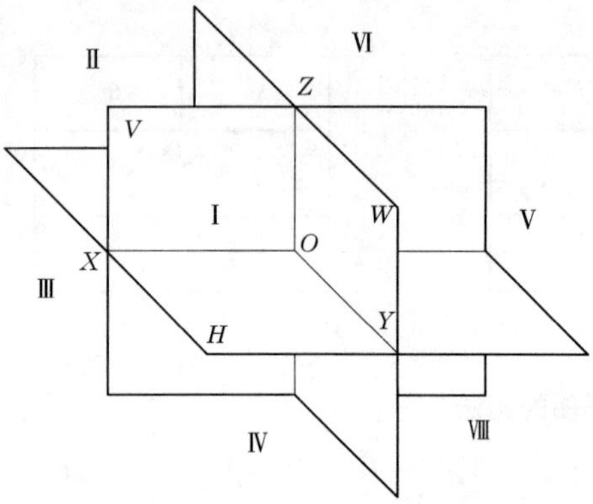

图 5-17　三投影面体系(8 个分角)

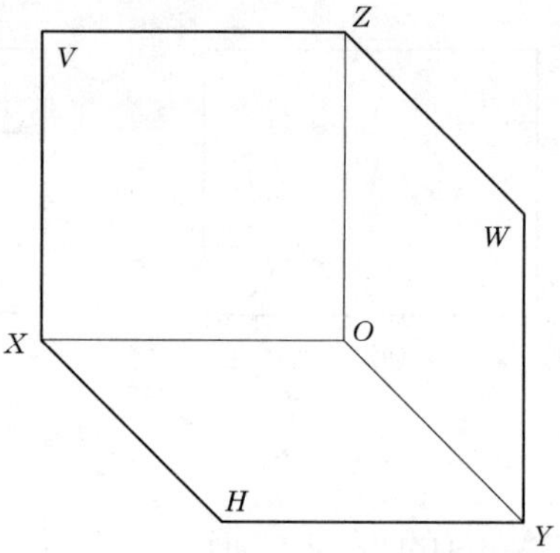

图 5-18　第Ⅰ分角

4.1.2　分面投影形成三视图

如图 5-19 所示,将物体置于三投影面体系中,将其主要表面分别平行于投影面,然后分别将物体向三个投影面进行投影得到物体的三视图:

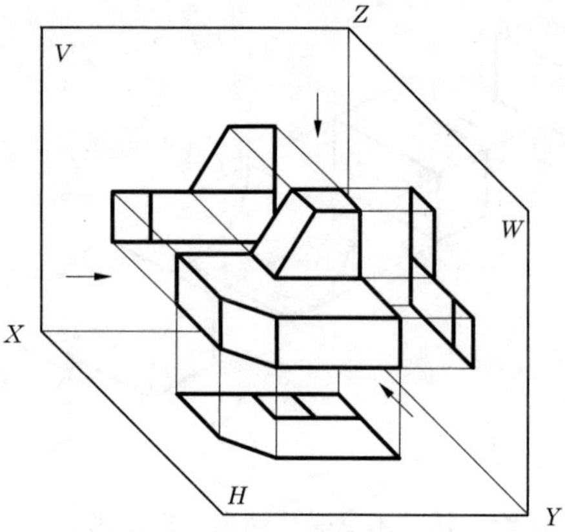

图 5-19　分面进行投影

从物体的前面向后投影,在 V 面上得到的视图称为主视图;

从物体的上面向下投影,在 H 面上得到的视图称为俯视图;

从物体的左面向右投影,在 W 面上得到的视图称为左视图。

4.1.3　三投影面的展开

从图 5-19 可以看出,物体的三视图分别处在三个互相垂直的投影面上,将 V 面保持不动,使 H 面绕 OX 轴向下旋转 90°,将 W 面绕 OZ 轴向右旋转 90°,使之与 V 面摊平成一个平面,如图 5-20(a)所示。展开后三视图的位置如图 5-20(b)所示,俯视图在主视图的正下方,左视图在主视图的正右方。

工程图纸上的三视图是不画投影面的边框线和轴线的,按上述位置排列时,也不需标注图名。

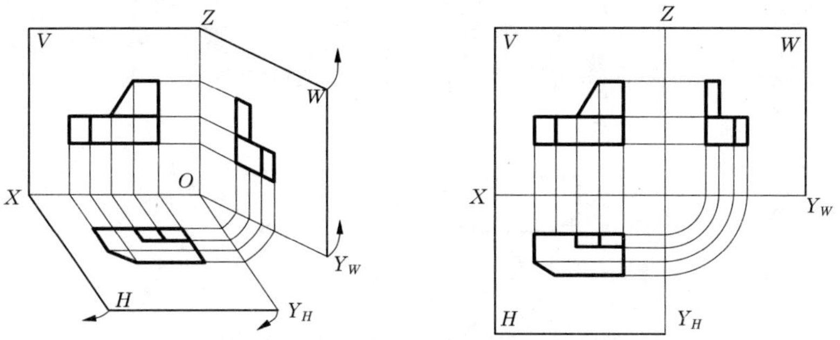

(a)　　　　　　(b)

图5-20　投影面的展开

在绘制三视图时，为了三视图位置准确，常常画出投影轴线和投影线，如图5-21所示。

4.2　三视图的投影规律

三视图表达的是同一物体在同一位置分别向三投影面所作的投影。所以，三视图间必然具有以下所述的投影规律：

主视图和俯视图都反映物体的长度，因此主、俯视图长对正；

主视图和左视图都反映物体的高度，因此主、左视图高平齐；

左视图和俯视图都反映物体的宽度，因此俯、左视图宽相等。

简单概括为："长对正，高平齐，宽相等"，如图5-22所示。这个规律是画图和读图的基本规律，无论是整个物体还是物体的局部，三视图间都必须符合这个规律。

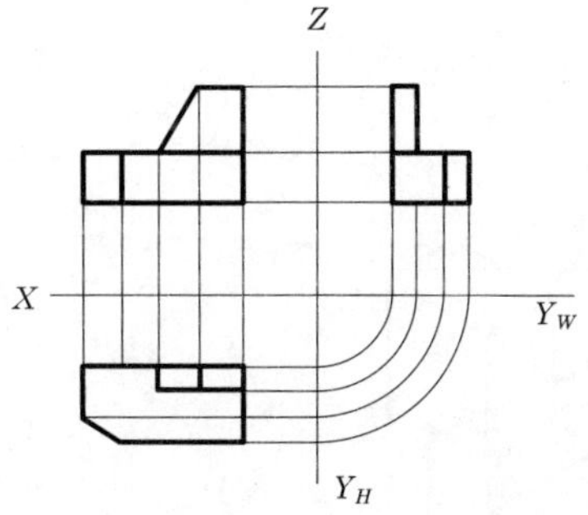

图5-21　物体的三视图

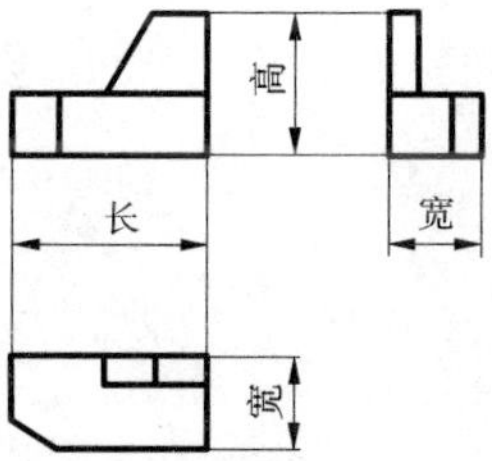

图5-22　三视图的投影规律

4.3　三视图与物体方位的对应关系

从三视图的形成过程可以看出，主视图反映了物体的上下、左右方位；左视图反映了物体前后、上下方位；俯视图反映了物体前后、左右方位。如图5-23所示。

【例5-4】　画出图5-24所示物体的三视图。

三视图的画法步骤：

(1)确定物体摆放位置，选择三视图的投影方向，如图5-25所示。

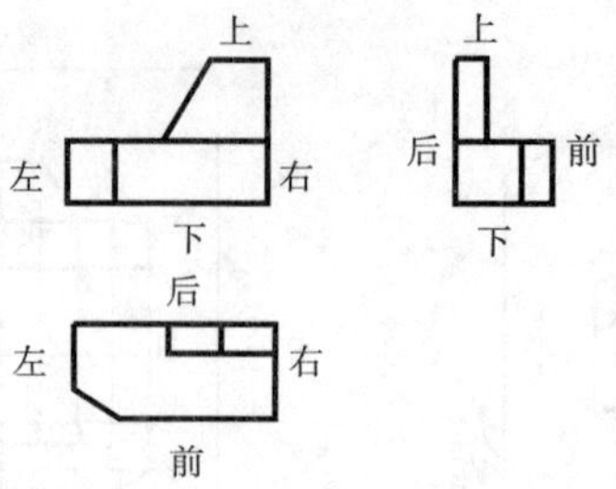

图 5-23　三视图的位置对应关系

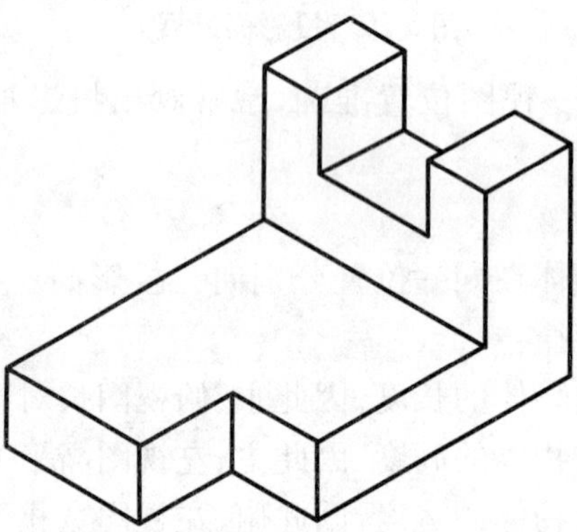

图 5-24　形体四

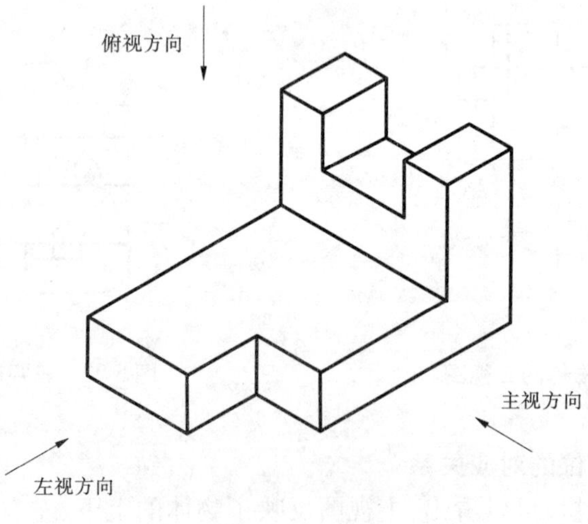

图 5-25　选择投影方向

(2)用细实线绘制投影轴和45°倾斜线,如图 5-26 所示。

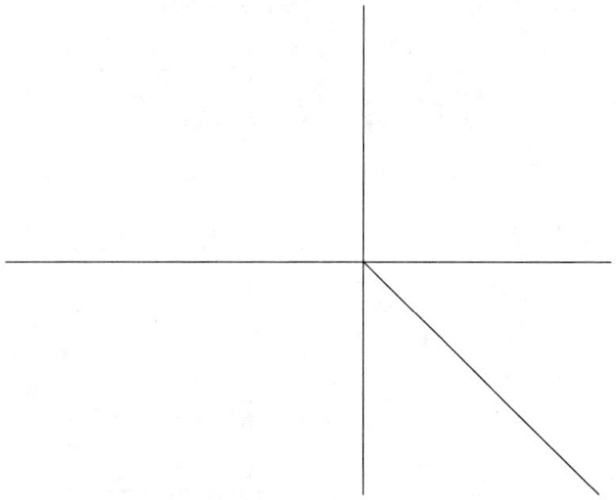

图5-26　绘制投影轴和45°倾斜线

(3)用细实线绘制物体三视图的完整外轮廓线,如图5-27所示。

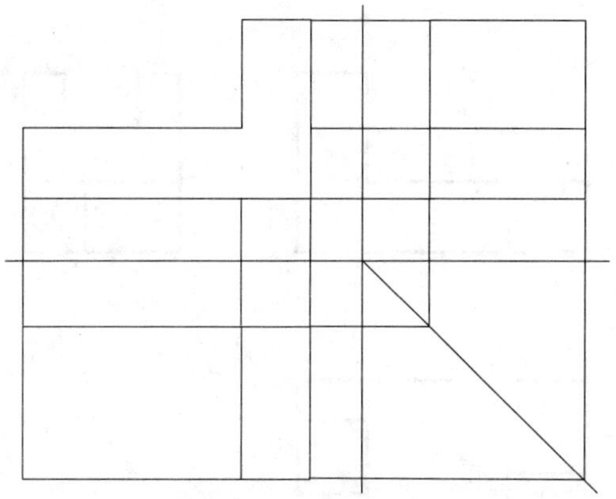

图5-27　绘制物体三视图的完整外轮廓线

(4)用细实线绘制左前下切角的三面投影,如图5-28所示。

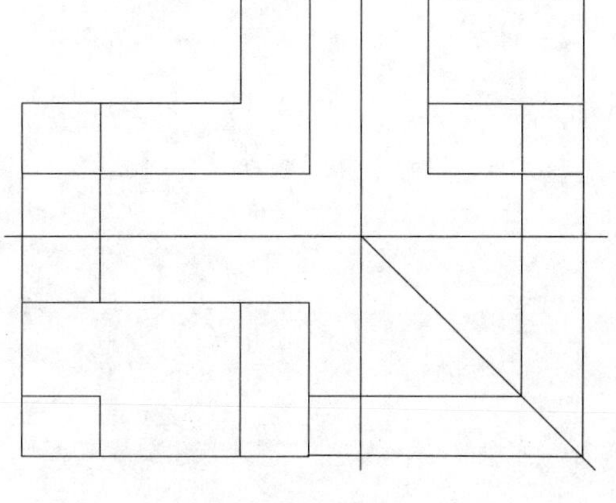

图5-28　绘制左前下切角的三面投影

(5)用细实线绘制右上切槽的三面投影,如图 5-29 所示。

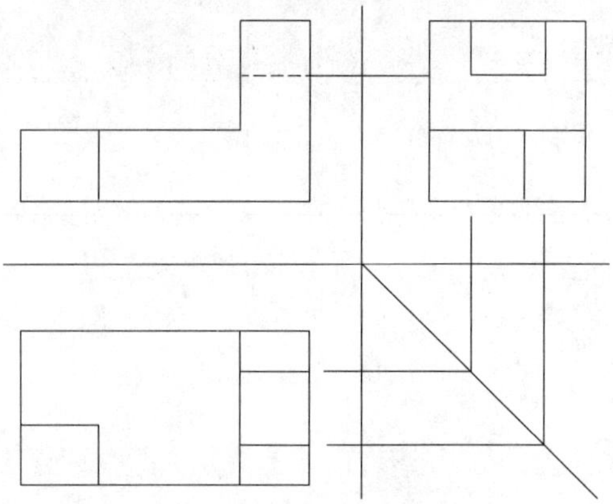

图 5-29 绘制右上切槽的三面投影

(6)擦除投影轴线和投影线,擦除切角和切槽处多余的线,用粗实线描深三视图,如图 5-30 所示。

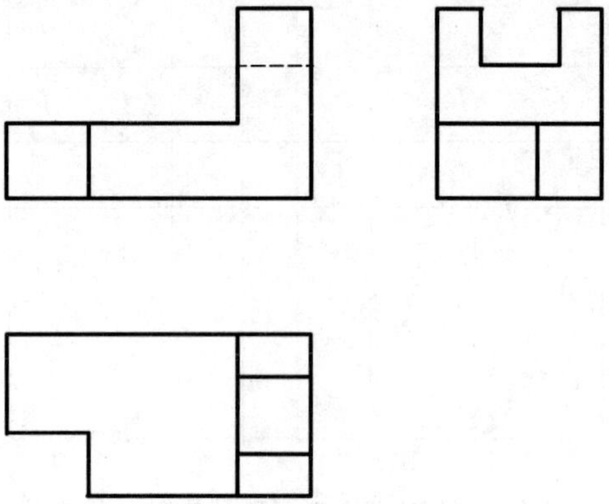

图 5-30 整理三视图

任务 6　绘制平面体三视图

工程建筑物是由许多基本形体经过一定形式的组合而构成的，这些基本形体简称为基本体。表面全部由平面围成的基本体称为平面基本体，常见的平面体有棱柱、棱锥和棱台。其中，棱线互相平行的为棱柱；棱线交于一点的为棱锥；棱锥被截去锥顶则形成棱台。通常以棱线的数量来命名平面体，如三棱柱、四棱锥、四棱台等。

1　绘制棱柱体三视图

1.1　绘制棱柱基本体三视图

棱柱中互相平行的两个端面称为底面，其余的面称为侧面或棱面，相邻两棱面的交线称为棱线，棱线与底面垂直的称直棱柱，其中底面为正多边形的直棱柱称为正棱柱。

工程中常见的棱柱体有四棱柱、三棱柱、五棱柱、六棱柱等，如图 6-1 所示。

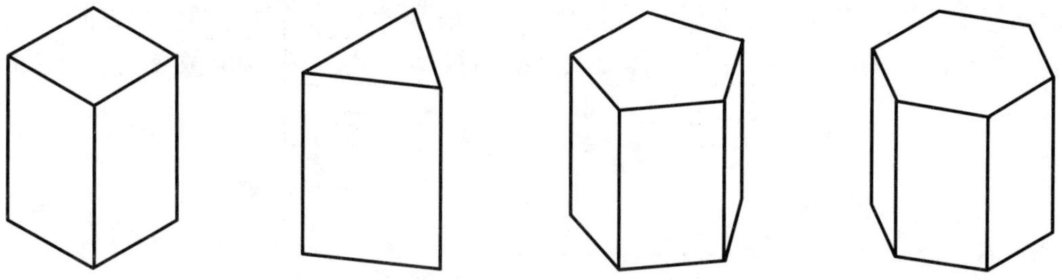

(a)四棱柱　(b)三棱柱　(c)五棱柱　(d)六棱柱

图 6-1　常见的棱柱体

以正三棱柱为例，说明棱柱体三视图的画法步骤如下：

(1)确定物体摆放位置和主视方向。

将正三棱柱放置为底面水平，其中一棱线在最前，后侧面是正平面，三视图的形成如图 6-2 所示。

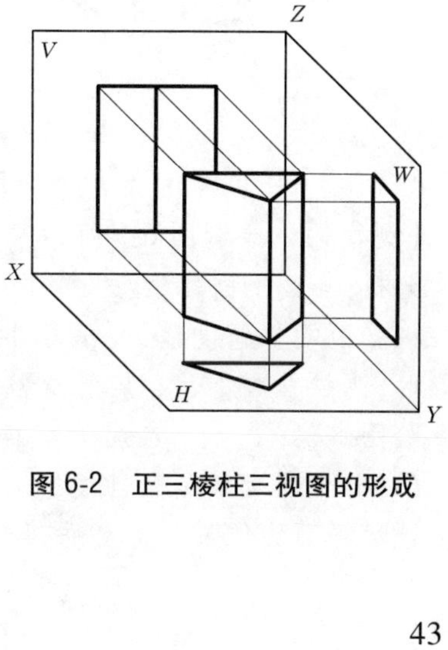

图 6-2　正三棱柱三视图的形成

(2)画底面的投影图。

画出反映上下底面实形的俯视图，如图 6-3(a)所示。

(3)画其他两面投影。

根据“长对正”的投影关系画出主视图，如图 6-3(b)所示。

根据“高平齐”“宽相等”的关系画出左视图，如图 6-3(c)所示。

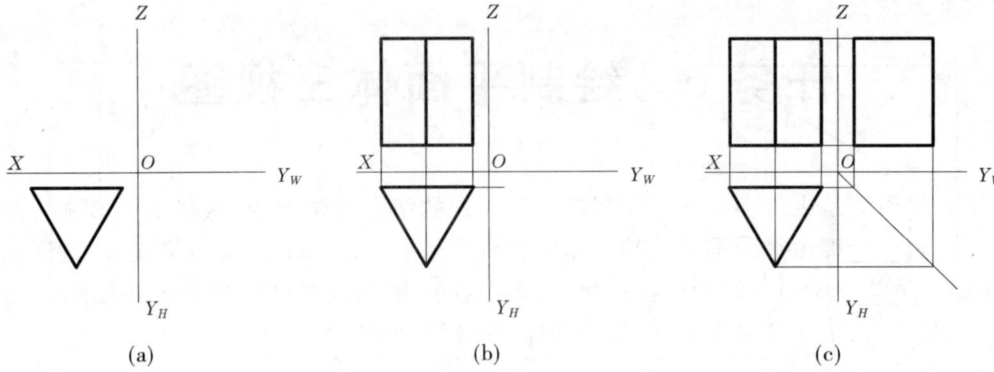

图 6-3 正三棱柱三视图的画法

1.2 绘制棱柱切割体三视图

在建筑装饰工程中，经常需要对棱柱体的原材料进行切割加工，由切割形成的基本体表面交线称为截交线。

图 6-4 是截平面截切六棱柱的情况，截平面截切到每根棱线都形成一个拐点，截平面截切到每个棱柱体表面都形成一条直线，因为截平面会截切到棱柱体的多个表面，所以截交线是个封闭的多边形。绘制平面体上截交线的投影，方法是先求出截交线上每个拐点的投影，然后依次连接各拐点的投影即可。

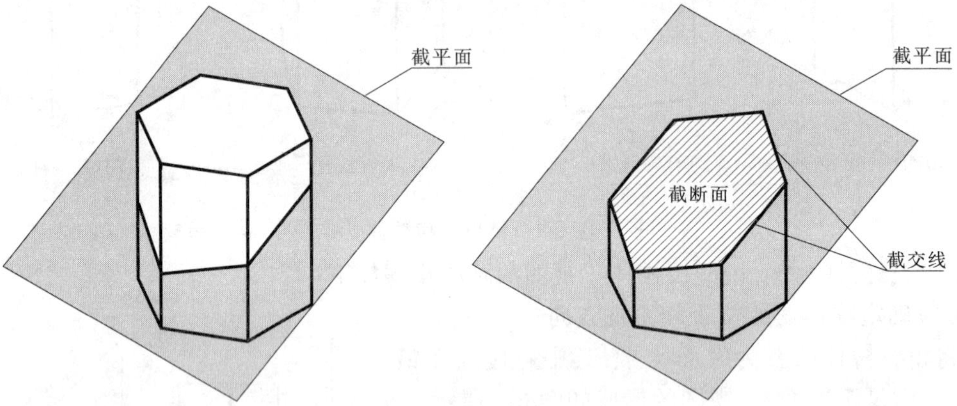

图 6-4 棱柱体的截交线

【例 6-1】 绘制图 6-5 所示的五棱柱被斜切后的三面投影图。

分析：当截平面处于与投影面垂直的位置时，截平面的投影具有积聚性，截交线都积聚在截平面的积聚投影上，可利用截交线的积聚投影求出其余的投影。所以，画截交线的投影时，让截平面处于与某个投影面垂直的位置，作图较简单。

绘图步骤：

(1) 作截平面的积聚性投影。

让截平面的位置与正面垂直，先绘出完整五棱柱的三面投影图，在正面投影上画出截平面的积聚性投影，如图 6-6 所示。

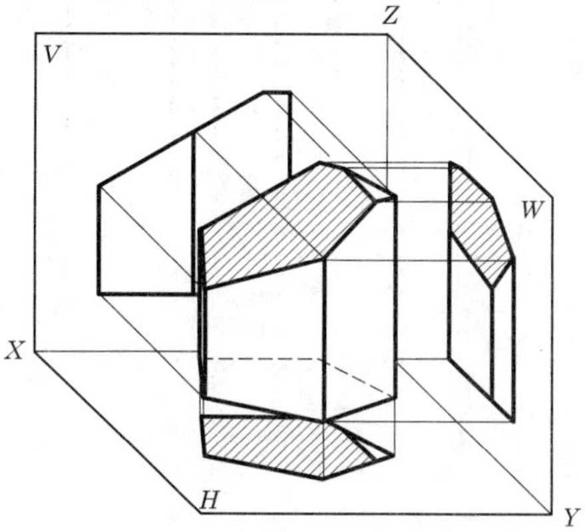

图 6-5　截切后的五棱柱

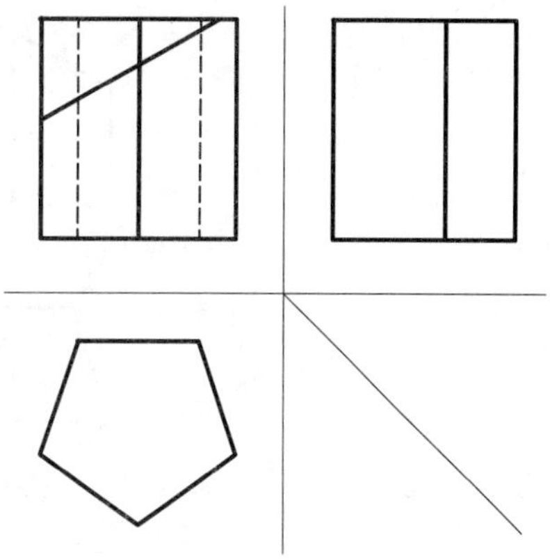

图 6-6　绘制截平面的积聚投影

(2) 确定截交线上各拐点的正面投影。

如图 6-7 所示，截平线的正面投影积聚成一条斜直线，该直线与棱柱的四条棱线相交形成 1′、2′、3′、4′四个截平面上的拐点，该直线还与棱柱的上底面相交形成截交线 5′、6′，5′、6′两点是重影点。由此可以确定，本例的截交线由六个拐点构成，其图形是封闭的六边形。

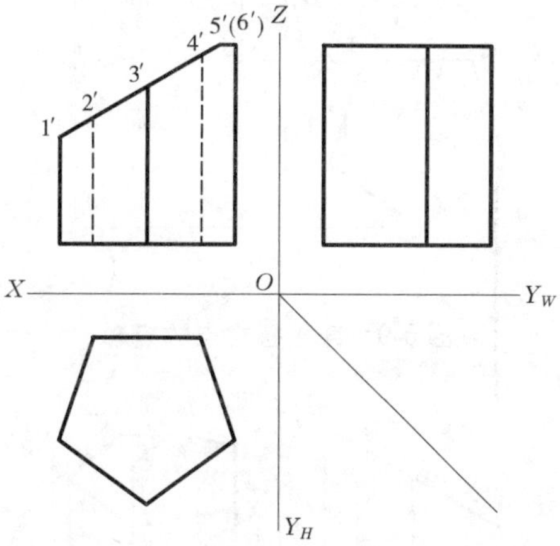

图 6-7　确定截交线上各拐点的正面投影

(3) 求出截交线上各拐点的其余投影。

确定了截平面上 1′、2′、3′、4′、5′、6′拐点的正面投影位置，根据长对正、高平齐、宽相等的正投影规律，求出各点的侧面投影，如图 6-8 所示。

(4) 连接截交线上各拐点的同面投影，得截交线的投影。如图 6-9 所示。

(5) 修剪或擦除多余的图线。去掉多余的图线，补上虚线，完成作图。如图 6-10 所示。

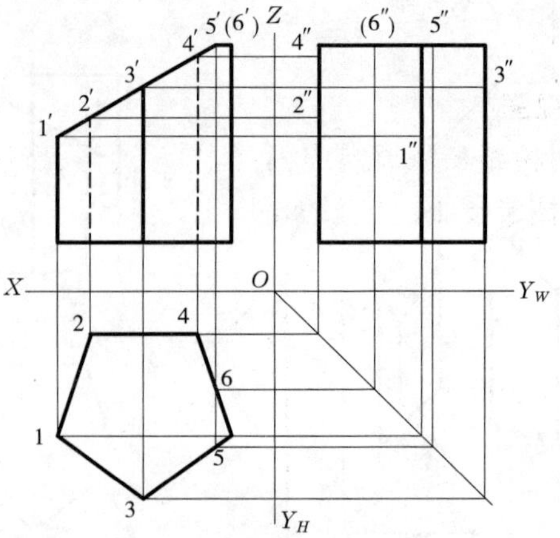

图 6-8　求出截平面上拐点的水平投影和侧面投影

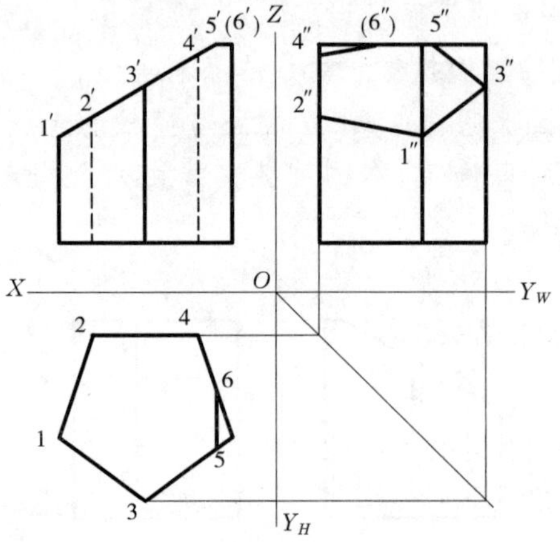

图 6-9　连接各拐点的投影

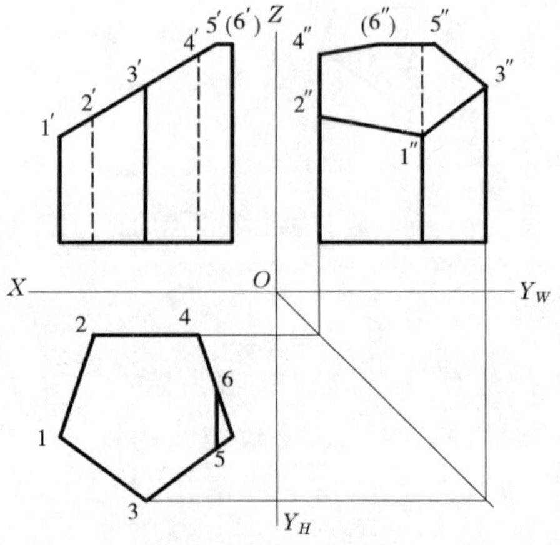

图 6-10　整理图形

2 绘制棱锥体三视图

2.1 绘制棱锥基本体三视图

棱锥体由底面、棱面、棱线和锥顶组成，底面是多边形，侧棱面均为三角形。工程中常见的棱锥体有三棱锥、四棱锥、四棱台等，如图6-11所示。

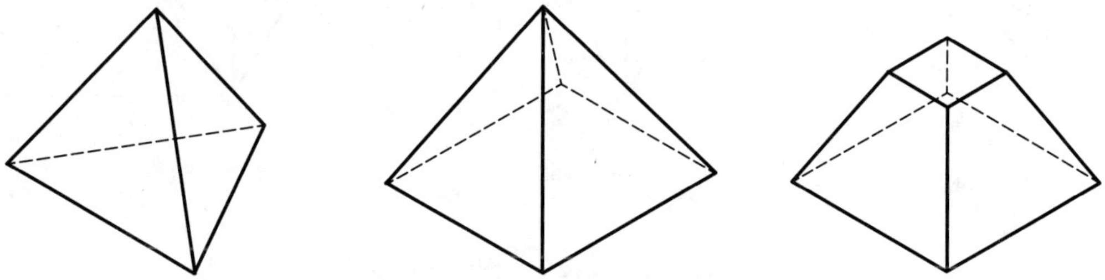

(a)三棱锥　(b)四棱锥　(c)四棱台

图6-11 常见的棱锥体

下面分别以正三棱锥和四棱台为例，说明棱锥体三视图的画法步骤。

正三棱锥的画法步骤如下：

(1)确定物体摆放位置和主视方向。

正三棱锥的底面 *ABC* 放置为水平，其中一根棱线 *SA* 放置为最前，且与侧面平行，后侧面 *SBC* 与侧面垂直，如图6-12所示。

(2)画棱锥的俯视图。

先画出三棱锥底面正三角形的俯视图，三棱锥锥顶的水平投影位置在三角形的中心位置，从锥顶点向底面三角形的角点画投影连线，从而作出各棱线的俯视图，如图6-13(a)所示。

(3)画棱锥的另外两面投影。

根据“长对正”的投影关系画出主视图，如图6-13(b)所示。

根据“高平齐”“宽相等”的关系画出左视图，如图6-13(c)所示。

四棱台三视图的画法步骤如图6-14所示。

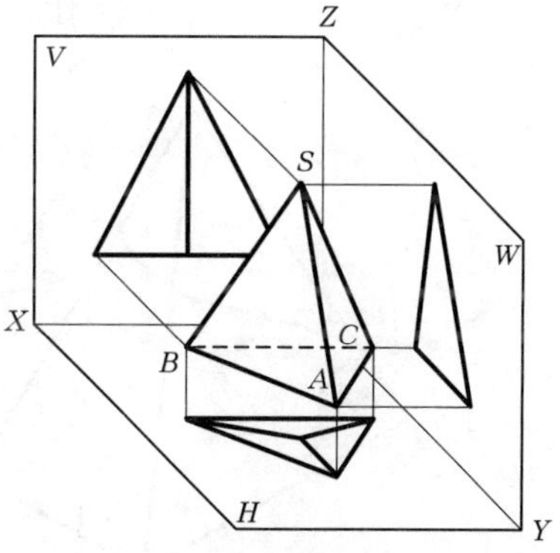

图6-12 正三棱锥摆放位置及三面投影

2.2 绘制棱锥切割体三视图

图6-15是截平面截切四棱锥的情况，棱锥体的截交线与棱柱体截交线基本一样，截平面截切到棱线形成一个截交线上的拐点，截平面截切到棱面或底面形成两个截交线上的拐点。因此，作棱锥体上截交线的投影，也是求截交线上拐点的投影。

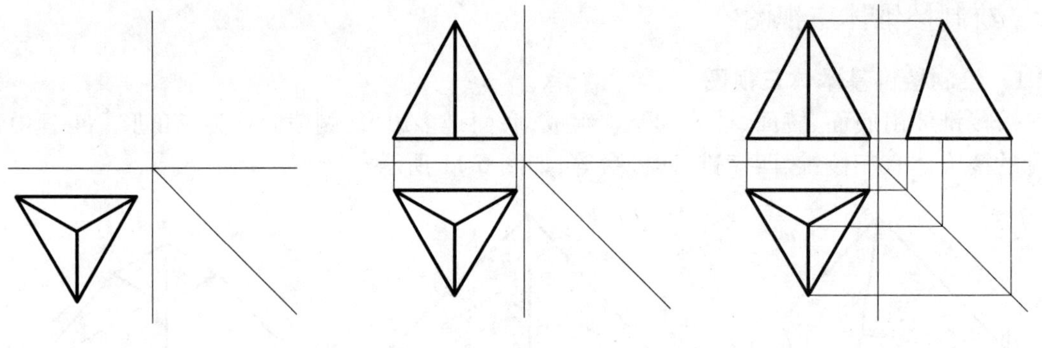

(a) (b) (c)

图 6-13 正三棱锥三视图的画法步骤

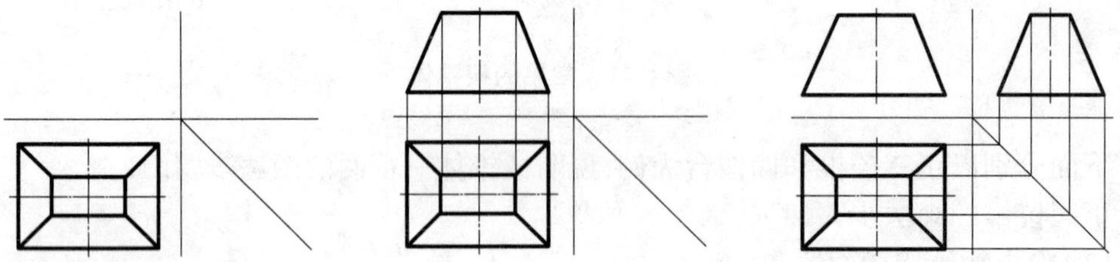

(a)绘上下底面和棱线 (b)绘主视图 (c)绘左视图

图 6-14 四棱台三视图的画法步骤

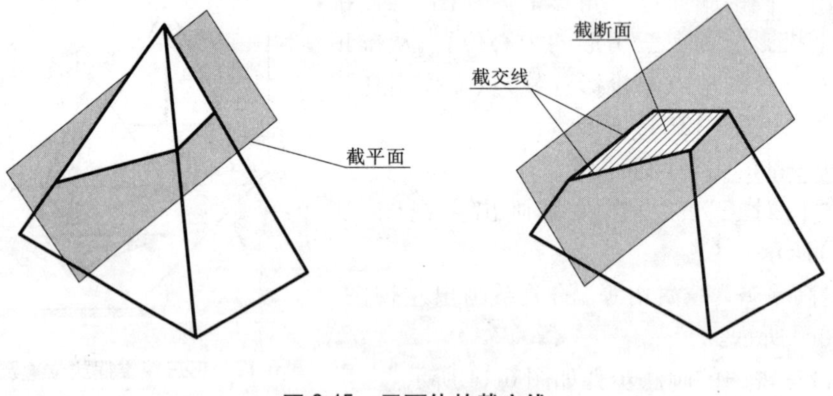

图 6-15 平面体的截交线

【例 6-2】 三棱锥切去锥顶，截断面位置如图 6-16 主视图中所示，试补画出左、俯视图中的截交线。（图中双点画线为三棱锥的原始轮廓线）

作图分析：三棱锥的截平面垂直于正面，并截断三棱锥的三条棱线 *SA*、*SB*、*SC*，所以截交线在主视图中积聚成直线，在左视图和俯视图中截交线均为封闭三角形，画截交线只要求出三角形的三个拐点再连接起来即可。

作图过程：

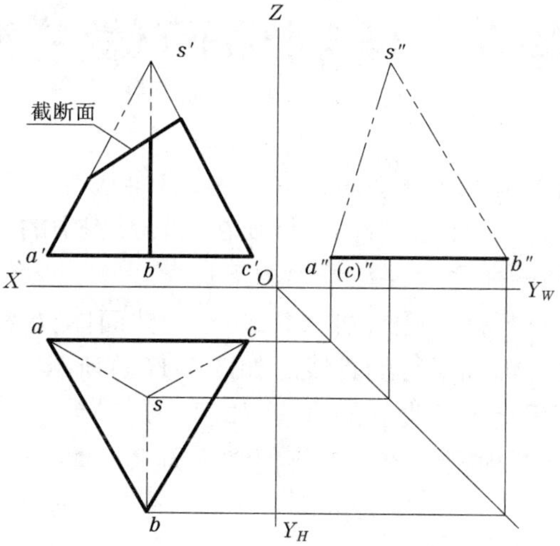

图 6-16　求三棱锥的截交线

(1) 如图 6-17 所示，在主视图上确定截断面与 $s'a'$、$s'b'$、$s'c'$ 棱线分别交于 1′、2′、3′点，根据正投影规律分别求出拐点的侧面投影 1″、2″、3″和水平投影 1、2、3。

(2) 如图 6-18 所示，依次连接各点的同面投影，再将双点画线的棱线画成实线。

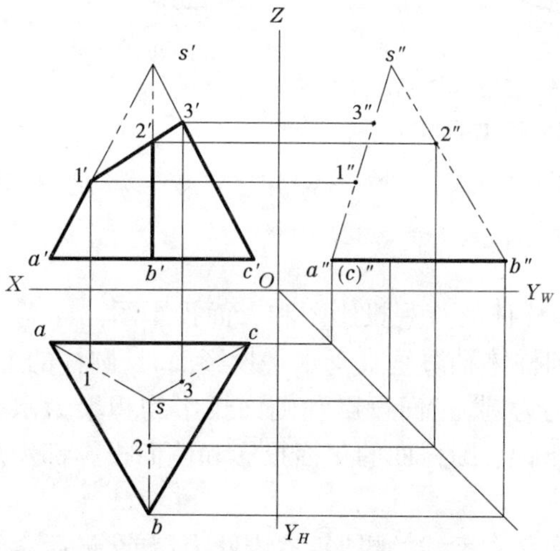

图 6-17　求各拐点的三面投影

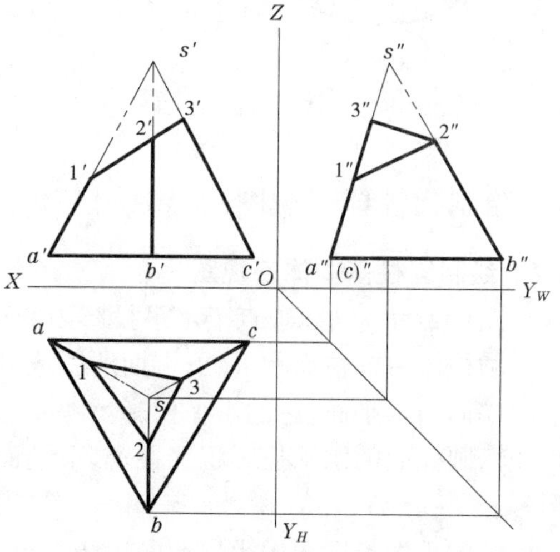

图 6-18　连接截交线的各拐点

任务7　绘制曲面体三视图

表面组成包含曲面的基本体称为曲面基本体，曲面基本体表面是由一条母线绕固定轴线旋转而成的，这种形体又称为回转体，母线在旋转过程中的每一个具体位置称为曲面的素线，可以认为回转体的曲面上存在着无数条素线。

常见的曲面基本体有圆柱、圆锥、圆球等，简称为曲面体，也称为回转体。

圆柱面上的素线是与轴线平行的直线。如图7-1(a)所示。

圆锥面上的素线是相交于锥尖处的直线，如图7-1(b)所示。

圆球面上的素线是圆，根据作图的需要把它分为水平素线圆、正平素线圆和侧平素线圆，如图7-1(c)所示。

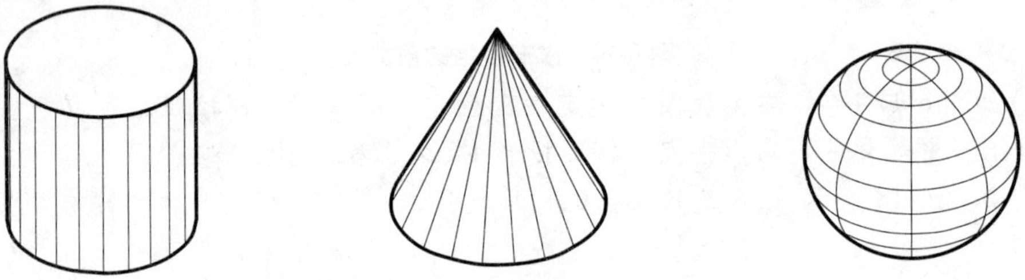

(a)圆柱　(b)圆锥　(c)圆球

图7-1　曲面体及表面上的素线

1　绘制圆柱体三视图

1.1　绘制圆柱基本体三视图

图7-2为一轴线垂直于水平投影面的正圆柱体的直观投影图和三面投影图。

圆柱体由圆柱面和上、下端面所围成，当圆柱体轴线垂直于水平投影面时，圆柱的上、下两端面为水平面，它的水平投影反映实形，仍为圆，正面投影和侧面投影均积聚为水平直线。圆柱面的水平投影积聚在上、下端面的圆上，圆柱面的正面投影和侧面投影都为矩形。

圆的正面投影图中矩形的两边线为最左和最右素线的投影，轴线处为最前、最后素线的投影位置。圆的侧面投影图中矩形的两边线为最前、最后素线的投影，轴线处为最左、最右素线的投影位置。绘制圆柱的三视图一定要画出圆柱的轴线和圆上的十字中心线。

1.2　绘制圆柱切割体三视图

当截平面截切圆柱体时，形成截交线，截交线的形状与截平面的位置相关，如果截平面与圆柱轴线平行，截断面是矩形，如图7-3(a)所示；如果截平面与圆柱轴线倾斜，截断面是椭圆，如图7-3(b)所示。

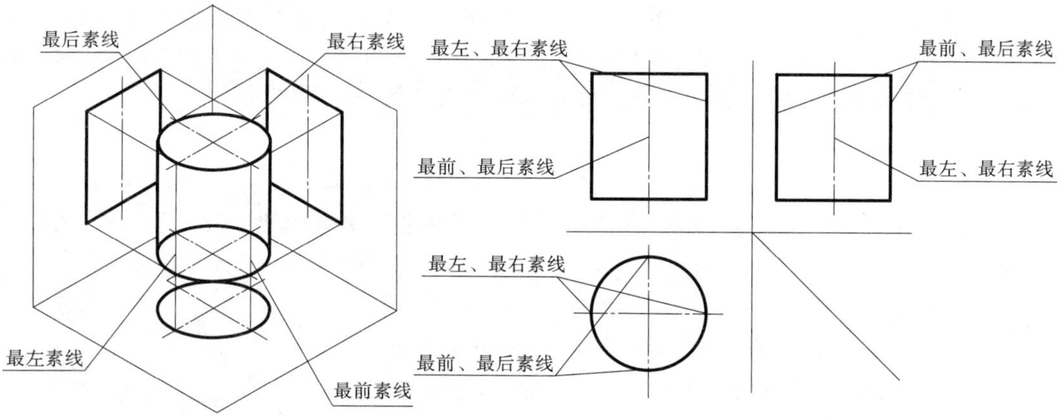

(a)直观投影图　　(b)三面投影图

图 7-2　圆柱的三面投影分析

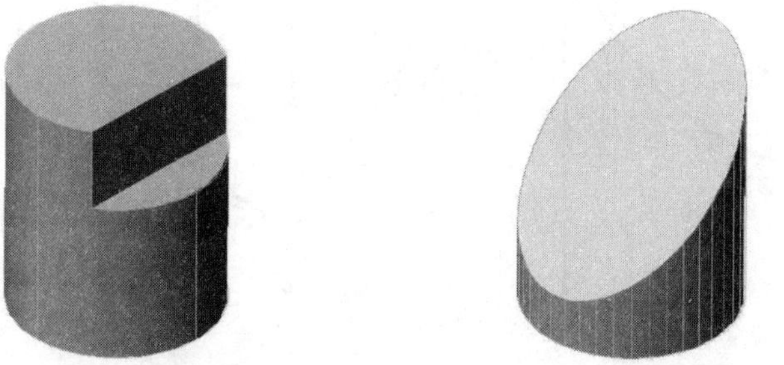

(a) 矩形截断面　　(b) 椭圆截断面

图 7-3　圆柱的截交线

圆柱的截交线是截平面与曲面体表面的交线，一般情况下，截交线的投影积聚在圆柱面上，如果将截平面放置与某一投影面垂直，借助截平面积聚性投影和圆柱面的积聚性投影，可以方便地求出截交线的其他投影。

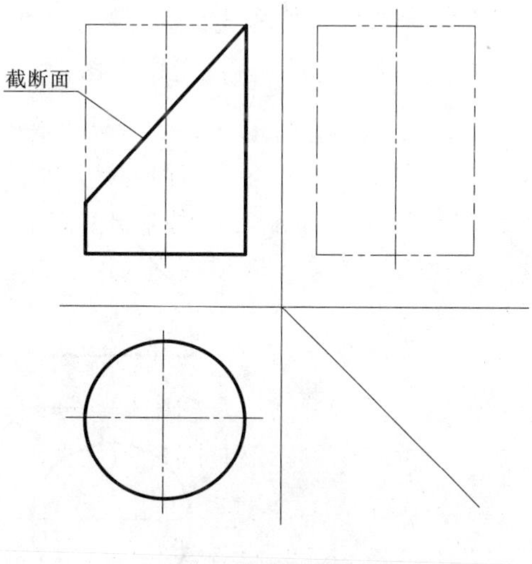

图 7-4　求圆柱的截交线

【例 7-1】　如图 7-4 所示，绘制圆柱被截断面截切后的三视图（截断面为正垂面，双点画线为截断前轮廓线）。

作图分析：圆柱被正垂面倾斜于轴线截切，截交线为椭圆。因截平面垂直于正面，其椭圆截交线的正面投影积聚成斜直线，侧面投影反映椭圆，水平投影积聚为圆。

如图 7-5 所示，A、B、C、D 即是椭圆截断面长短轴的端点，分别位于圆柱的最左、最右、最前、最后素线上。绘制截交线的三视图时,在主视图的椭圆截交线的积聚投影上,确定 A、B、C、D 四个点的投影位置,再根据投影规律找出 A、B、C、D 点的另两面投影,然后将各点光滑地连成椭圆。

作图步骤:

(1)绘制完整的圆柱三视图,在正面投影上画出截断面的积聚投影,确定截断面与圆柱最左、最右、最前、最后素线的交点 a'、b'、c'、d',再根据三视图的投影规律求出点的侧面投影 a''、b''、c''、d'',如图 7-6 所示。

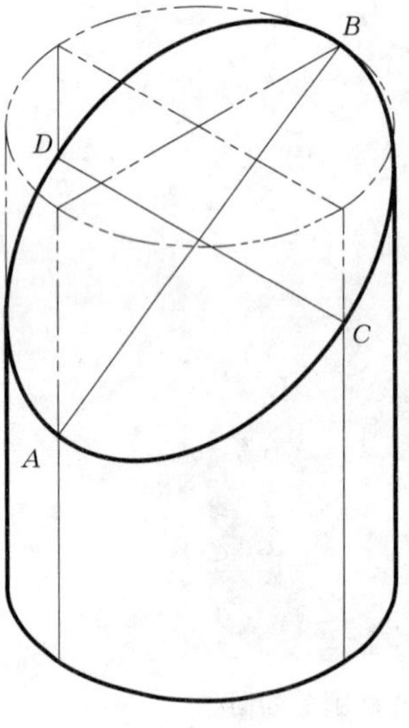

图 7-5　圆柱上椭圆截交线长短轴分析

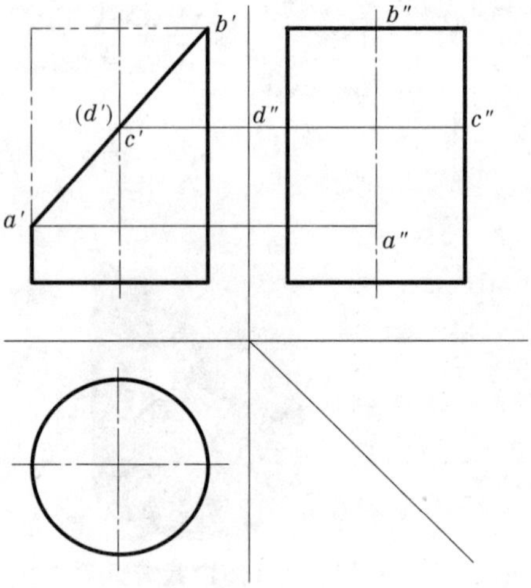

图 7-6　确定椭圆长短轴上特殊点的投影

(2)依次光滑连接各点,形成一个椭圆(此椭圆在 $c''d''$ 处与圆柱前后轮廓线相切)擦去被切掉的图线,加深轮廓,完成作图,如图 7-7 所示。

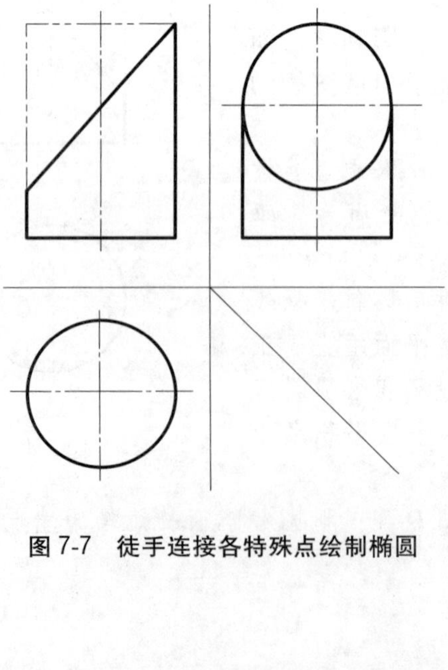

图 7-7　徒手连接各特殊点绘制椭圆

【例 7-2】　如图 7-8 所示，圆柱体被切槽，试完成其水平投影和侧面投影。

分析：如图 7-9 所示，切槽将最前，最后素线截断，切槽的侧面为矩形。

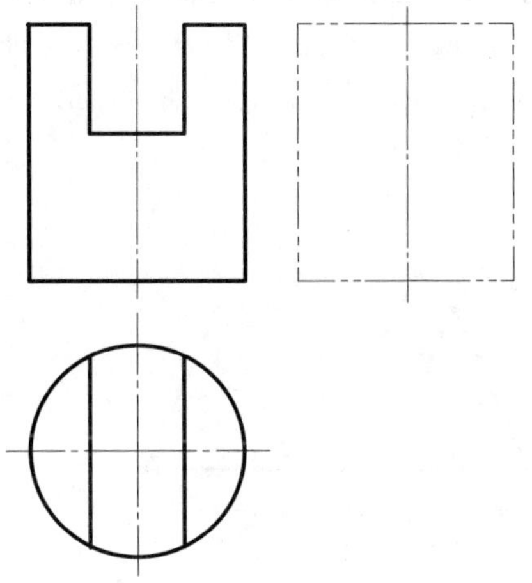

图 7-8　绘制圆柱切槽的截交线

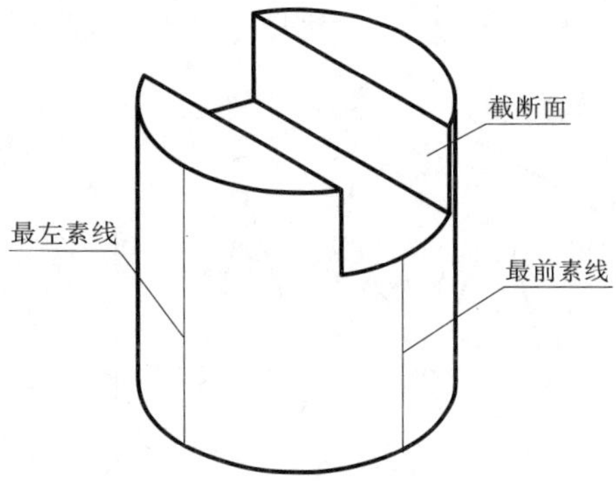

图 7-9　圆柱切槽截交线分析

绘图过程：

(1) 切槽两侧面在俯视图中积聚成直线，如图 7-10(a) 所示。

(2) 切槽两侧面在左视图中反映实形，按投影规律画出；切槽底面在左视图中积聚成直线，被挡部分画虚线，两端画实线，如图 7-10(b) 所示。

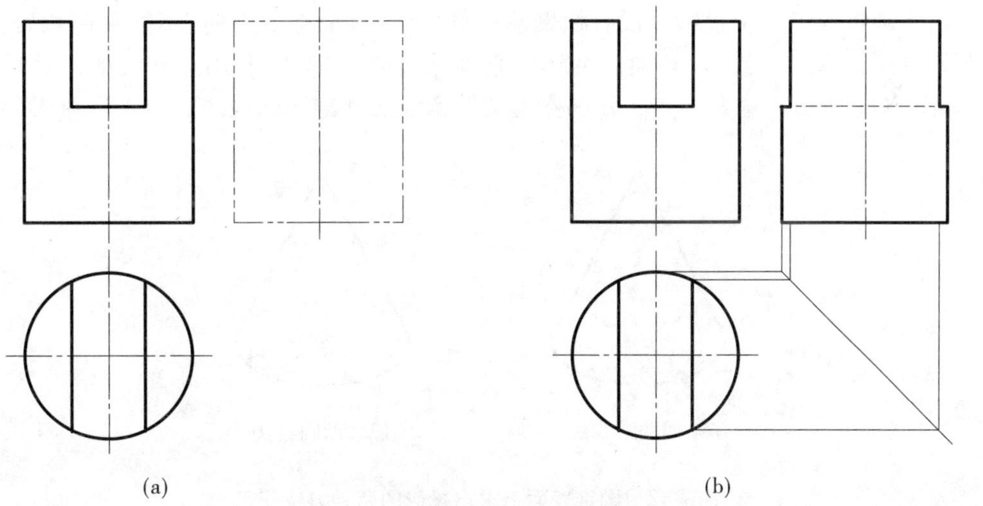

图 7-10　圆柱切槽截交线的作图步骤

2　绘制圆锥体三视图

2.1　绘制圆锥基本体三视图

圆锥体是由圆锥面和底平面所围成的，如图 7-11 所示为轴线垂直于水平投影面的圆锥体三面投影的形成。其中圆锥体底平面平行于 H 面，故其水平面投影为反映底平面实形的圆，它的正面投影和侧面投影都积聚成直线；圆锥面的正面投影是三角形，两边线是圆锥面上最左、最右素线的投影，最前、最后素线的投影与轴线重合；圆锥面的侧面投影也是三角形，两边线是圆锥面上最前、最后素线的投影，最左、最右素线的投影也与轴线重合；圆锥面的水平投影与底面的水平投影重合，中心线是圆锥面上最左、最右、最前、最后素线的位置。对于圆锥面来讲，三个投影均没有积聚性。

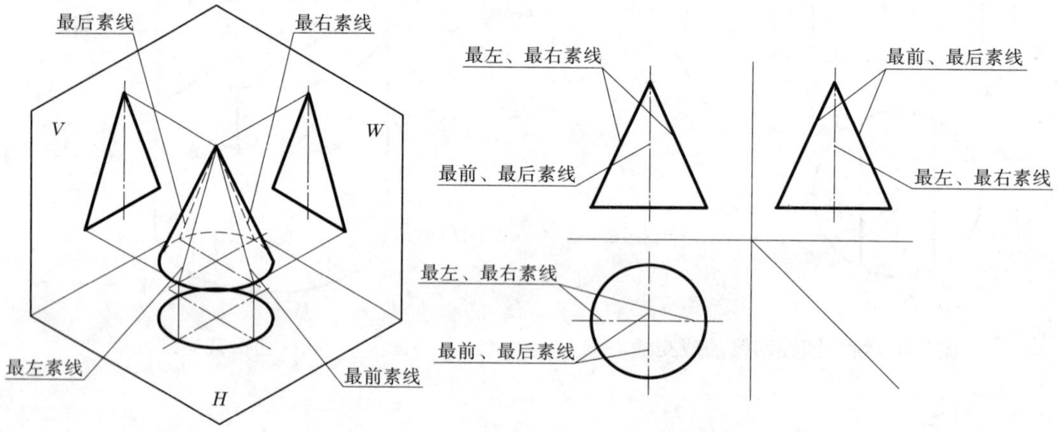

(a)圆锥投影图形成　(b)圆锥三视图

图 7-11　圆锥体三面投影分析

2.2　绘制圆锥体表面上点的投影

由于圆锥面的三个投影都没有积聚性，所以圆锥表面上取点时，不能采用积聚性法。在圆锥表面上求点的投影，必须借助辅助直线或者是辅助圆，利用点和线的从属性来求解，如图 7-12 所示。这两种方法分别称为辅助素线法和辅助圆线法。

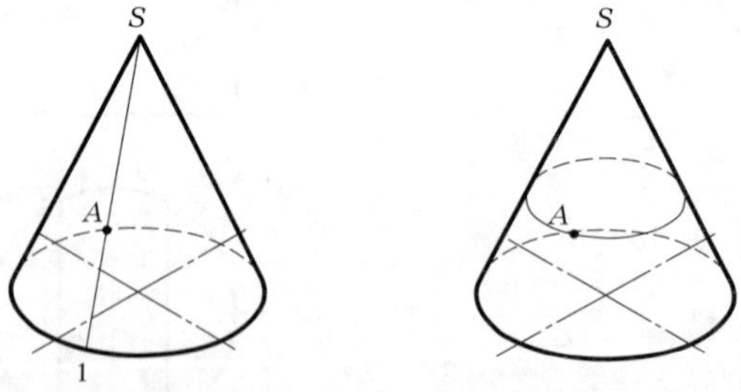

(a)辅助素线法　(b)辅助圆线法

图 7-12　圆锥表面上求点投影的两种方法图示

【例 7-3】　如图 7-13 所示，已知点 A 的正面投影 a'，求点 A 的其他两面投影。

本例可以分别用辅助素线法和辅助圆线法作图求解。

(1) 辅助素线法。

如图 7-14 所示，在正面投影上，过点 a' 作素线的投影 $s'1'$，接着作出素线的水平投影 $s1$，再在 $s1$ 线上作出点 A 的水平投影 a，然后根据点的投影规律作出点 A 的侧面投影 a''。

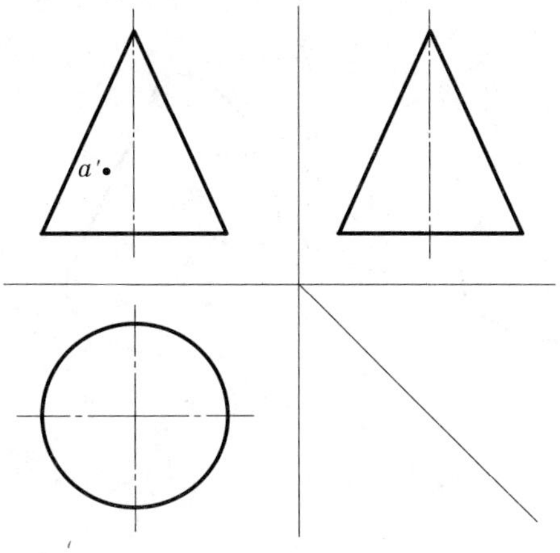

图 7-13　求圆锥面上点的投影

(2)辅助圆的画法。

如图 7-15 所示,在正面投影上,过 a'作水平线,交圆锥的最左与最右素线于 c'、d'两点,$c'd'$直线即为过点 A 的辅助圆在正面上的积聚投影,其长度等于辅助圆直径。以 cd 为直径以 s 为圆心在圆锥的水平投影上作圆,点 A 的水平投影 a 即在该圆上。再根据点的正面投影 a'和水平投影 a 求得点 A 的侧面投影 a'' 。

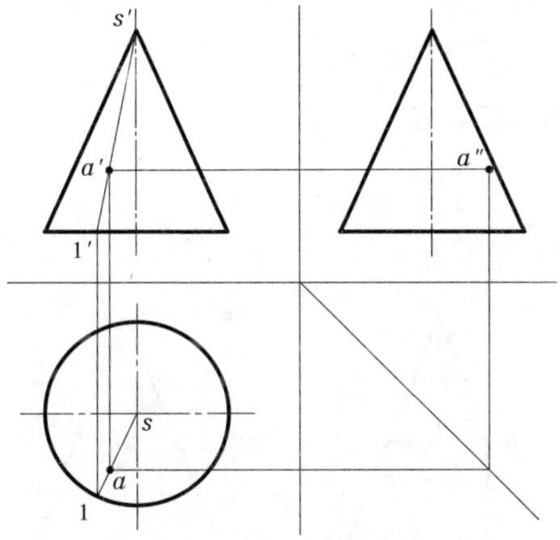

图 7-14　辅助素线法作图

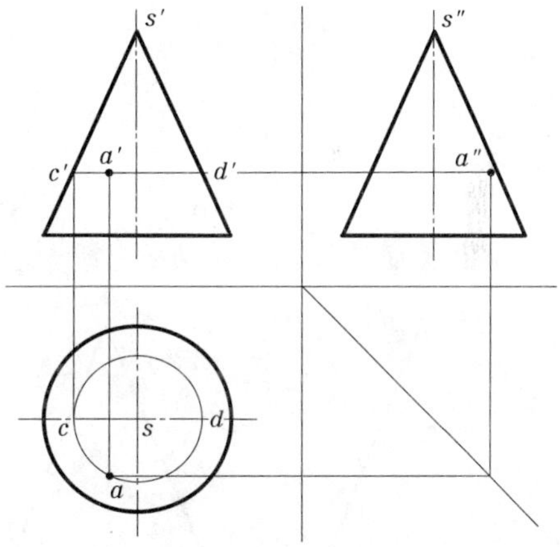

图 7-15　辅助圆线法作图

2.3　绘制圆锥体的截交线

如图 7-16 所示,当平面与圆锥相交时,由于截平面对圆锥的相对位置不同,其截交线可以是圆、椭圆、抛物线或双曲线,这四种曲线总称为圆锥曲线;当截切平面通过圆锥顶点时,其截交线为过锥顶的两直线。

【例 7-4】　如图 7-17 所示,圆锥被一侧平面截切,求作截交线的左视图。

作图分析:截平面为侧平面,与圆锥的轴线平行,确定截交线形状为双曲线。其水平投影和正面投影分别积聚为一直线,侧面投影反映实形。

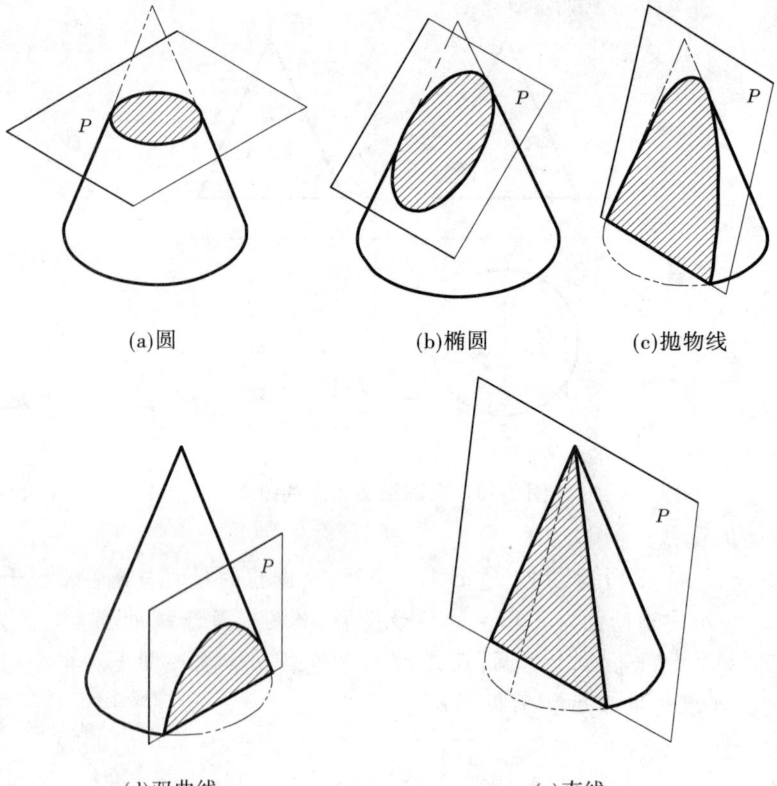

(a)圆　(b)椭圆　(c)抛物线

(d)双曲线　(e)直线

图 7-16　圆锥体的截交线

作图步骤:

(1)求特殊点:如图 7-18 所示,截交线上最高点 A 是圆锥最左素线上的点,最低点 B、C 为圆锥底面棱线圆上的点,根据点的从属性求出 A、B、C 三点的侧面投影。

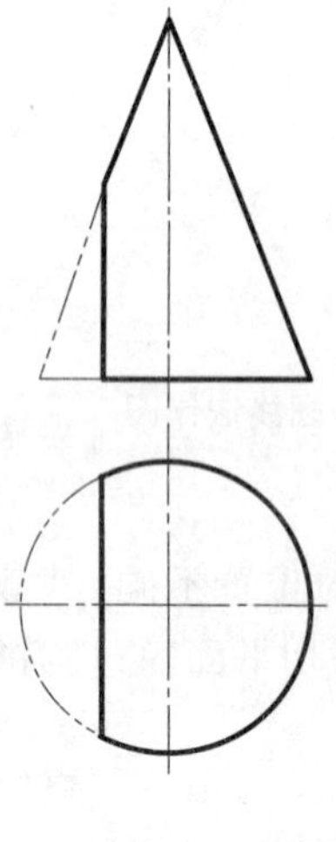

图 7-17　求圆锥体截交线的投影

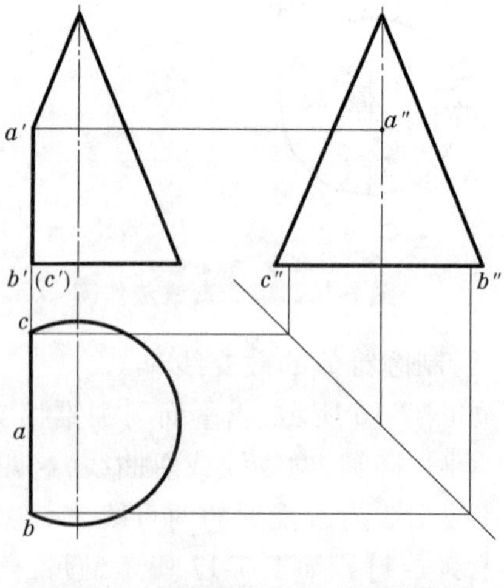

图 7-18　求截交线上特殊点的投影

(2)求一般点:如图 7-19 所示,在水平投影中作一辅助圆,与截交线的积聚投影相交

于 e、d 两点，E、D 两点为截交线上的点。然后作出辅助圆线的正面投影，再根据点线的从属性和投影规律求出 E、D 两点的正面投影 e'、d' 和侧面投影 e''、d''。

(3) 如图7-20所示，依次光滑连接各点，即得截交线的侧面投影。

【例7-5】 如图7-21所示，已知圆锥被斜截后的正面投影，绘制截交线的其余投影。

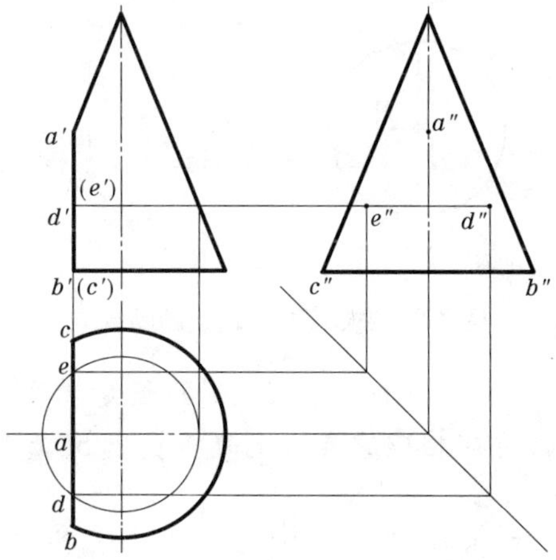

图7-19 求截交线上一般点的投影

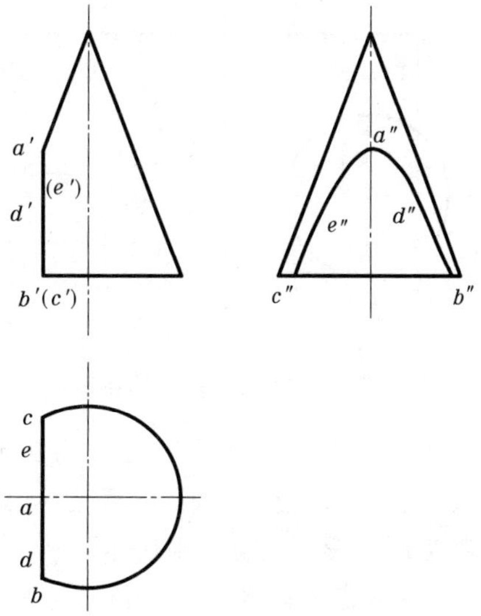

图7-20 徒手顺次连接各特殊点和一般点

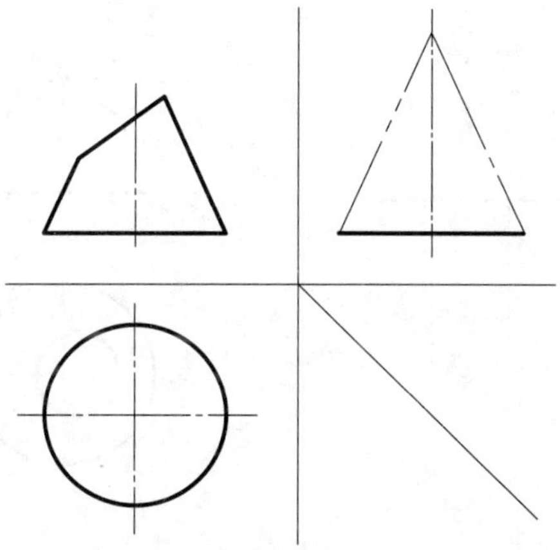

图7-21 绘制圆锥的截交线

作图分析：

圆锥被斜截，截交线是椭圆，正面投影积聚成直线，其余两面投影均是椭圆，椭圆长轴、短轴的端点是必须找到的特殊点，另外再找出素线上的点，光滑连接各点。

作图步骤：

(1) 在正面投影中，截平面与圆锥面最左、最右素线的交点 1′、2′两点是椭圆短轴的两端点，可在相应的素线上直接找出 1′、2′两点的其余两面投影，如图7-22所示。

(2) 在正面投影中，截平面积聚成直线，直线的中点 3′、4′两点是椭圆长轴的两端点，利用辅助素线法或辅助圆线法，找出 3″、4″两点的其余两面投影，如图7-23所示。

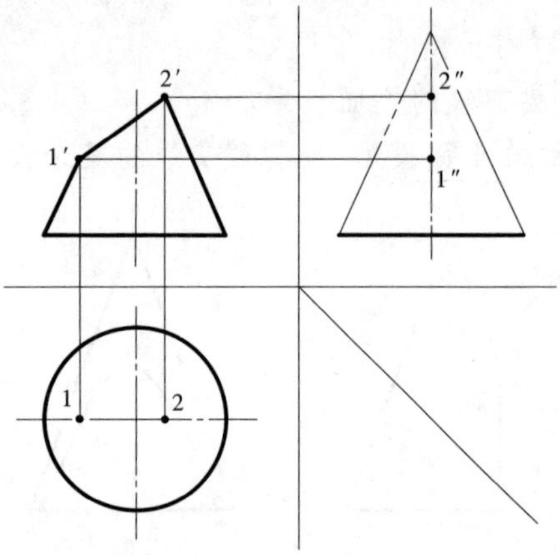

图 7-22　求椭圆短轴上的特殊点

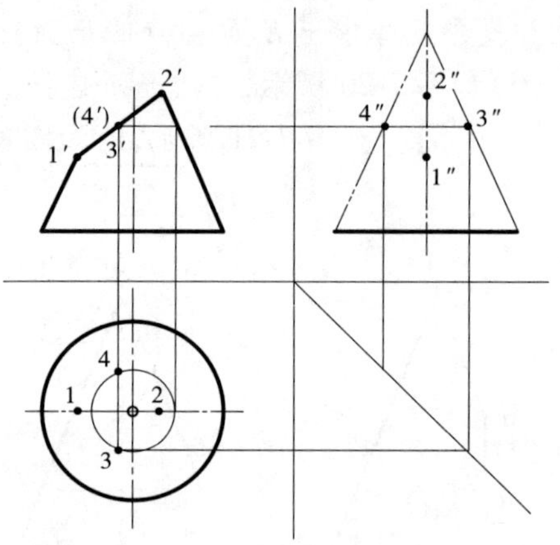

图 7-23　求椭圆长轴上的特殊点

(3)在正面投影中,截平面与圆锥面上最前、最后素线的交点 5′、6′两点是椭圆上的任意点,也是侧面投影中最前、最后素线的上端点,可在相应的素线上直接找出 5′、6′两点的其余两面投影,如图 7-24 所示。

(4)将各点的同名投影光滑连接成椭圆,如图 7-25 所示。

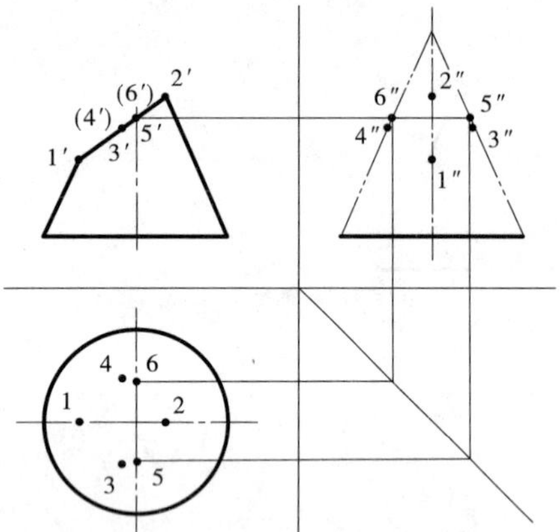

图 7-24　求特殊素线上的点

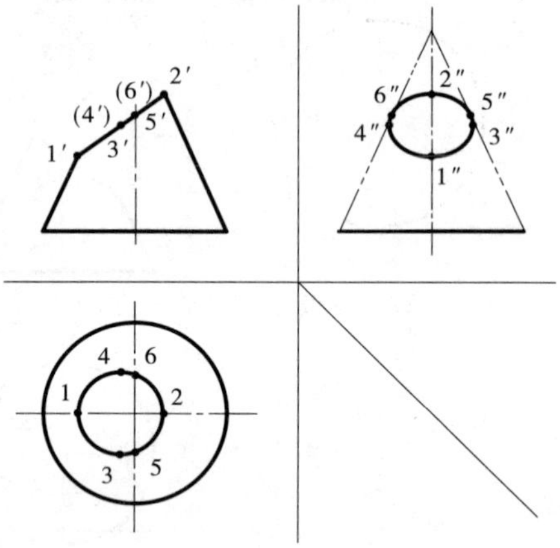

图 7-25　徒手连接各点

(5)整理图形,如图 7-26 所示。

【例 7-6】　如图 7-27 所示,已知圆锥切口的正面投影,求其他两个投影。

分析作图:切口可以看作是由一个水平面和两个侧平面截切圆锥而成的。水平面截切圆锥截交线为圆,本例为不完全切割,所以截交线是两段圆弧。两个侧平面截切圆锥截交线为双曲线,在侧面投影上反映实形,如图 7-28 所示。

作图步骤:

(1)画切口底平面形成的截交线,如图 7-29 所示,在正面投影上,将底平面的直线延长,与圆锥的最左、最右素线相交于 1、2 两点,在水平投影上以 1 2 线段长为直径,底圆圆

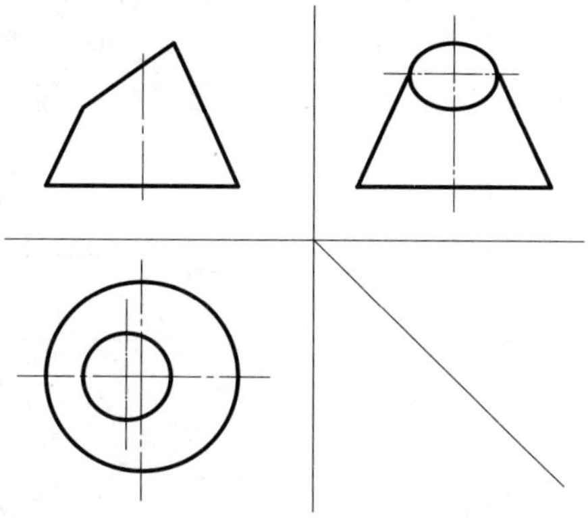

图 7-26　整理图形

心为圆心画圆，中间对应部分即为截交线圆弧的水平投影。截交线圆弧的侧面投影为水平直线（其中被圆锥表面遮住的一段因不可见，应画成虚线，可在最后修改图形）。

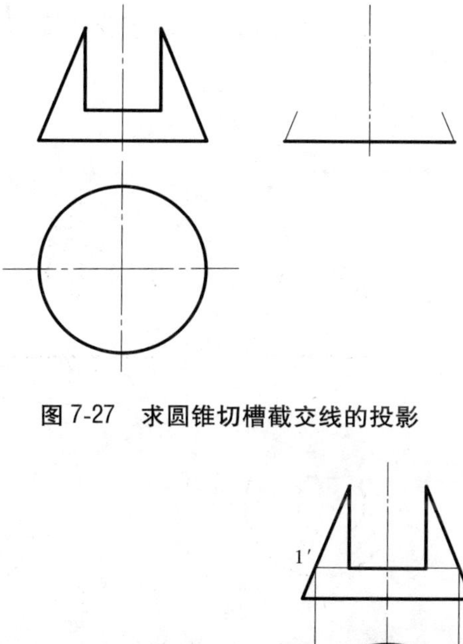

图 7-27　求圆锥切槽截交线的投影

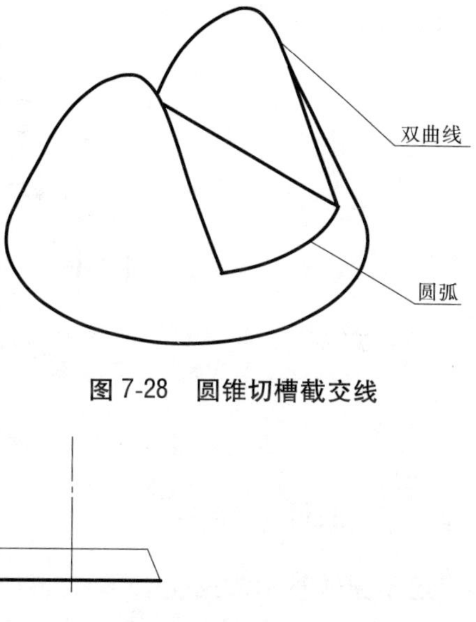

图 7-28　圆锥切槽截交线

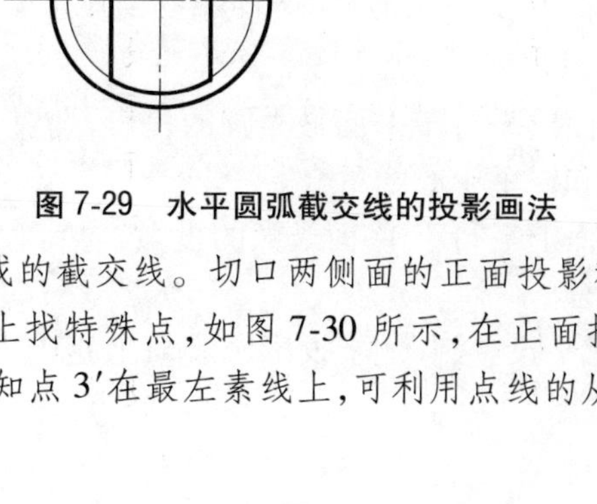

图 7-29　水平圆弧截交线的投影画法

（2）作切口两侧面形成的截交线。切口两侧面的正面投影和水平投影都重影成一条直线，首先在该直线投影上找特殊点，如图 7-30 所示，在正面投影上确定截交线上的最高点 3′，最低点 4′、5′。已知点 3′在最左素线上，可利用点线的从属性，在最左素线的相应投影上,求得 3、3″。最低点 4、5 在底圆上,已知 4′、5′就可作出其水平投影 4、5 和侧面投影 4″、5″。然后在最高点和最低点之间再找两个一般点 6、7,用辅助素线法(或辅助圆线法)求出 6、7 两点的三面投影。

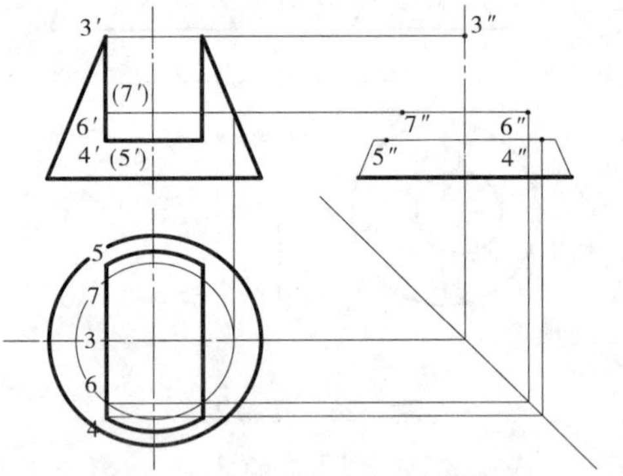

图 7-30 双曲线截交线的投影画法

(3)依次连接各点完成双曲线的投影,最后整理修改图形,如图 7-31 所示。

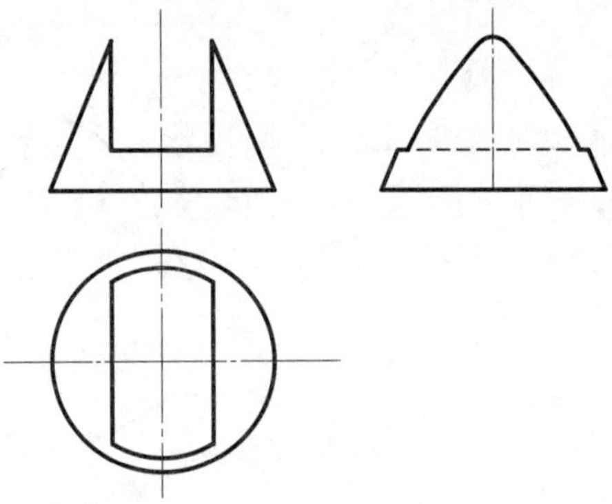

图 7-31 整理图形

3 绘制圆球体三视图

3.1 绘制圆球基本体三视图

如图 7-32 所示,在三面投影体系中有一球体。其三个投影为三个直径相等并等于球径的圆。

水平投影是球面上平行于 *H* 面的最大圆的投影,与其对应的正面投影和侧面投影分别与圆的水平中心线重合。

正面投影的圆周是球面上平行于 *V* 面最大圆的投影,与其对应的水平投影和侧面投影分别与圆的水平中心线和铅垂中心线重合。

侧面投影的圆周是球面上平行于 *W* 面最大的投影,与其对应的水平投影和正面投影分别与圆的铅垂中心线重合。

圆球的水平投影圆、正平投影圆、侧平投影圆实质上是上下半球分界圆、前后半球分界圆、左右半球分界圆,简称为上下分界圆、前后分界圆、左右分界圆,如图 7-32 所示。

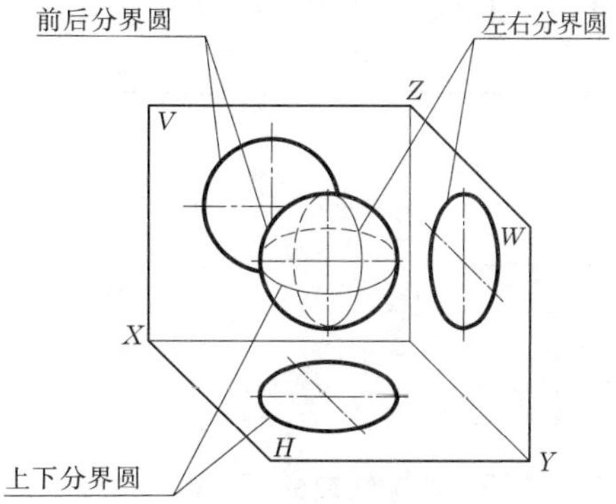

(a)圆球体三视图形成

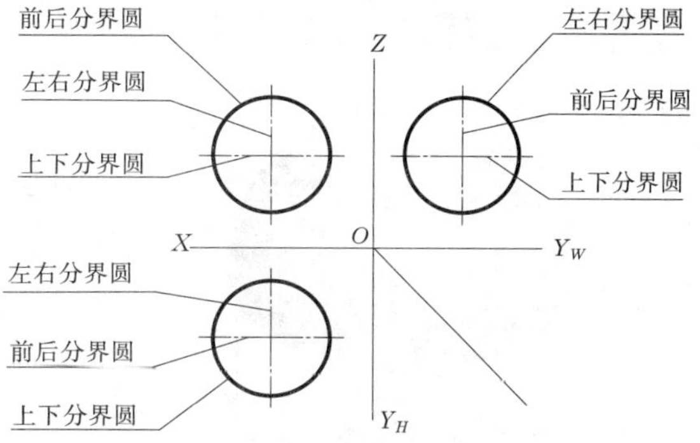

(b)圆球三视图分析

图 7-32　圆球体三视图

3.2　圆球体的截交线

平面与圆球相交,不论平面与圆球的相对位置如何,其截交线都是圆。但由于截切平面对投影面的相对位置不同,所得截交线(圆)的投影有所不同。

在图 7-33(a)中看出,圆球被水平面截切,所得截交线为水平圆。如图 7-33(b)所示,截交线圆的正面投影和侧面投影重影成直线 $a'b'$、$c''d''$,该直线的长度等于所截水平圆的直径,其水平投影反映该圆实形。截切平面距球心愈近(h 愈小),圆的直径(d)愈大;h 愈大,圆的直径愈小。

(a)

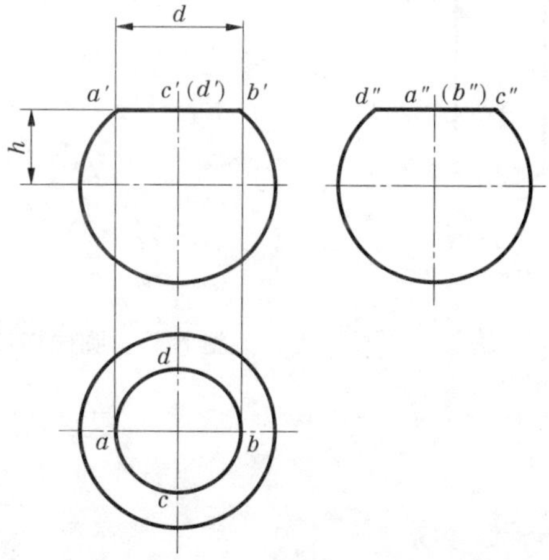

(b)

图 7-33　圆球上截交线的作图法

【**例 7-7**】　绘制图 7-34 所示螺钉头部圆球切口的三面投影图。

作图分析:如图 7-35 所示,圆球切口由三个切平面组成,底平面为水平面,两侧面是侧平面。它们在圆球表面上形成的截交线都是圆弧,圆弧的实形分别反映在水平投影和侧面投影上,作图时只需找到圆弧的半径即可。

图 7-34　求圆球切口截交线的投影

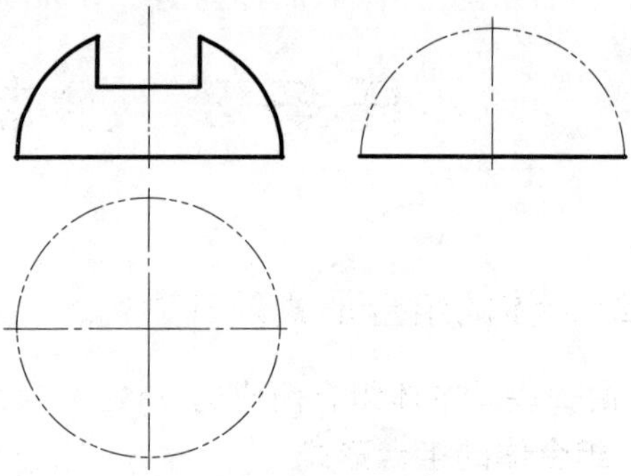

图 7-35　圆球切口的截交线

绘图步骤：

(1)作切口底平面的圆弧形截交线，半径为 R_1，范围为中部缺口部分，如图 7-36(a)所示。

(2)作切口两侧平面的圆弧截交线，半径为 R_2，范围为缺口上部部分，删除多余的双点画线，补画出粗实线的轮廓线，如图 7-36(b)所示。

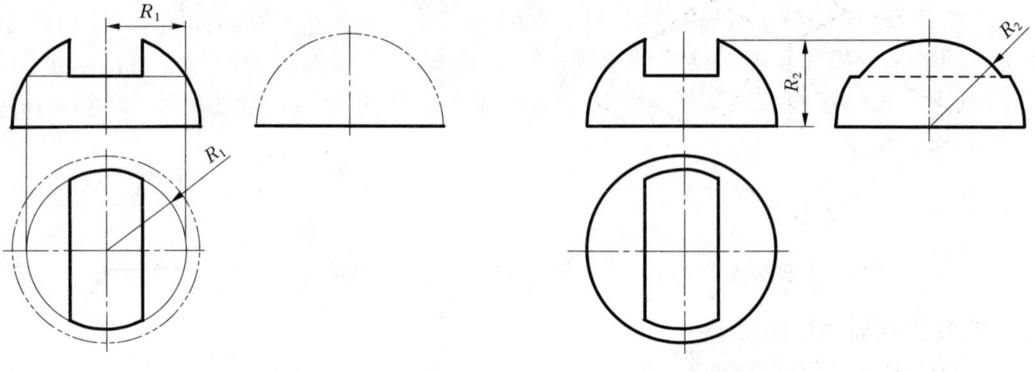

(a)　　(b)

图 7-36　圆球切口截交线投影的画法

任务 8　绘制组合体三视图

1　组合体的组合形式及其表面连接关系

由一些基本体组合而成的立体,称为组合体。

1.1　组合体的组合形式

组合体的组合形式有叠加式、切割式、综合式三种,综合式是叠加和切割这两种形式的综合。

1.1.1　叠加式

由两个或多个基本体叠加而成的组合体,称为叠加式组合体,如图 8-1 所示。

1.1.2　切割式

由一个基本体切割而成的组合体,称为切割式组合体,如图 8-2 所示。

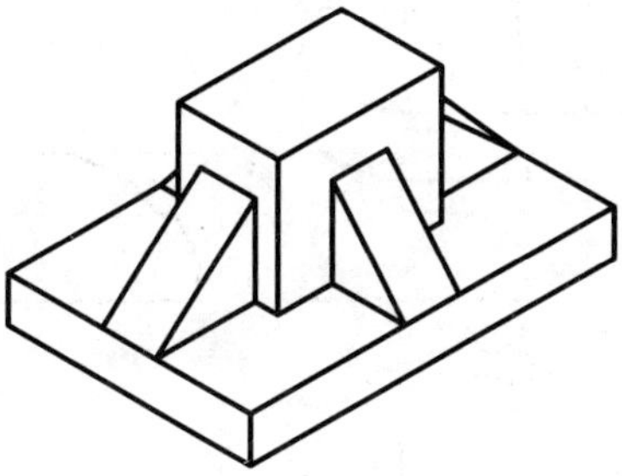

图 8-1　叠加式组合体

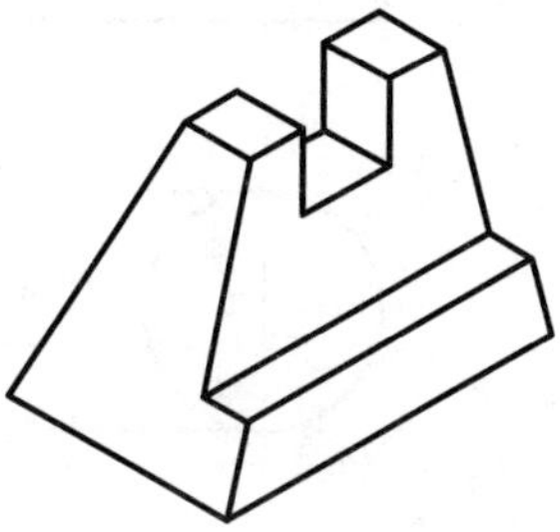

图 8-2　切割式组合体

1.2　组合体的表面连接关系

组合体中各表面之间的连接关系,有平齐、不平齐、相切、相交等情况。

1.2.1　表面平齐

表面平齐称为共面,如图 8-3 所示,组合体的上下表面对齐,没有错开,结合处无分界线。

1.2.2　表面不平齐

如图 8-4 所示,组合体的上下表面不平齐,应在视图中画出结合处的分界线。

1.2.3　表面相切

如图 8-5 所示,组合体两表面光滑连接,即相切,结合处是光滑过渡的,不画线。

1.2.4　表面相交

如图 8-6 所示,平面与曲面相交,相交处有分界线,应画出。

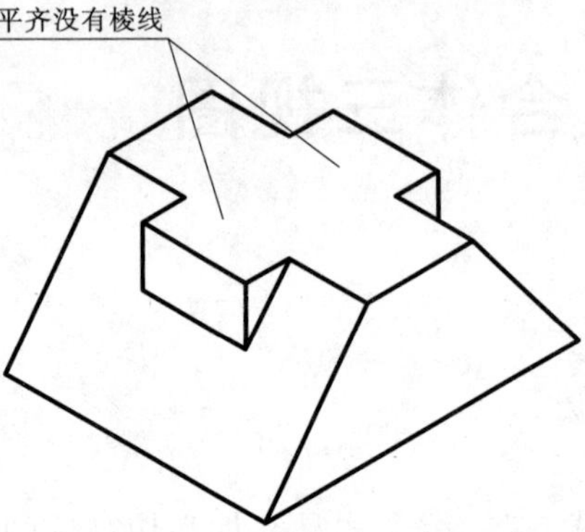

图 8-3　两表面平齐

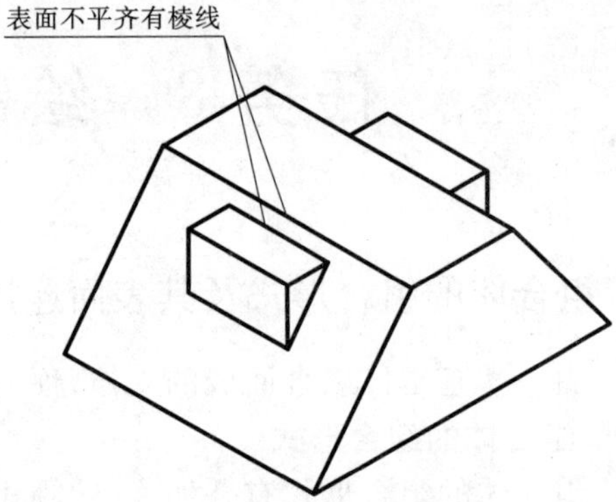

图 8-4　两表面不平齐

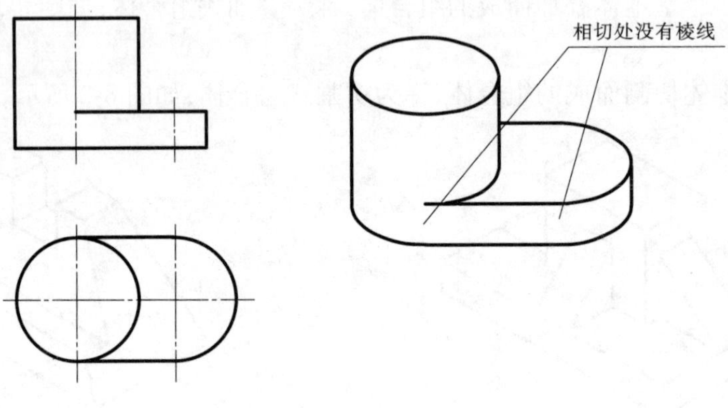

图 8-5　表面相切的组合体

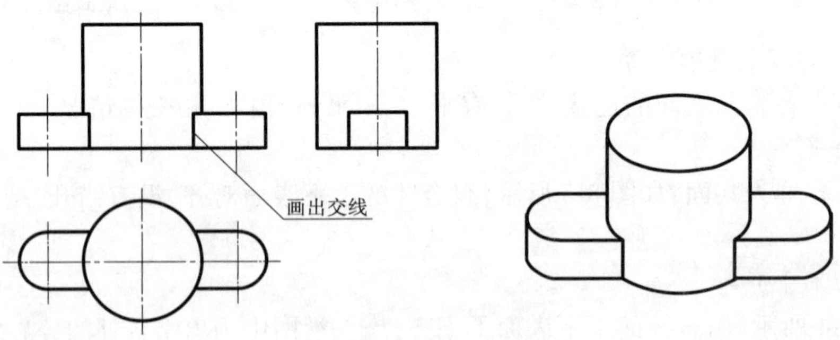

图 8-6　表面相交组合体

2　组合体三视图的画法

画组合体视图的具体步骤如下：

(1)组合体形体分析。

分析组合体由哪些部分组成，每部分的投影特征，它们之间的相对位置以及组合体的形状特征。

(2)选择主视图。

一般选择最能反映组合体形状特征和相互位置关系的投影作为主视图,同时要考虑到组合体的安装位置,另外要注意其他两个视图上的虚线应尽量少。

(3)选图幅、定比例。

根据形体的大小选择适当的比例和图幅;在图纸上画出图框线和标题栏。

(4)布图。

根据图纸的有效绘图区面积和三视图的图形大小,计算并定位画出作图基准线(如中心线、对称线等),使整张图纸的布局看起来清晰、匀称。

(5)画底稿。

画底稿的顺序以形体分析的结果进行。一般为:先画各视图中的基线、中心线、主要形体的轴线和中心线,再先主体后局部、先外形后内部、先曲线后直线。

(6)描深图线。

检查底稿,修改错误,擦除多余的作图线,按照制图标准描深各类图线。

【例8-1】　绘制图8-7(a)所示组合体的三视图。

绘图步骤如下:(略去选图幅、布图等步骤)

(1)该组合体为房屋柱基础的简化模型,由上部基础、下部基础、前后左右肋板共六部分组成,上、下基础均为四棱柱、前后左右肋板均为三棱柱,它们之间为叠加关系。

(2)选择形体较长的方向为主视图方向,如图8-7(a)所示。

(3)在图纸的适当位置绘制图形的对称线作为绘图的定位线,如图8-7(b)所示。

(4)绘制下部基础的三视图,如图8-7(c)所示。

(5)绘制上部基础的三视图,如图8-7(d)所示。

(6)绘制左右肋板的三视图,如图8-7(e)所示。

(7)绘制前后肋板的三视图,如图8-7(f)所示。

(8)整理图形,描深图线。

【例8-2】　绘制图8-8(a)所示切割型组合体的三视图。

(1)该组合体原体为四棱台,前部切直角,上部中间开槽。

(2)绘制原体四棱台的三视图,如图8-8(b)所示。

(3)绘制前部切方角部分的三视图,如图8-8(c)所示。

(4)绘制上部切槽部分的三视图,如图8-8(d)所示。

3　组合体三视图的尺寸标注

组合体三视图对尺寸的要求概括为"标注正确、尺寸齐全、布局清晰、工艺合理"。

3.1　标注正确

要求尺寸标注样式符合国家制图标准规定。

3.2　尺寸齐全

所注尺寸能完全确定出物体各部分大小及它们之间的相互位置关系。

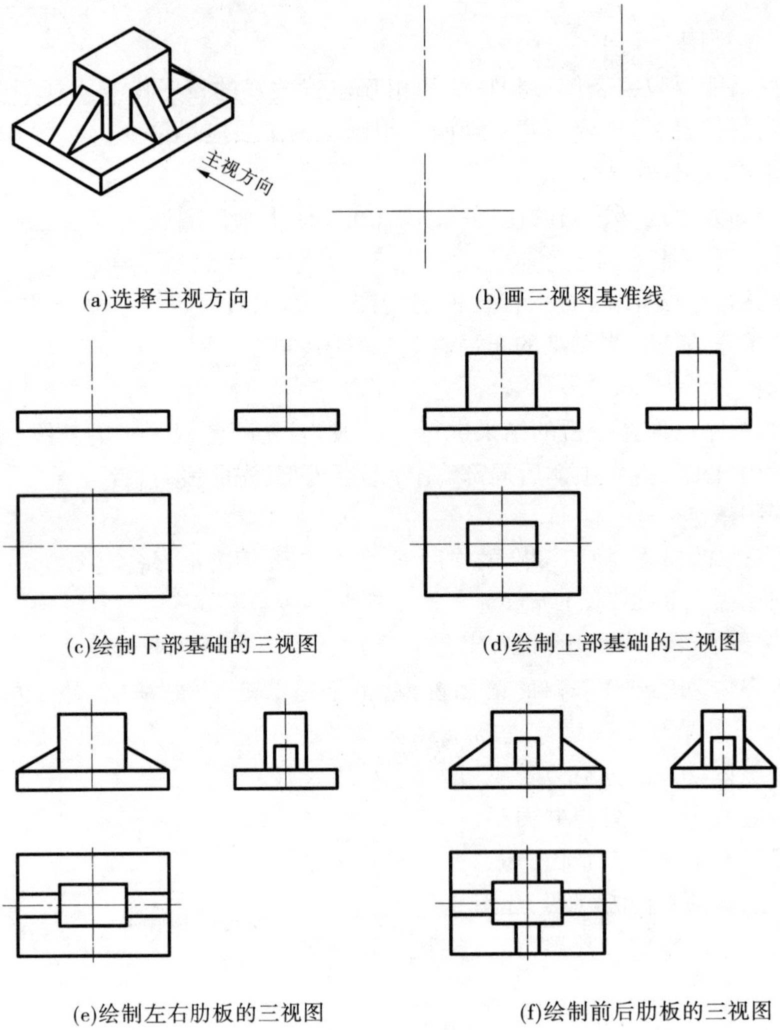

图 8-7　三视图的画图步骤

3.3　布局清晰

布局清晰有如下的要求：

(1)尺寸数字应清楚无误，所有的图线都不得与尺寸数字相交。

(2)尺寸标注应层次清晰，图线之间尽量避免互相交叉，虚线上尽量不标尺寸。

(3)尺寸标注应布局清晰，同一部位的特征尺寸集中标注便于查看。

3.4　工艺合理

工程图中的尺寸标注应符合施工生产的工艺要求，做到尺寸基准合理，在满足使用要求的情况下尽量降低生产成本。

3.5　尺寸标注中的注意事项

尺寸标注及布置合理、清晰，对于识图和施工制作都会带来方便，从而提高工作效率，避免错误发生。在布置组合体尺寸时，除应遵守上述基本规定外，还应做到以下几点：

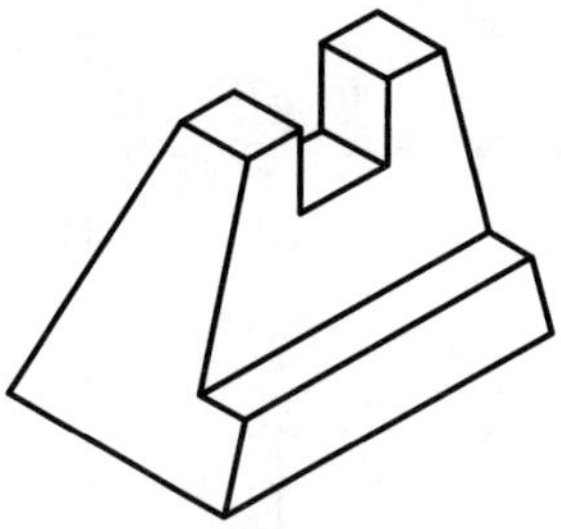

(a)组合体

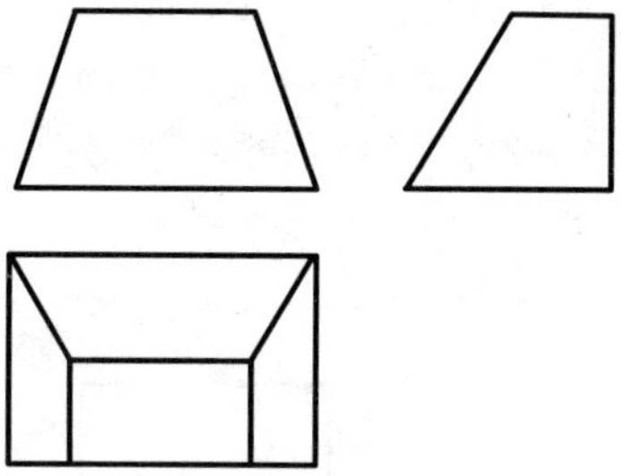

(b)画原体

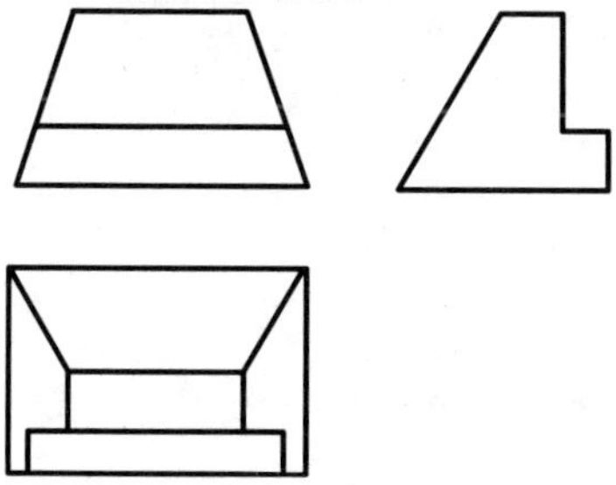

(c)画切角

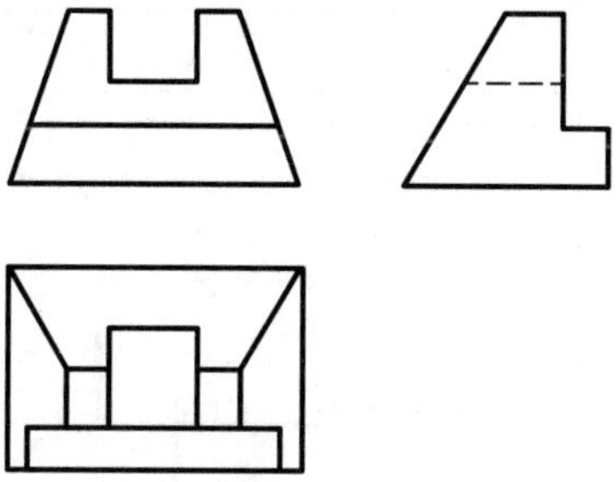

(d)画切槽

图 8-8　切割型组合体画法

(1)尺寸一般应布置在图形外,以免影响图形清晰。

(2)尺寸排列要注意大尺寸在外、小尺寸在内,并在不出现尺寸重复的前提下,使尺寸构成封闭的尺寸链。

(3)反映某一形体的尺寸,最好集中标在反映这一基本形体特征轮廓的投影图上。

(4)两投影图相关的尺寸,应尽量注在两图之间,以便对照识读。

【例 8-3】　给图 8-9 所示组合体三视图标注尺寸。

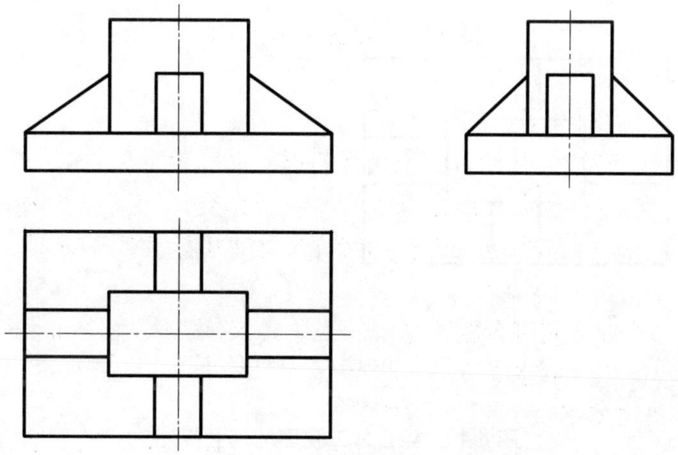

图 8-9　叠加型组合体三视图

标注尺寸步骤如下：

(1)标注前后左右四部分肋板的尺寸。

由于肋板左右对称，只标左边部分的尺寸，肋板长度受上下基础控制，在施工中不用量取，不再标注。前后肋板也对称，只标前面部分的尺寸，前后肋板与左右肋板一样也不需标注宽度尺寸。如图 8-10(a)所示。

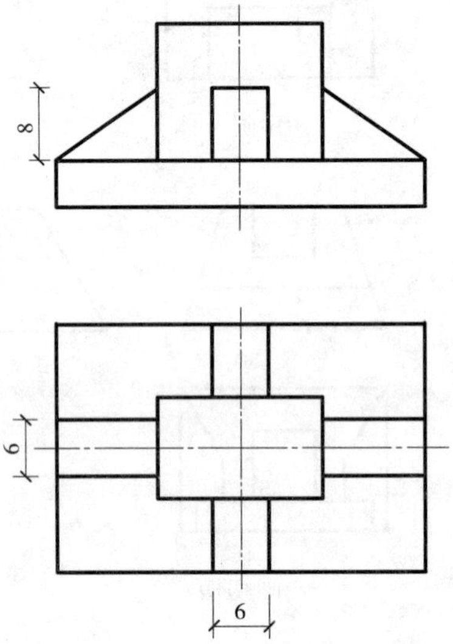

(a)标注前后左右四部分肋板的尺寸

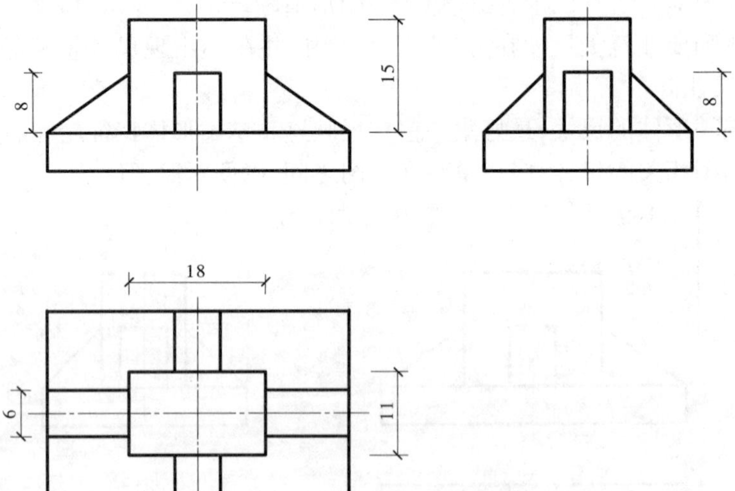

(b)标注上基础部分尺寸

图 8-10　组合体三视图的尺寸标注

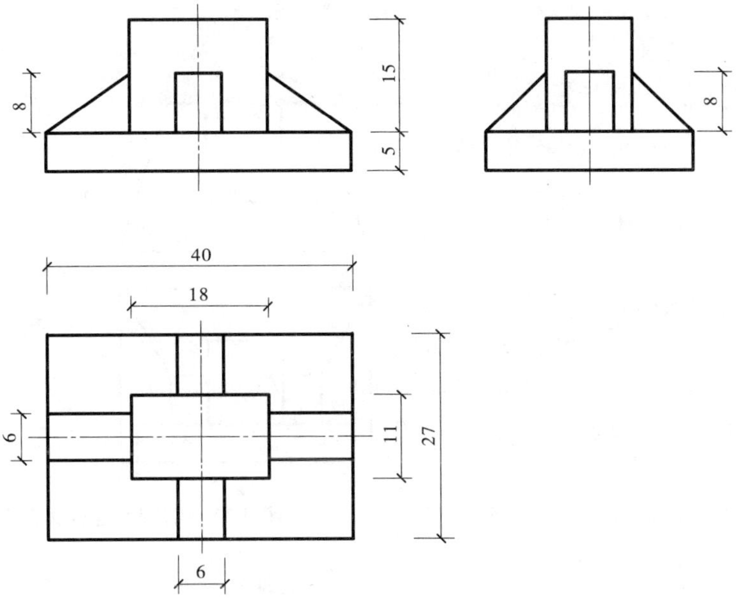

(c)标注下基础部分尺寸

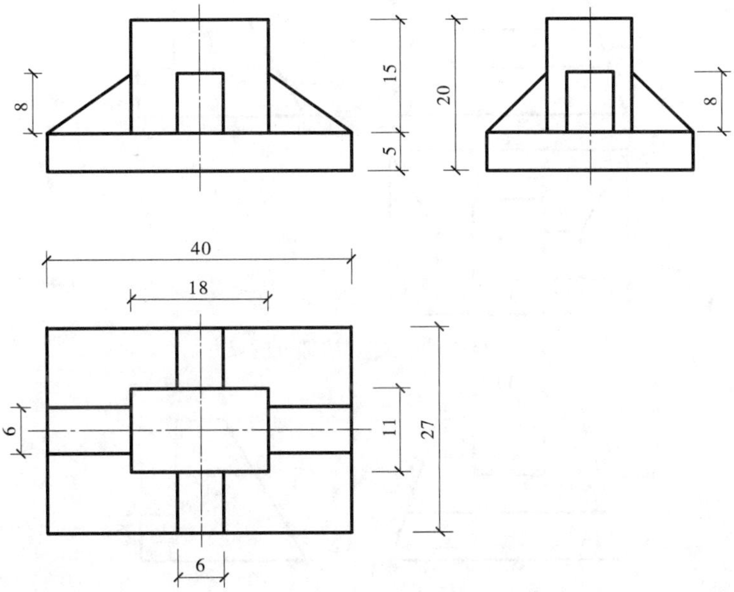

(d)标注整体尺寸

续图 8-10

(2)标注上基础部分尺寸。

主视图的左侧已经有肋板高度为 8 的尺寸,上基础高度尺寸 15 标注在主视图的右侧,长、宽尺寸 18、11 集中标注在俯视图的后侧和右侧。如图 8-10(b)所示。

(3)标注下基础部分尺寸。

下基础高度尺寸 5 与高度尺寸 15 标注在主视图的右侧并对齐,长、宽尺寸 40、27 标注在俯视图的尺寸 18、11 的外侧。如图 8-10(c)所示。

(4)标注整体尺寸。

总长、总宽尺寸已经标出，总高尺寸 20 标注在左视图的后侧。如图 8-10(d)所示。

【例 8-4】 给图 8-11 所示组合体三视图标注尺寸。

标注尺寸步骤如下：

(1)标注上部切槽部分的尺寸，见图 8-12(a)。

(2)标注前部切方角部分的尺寸，见图 8-12(b)。

(3)标注四棱台体的尺寸，见图 8-12(c)。

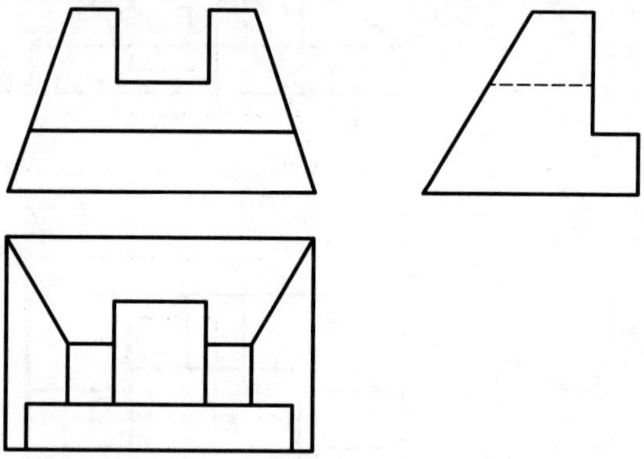

图 8-11 切割型组合体三视图

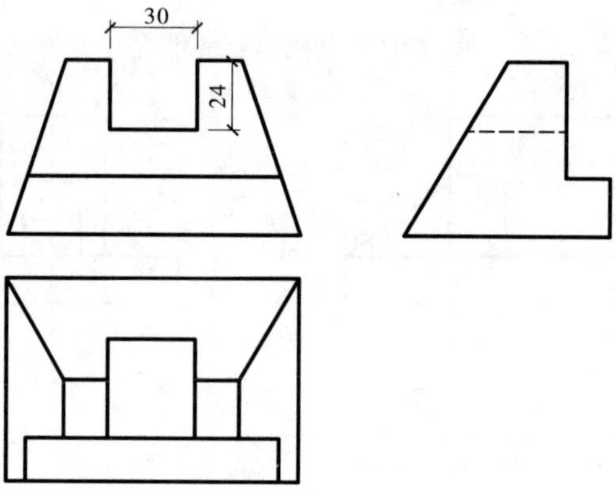

(a)标注上部切槽部分的尺寸

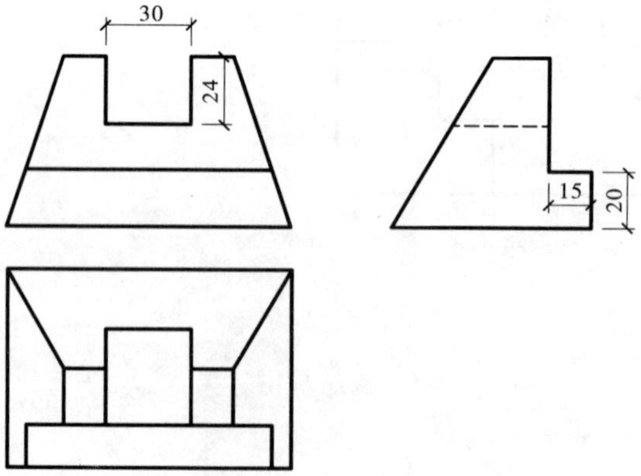

(b)标注前部切方角部分的尺寸

图 8-12 切割型组合体尺寸标注

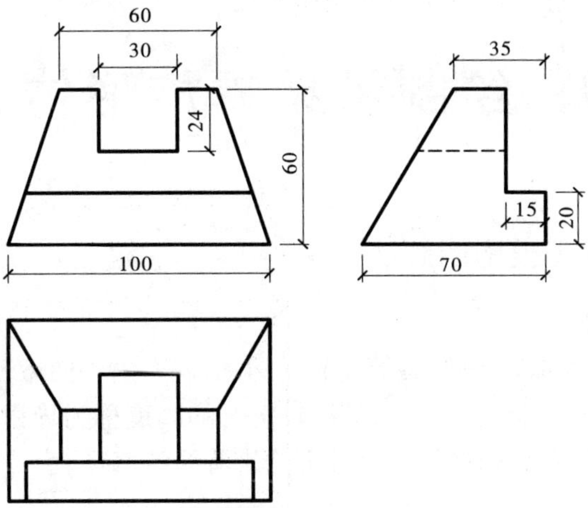

(c)标注四棱台体的尺寸

续图 8-12

任务9　绘制常见螺旋形体三视图

1　圆柱螺旋线及其正投影图画法

1.1　圆柱螺旋线的形成

一动点在圆柱面上绕圆柱轴线做等速旋转运动，同时沿轴向做等速直线运动，该点的运动轨迹称为圆柱螺旋线，动点旋转一周，其沿轴上升的高度称为导程，用 S 表示，如图 9-1 所示。圆柱的轴线即为螺旋线的轴线，其直径即为螺旋线的直径。

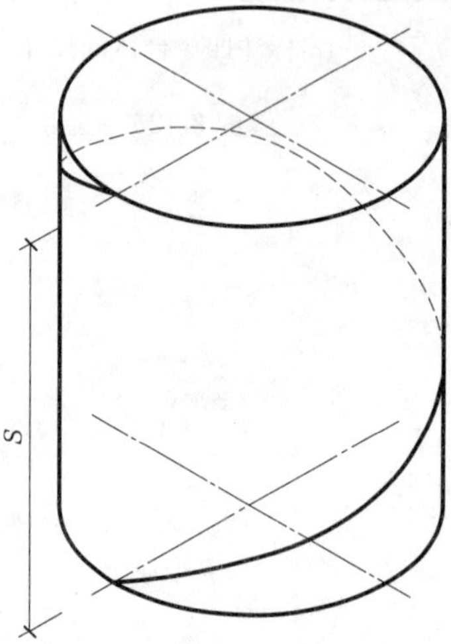

图 9-1　圆柱螺旋线的形成

根据动点旋转方向，螺旋线分为左螺旋线和右螺旋线，动点从下向上运动，同时沿轴向向右旋转的螺旋轨迹线称为右螺旋线，动点从下向上运动，同时沿轴向向左旋转的螺旋轨迹线称为左螺旋线。

1.2　圆柱螺旋线及其正投影图画法

圆柱螺旋线的直径、导程、旋向是决定其形状的基本要素，根据圆柱螺旋线的这些要素和动点的运动规律，即可画出螺旋线的正投影图。设圆柱螺旋线的轴线垂直于 H 面，作直径为 D、导程为 S 的右旋圆柱螺旋线的正面投影和水平投影。其步骤如下：

(1)由圆柱直径 D 和导程 S 画出圆柱的正面投影和水平投影，如图 9-2(a)所示。

(2)把圆柱的水平投影圆周和正面投影的柱高等分为相同的等份，本例为 12 等份，在水平投影上用数字沿螺旋线方向顺次标出各等分点的记号 0,1,2,…,11,12。如图 9-2(b)所示。

(3)由水平投影圆周上各等分点向上作垂直线，与导程上相应的各等分点所作的水平直线相交，得螺旋线上各点的正面投影 1′、2′、…、12′。依次用光滑曲线连接各点，即得到圆柱螺旋线的正面投影，其水平投影重合在圆周上，如图 9-2(c)所示。

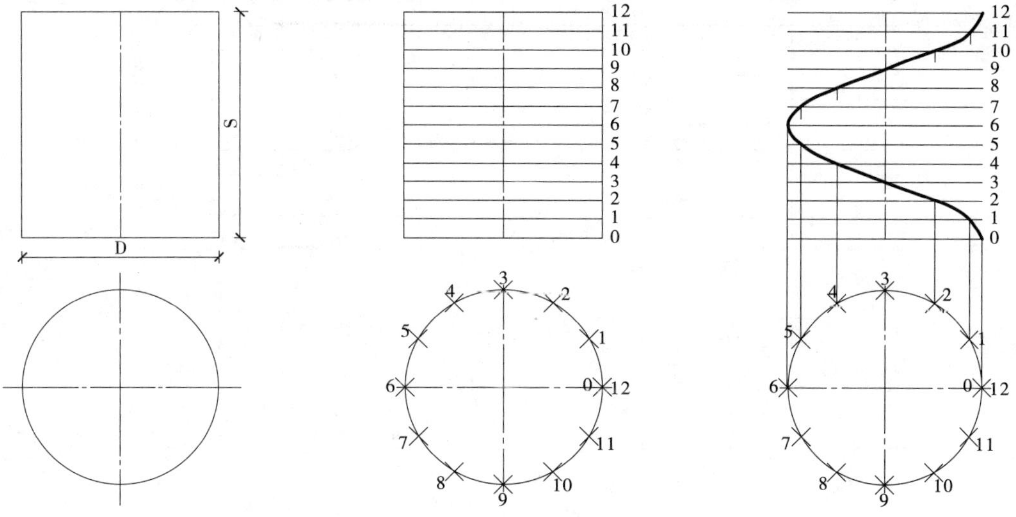

图 9-2　圆柱螺旋线的投影图画法

2　螺旋楼梯投影图的画法

螺旋楼梯是圆柱螺旋线在工程中的应用实例，如图 9-3 所示，螺旋楼梯由踏面、踢面、螺旋底面和内外圆柱面组成。

设楼梯每导程高度分为 12 级踏步，踏步的踢脚板均垂直于 H 面，踏面均为水平面，楼梯板的厚度为 a。

螺旋楼梯的投影图画法如下：

(1)根据内外圆柱的直径、导程、梯级数，画螺旋楼梯的水平投影，在正面投影上用梯级等分导程(本例为 12 个梯级)，如图 9-4(a)所示。

(2)绘制内外圆柱螺旋线的正面投影，如图 9-4(b)所示。

(3)绘制每梯台阶的踏面和踢面的可见轮廓线正面投影，如图 9-4(c)所示。

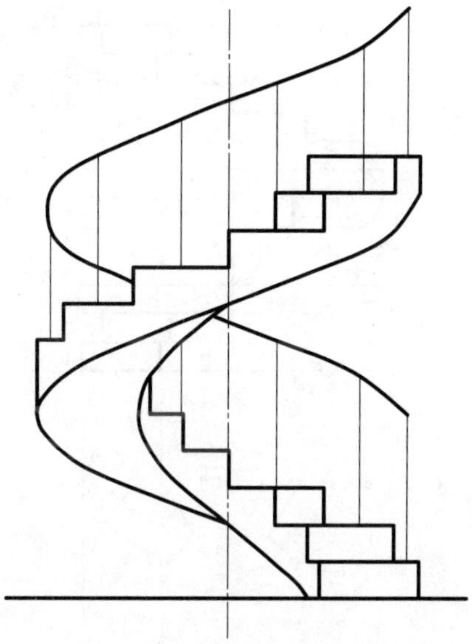

图 9-3　圆柱螺旋线的投影图画法

(4)由各踏步两侧，向下量出楼梯板垂直方向厚度 a，即可画出楼梯底面的正螺旋面，如图 9-4(d)所示，最后将楼梯可见部分加深。

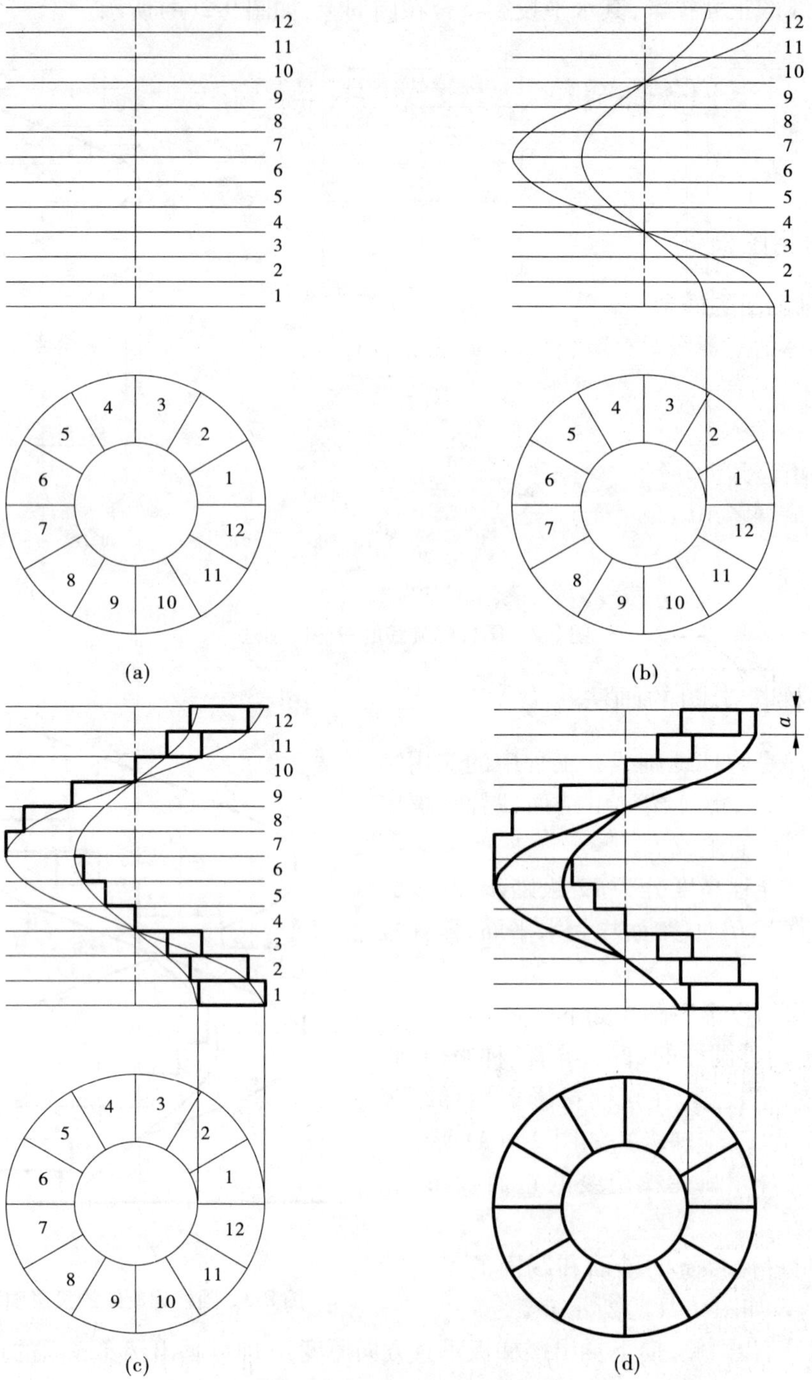

图 9-4 螺旋楼梯投影图的画法

任务 10　绘制正等轴测图

1　正等轴测图概述

1.1　正等轴测图的概念

绘制物体的三视图时，要将物体的表面尽量与投影面平行，以利用正投影的实形性画图，如图 10-1(a)所示。

如果将物体的表面倾斜于投影面放置，使物体上的三个坐标轴 OX、OY、OZ 与投影面 P 的倾角都相等，这样所得到的正投影图就是正等测轴测投影图，简称正等轴测图。正等轴测图的形成如图 10-1(b)所示。

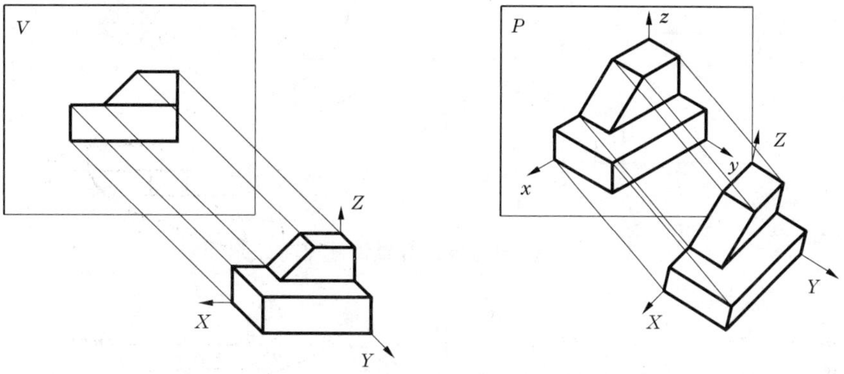

(a)正投影图　　　　(b)正等轴测投影图

图 10-1　正投影图和正等轴测投影图

1.2　正等轴测图的轴间角

画轴测图时 OX、OY、OZ 三个轴之间的夹角称为轴间角。正等轴测图的三个轴间角均为 120°，如图 10-2 所示。

绘图时物体的长、宽、高方向分别与 OX、OY、OZ 三个轴方向平行，如图 10-3 所示为正投影图与正等轴测图的坐标轴对照。

1.3　正等轴测图的轴向伸缩系数

一般情况下，轴测投影比物体的实际尺寸要小，这个变化率称为轴向伸缩系数。正等轴测图的轴向伸缩系数为 0.82，为简化绘图计算，一般将正等轴测图的三个轴向伸缩系数都取为 1。

1.4　轴测图的作用

轴测图能同时反映物体长、宽、高三个方向的形状，具有立体感强，形象直观的优点，但不能准确地表达物体的形状与尺寸，因而轴测图在工程上一般仅用作辅助图样，如图 10-4 所示。

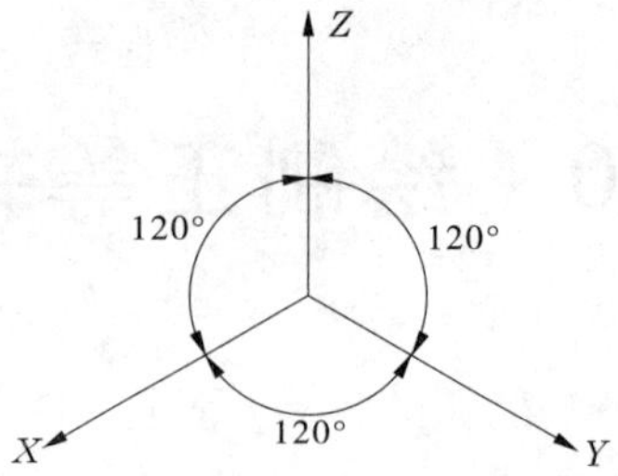

图 10-2　正等轴测图的轴间角

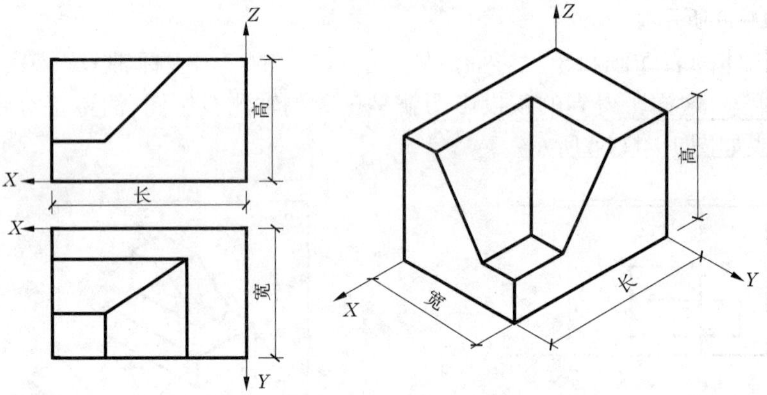

图 10-3　正投影图与正等轴测图坐标轴对照

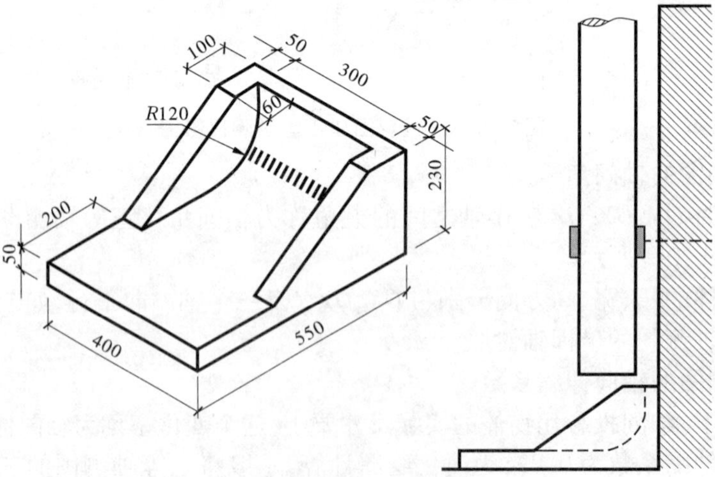

图 10-4　辅助工程图表达

借助正等轴测图分析三视图的形状结构，进行图物对照，有助于制图学习中的空间思维能力培养。

2　正等轴测图的画法

2.1　特征面法

特征面法适用于绘制棱柱类物体的轴测图。首先绘制棱柱的一个底面,然后绘制各棱线,最后连接另一个底面。

图 10-5 为应用特征面法绘制长方体(四棱柱)正等轴测图的画法步骤。

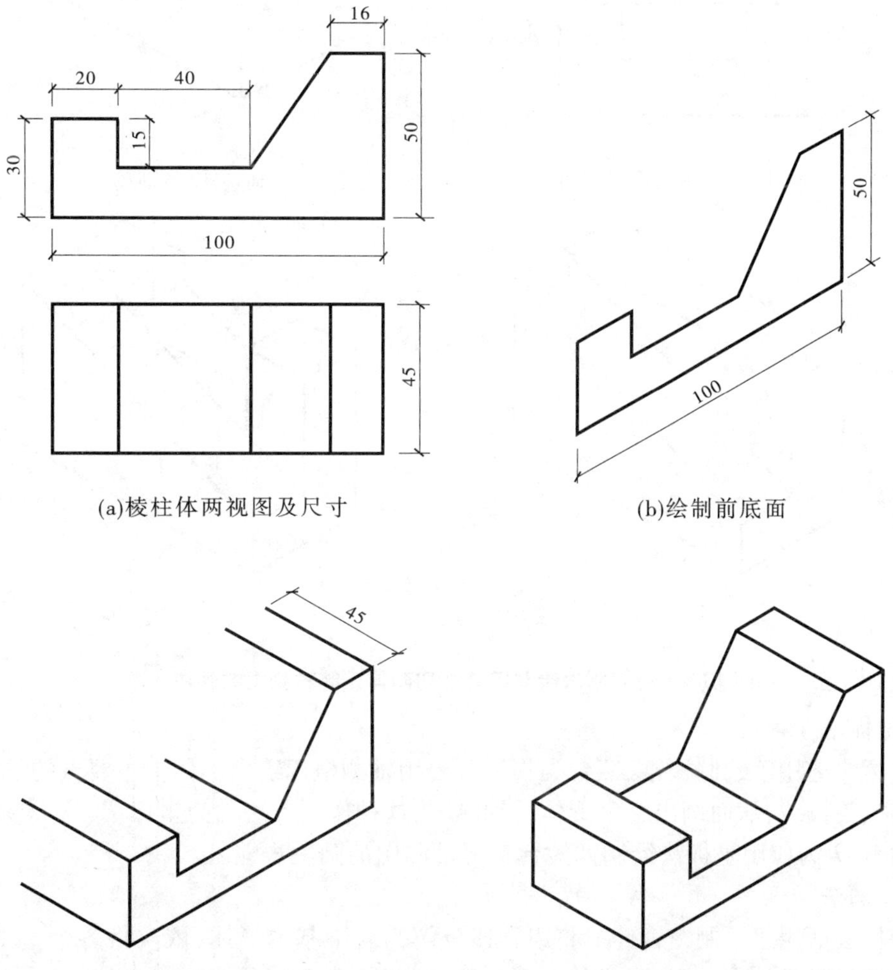

(a)棱柱体两视图及尺寸　(b)绘制前底面

(c)绘制棱线　(d)连接后底面

图 10-5　特征面法绘制长方体(四棱柱)正等轴测图的画法步骤

2.2　切割法

切割法适用于绘制棱柱被切角、开槽等的切割体,先用特征面法画出完整的形体,再按照切割位置进行切割绘图。

图 10-6 为应用切割法绘制四棱柱切割体正等轴测图的画法步骤。

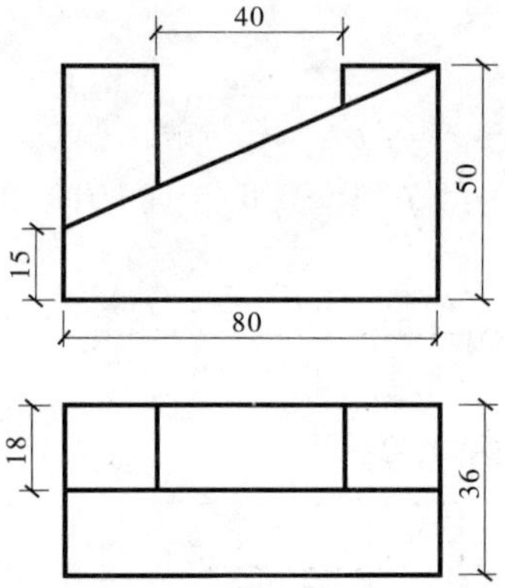

(a)切割体两视图及尺寸

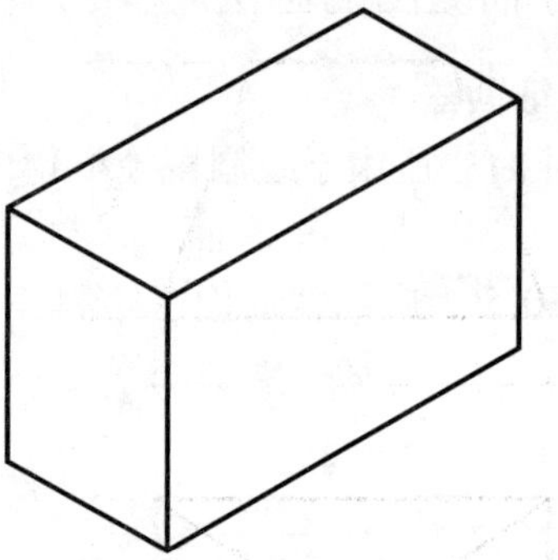

(b)画原体轴测图

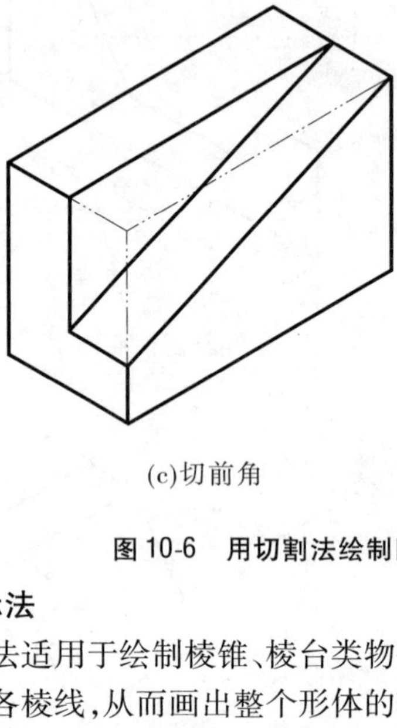

(c)切前角

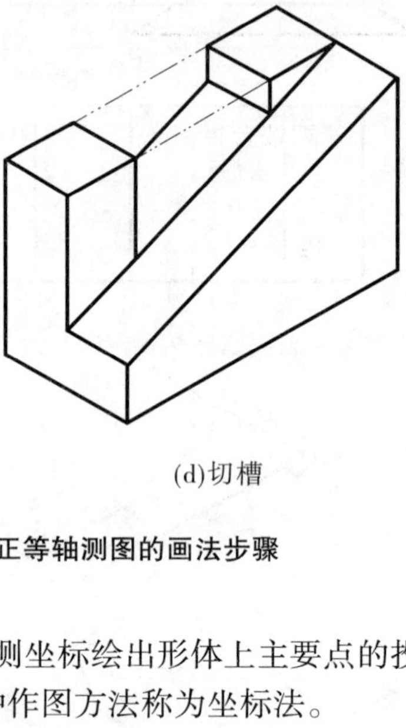

(d)切槽

图 10-6　用切割法绘制四棱柱切割体正等轴测图的画法步骤

2.3　坐标法

坐标法适用于绘制棱锥、棱台类物体。先用轴测坐标绘出形体上主要点的投影位置，然后连接各棱线，从而画出整个形体的轴测图，这种作图方法称为坐标法。

图 10-7 为应用坐标法绘制四棱台正等轴测图的画法步骤。

2.4　叠加法

叠加法适用于绘制组合体。将组合体分解为若干基本形体，依次将各个基本形体进行准确定位后叠加在一起，形成整个形体的轴测图。

图 10-8 为应用叠加法绘制台阶正等轴测图的画法步骤。

3　圆形面正等轴测图的画法

3.1　圆的正等轴测投影

圆的正等轴测投影是椭圆，三个方向的圆的正等轴测图如图 10-9 所示。

圆的正等轴测图有两种近似画法：菱形法和圆线法。现以图 10-10 所示水平面圆（或 *XOY* 坐标面的圆）为例，分别介绍两种画法。

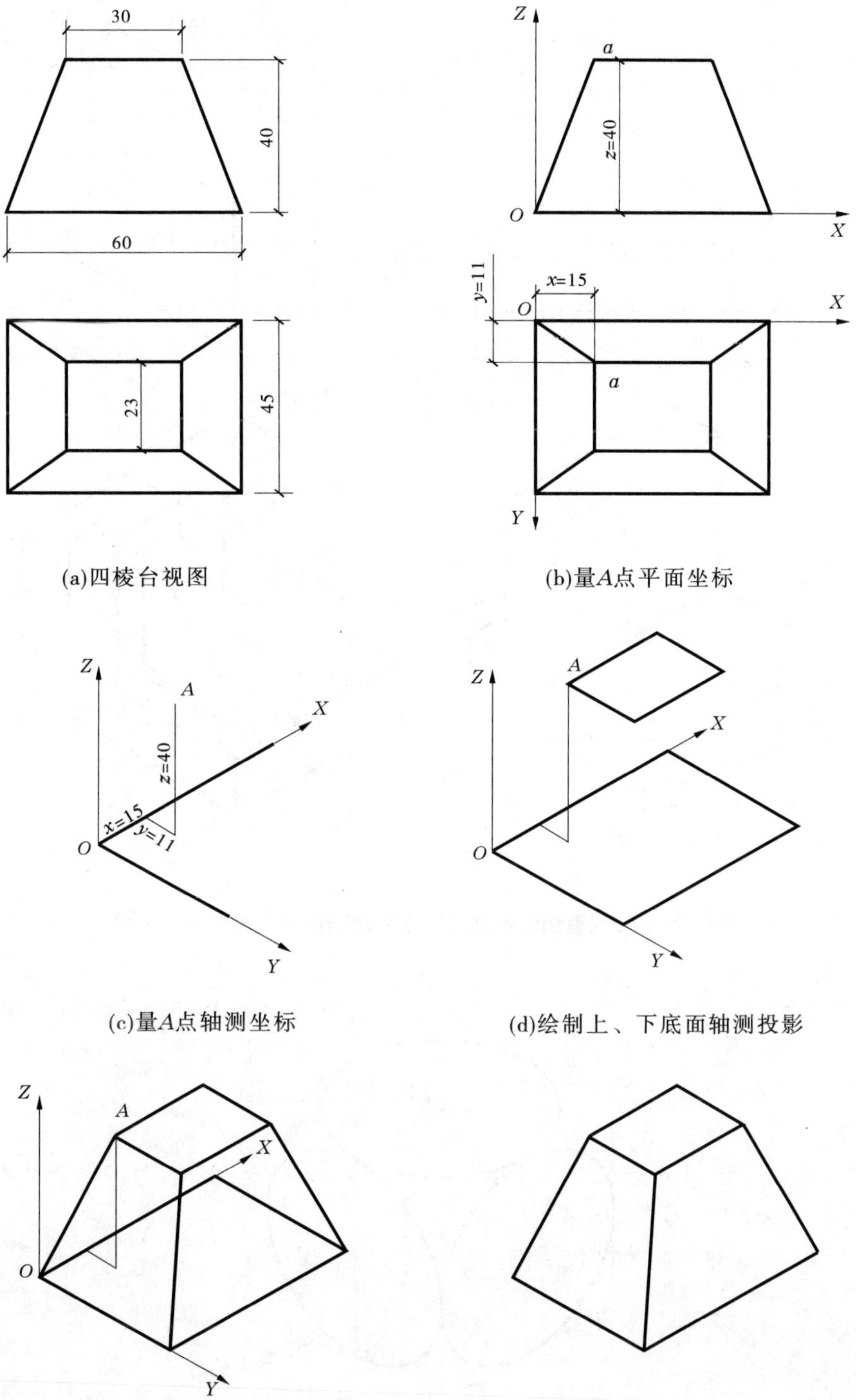

(a)四棱台视图　(b)量A点平面坐标

(c)量A点轴测坐标　(d)绘制上、下底面轴测投影

(e)连接棱线　(f)整理图形

图 10-7　坐标法绘制四棱台正等轴测图的画法步骤

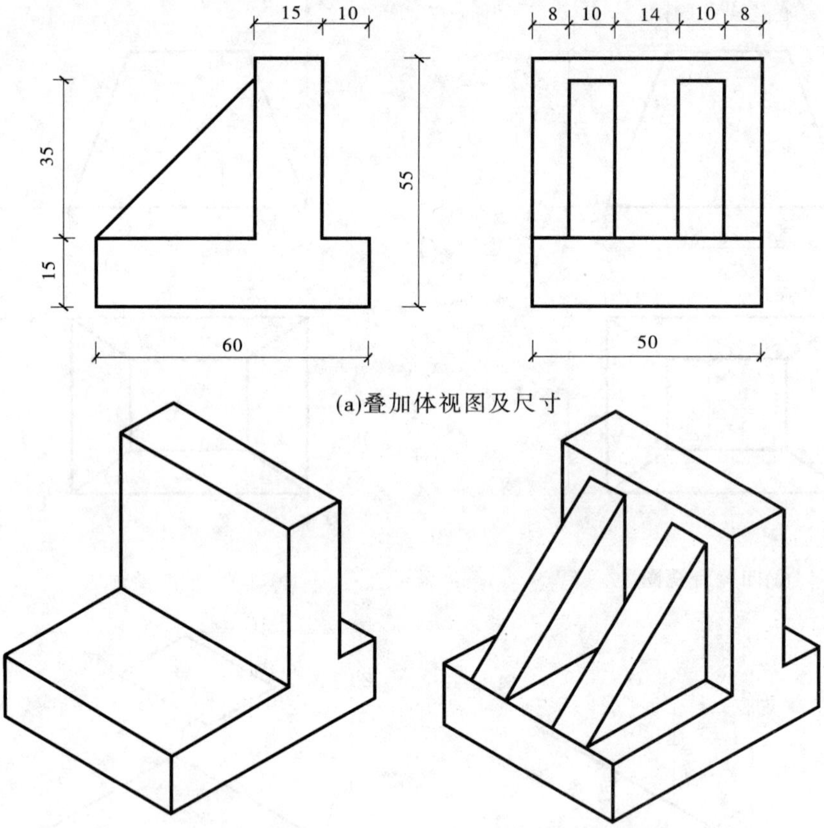

(a)叠加体视图及尺寸

(b)画棱柱体轴测图

(c)画三棱柱体

图 10-8　叠加法绘制台阶正等轴测图的画法步骤

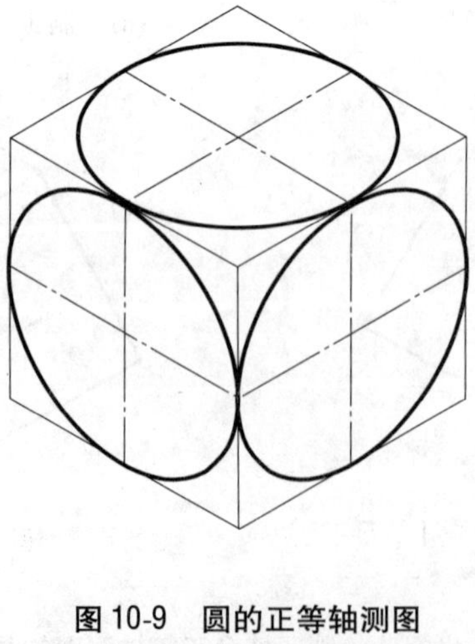

图 10-9　圆的正等轴测图

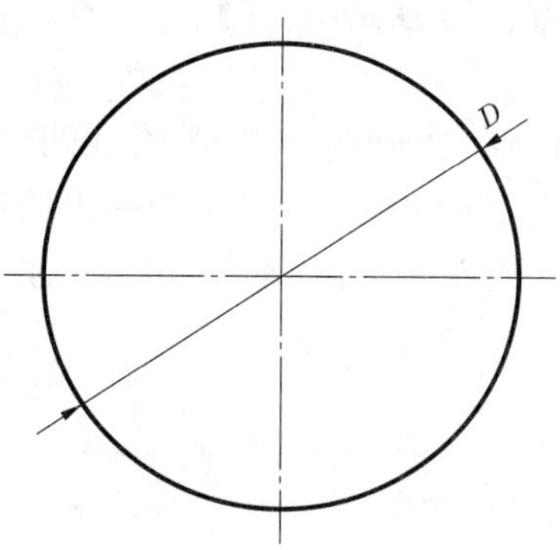

图 10-10　水平面圆

3.1.1　菱形法

(1)将圆的四个象限点设为 *ABCD*,如图 10-11(a)所示,则 *AB* 为 *X* 轴方向线,*CD* 为 *Y* 轴方向线。

(2)先画出圆直径 *AB*、*CD* 的轴测图,再过各直径的端点分别作 *AB*、*CD* 的平行线,形成图 10-11(b)所示的菱形,菱形顶点分别为 1、2、3、4。

(3)直线连接 3*A*、3*D*、4*B*、4*C*,得到两交点 5、6,如图 10-11(c)所示。

(4)分别以 3 为圆心以圆弧连接 *AD*;以 4 为圆心以圆弧连接 *BC*;以 5 为圆心以圆弧连接 *AC*;以 6 为圆心以圆弧连接 *BD*。得到圆的正等轴测图如图 10-11(d)所示。

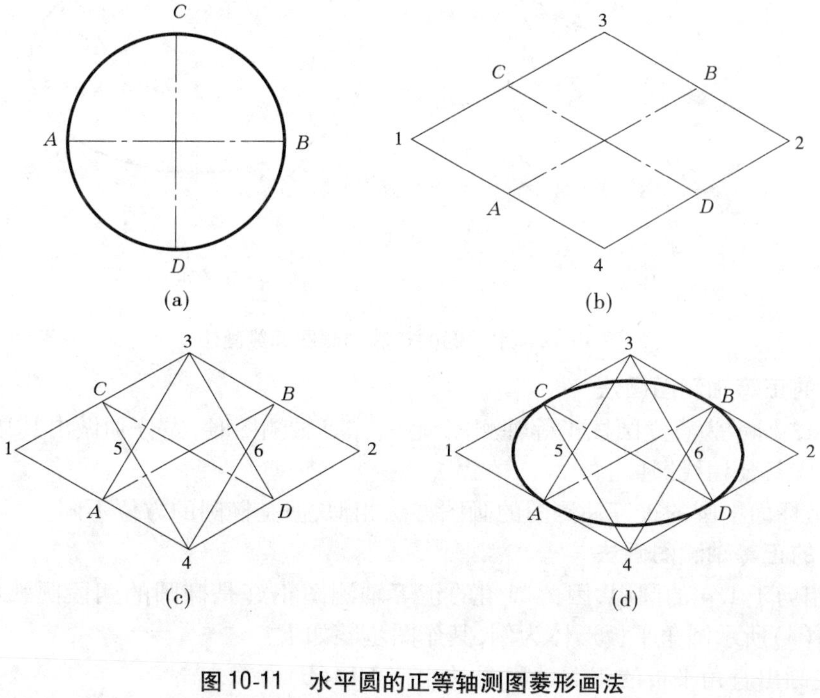

图 10-11　水平圆的正等轴测图菱形画法

3.1.2　圆线法

(1)画出 *X*、*Y*、*Z* 三个轴测轴,如图 10-12(a)所示。

(2)以轴测原点为圆心、直径为 D 画圆,该圆与三个轴测轴分别相交于 A、B、C、D、E、F 点,如图 10-12(b)所示。

(3)直线连接 EC、EB、FA、FD,得到两交点 G、H,如图 10-12(c)所示。

(4)分别以 E 为圆心以圆弧连接 BC;以 F 为圆心以圆弧连接 AD;以 G 为圆心以圆弧连接 AC;以 H 为圆心以圆弧连接 BD。得到圆的正等轴测图如图 10-12(d)所示。

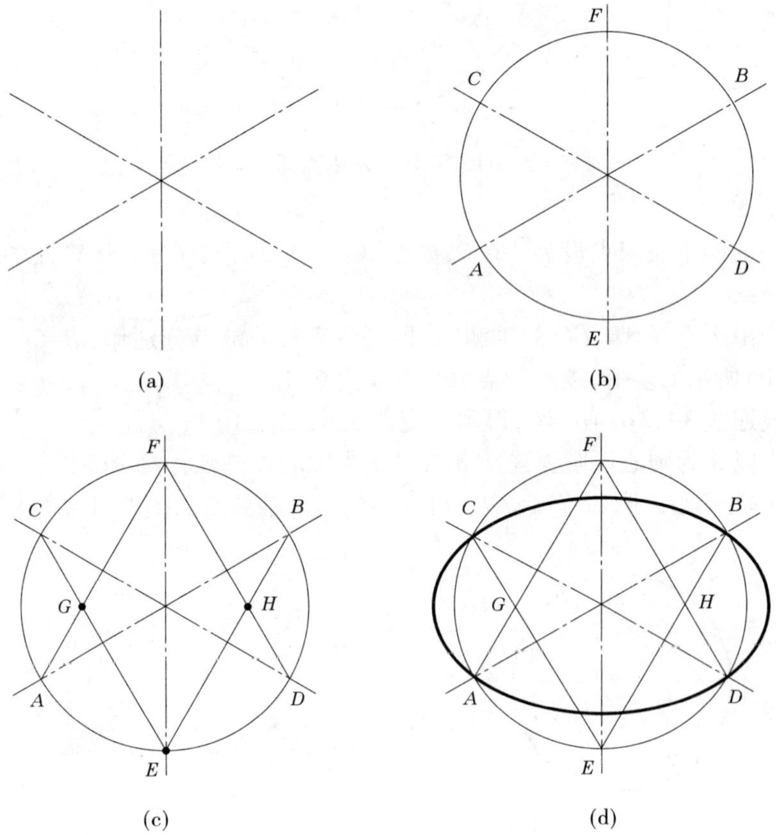

图 10-12　水平圆的正等轴测图圆线画法

3.2　圆柱的正等轴测图画法

图 10-13 所示为直立圆柱正等轴测图画法,作其轴测图时,先分别做出其顶面和底面的椭圆,再作其公切线即可。

不同坐标面上圆的正等轴测图的画图方法相似,但是椭圆的方位不同。

3.3　圆角的正等轴测图画法

圆角相当于 1/4 的圆周,因此圆角的正等轴测图正好是椭圆的四段圆弧中的一段。以图 10-14(a)所示圆角平板形体为例,其作图步骤如下:

(1)先画出直角平板的正等轴测图,如图 10-14(b)所示。

(2)在组成角的两条边上分别沿轴向量取半径 R,得 A、B、C、D 点 ,过 A、B、C、D 点作相应边的垂线分别交于 O_1 及 O_2。以 O_1 及 O_2 为圆心,以 O_1A 及 O_2C 为半径作弧,即为圆角的轴测图,如图 10-14(c)所示。

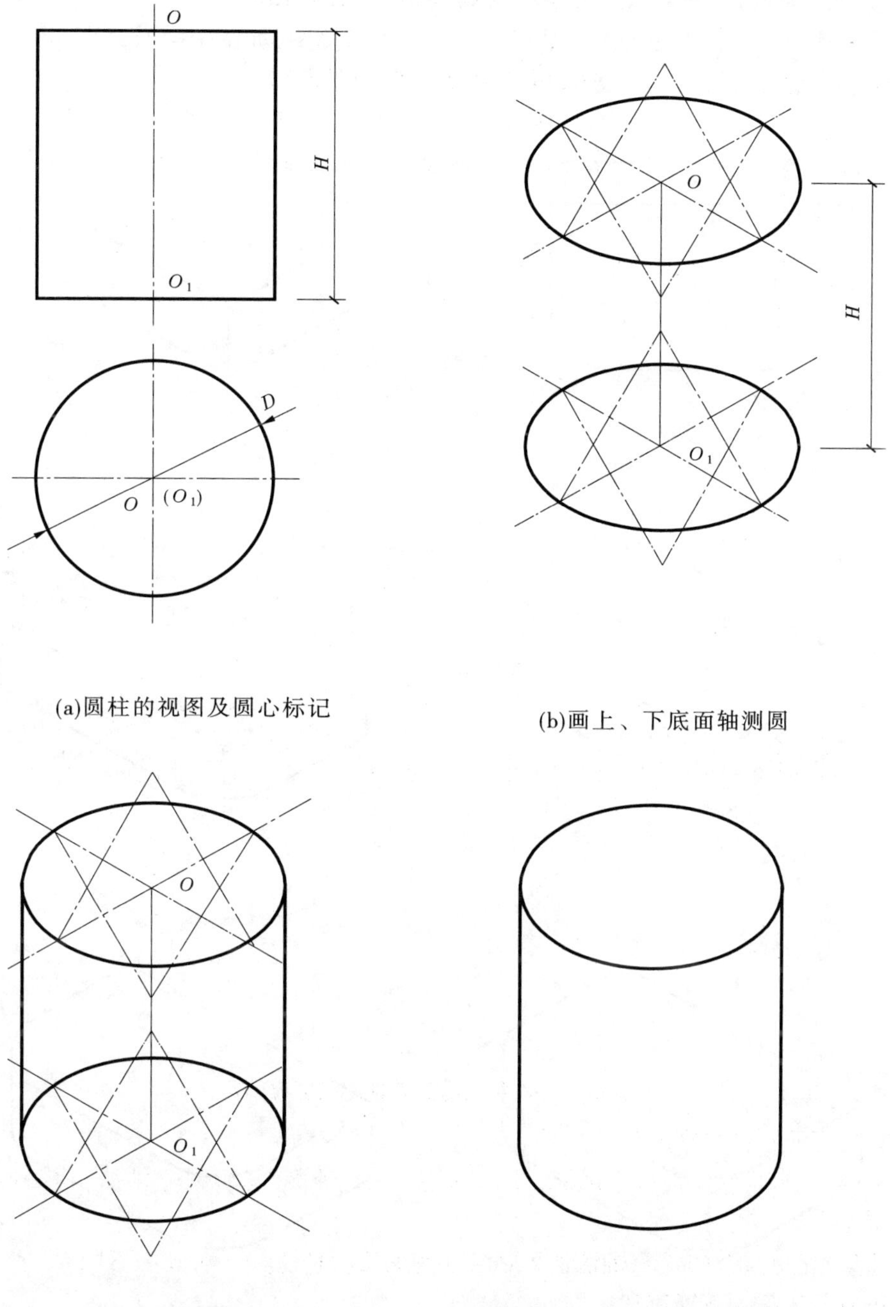

(a)圆柱的视图及圆心标记

(b)画上、下底面轴测圆

(c)画上、下底面轴测圆公切线

(d)删除作图线和不可见图线

图 10-13　圆柱的正等轴测图画法

(3)将 O_1 及 O_2 点垂直往下移 H 距离得 O_3、O_4 点,将 A、B、C 点垂直往下移 H 距离得 E、F、G 点。以 O_3 及 O_4 为圆心,以 O_3E 及 O_4G 为半径作弧,得下面圆角的轴测图,如图 10-14(d)所示。

(4)作右角的上、下圆弧的公切线,如图 10-14(e)所示。

(5)擦去多余的图线并描深,即得到圆角的正等测图,如图 10-14(f)所示。

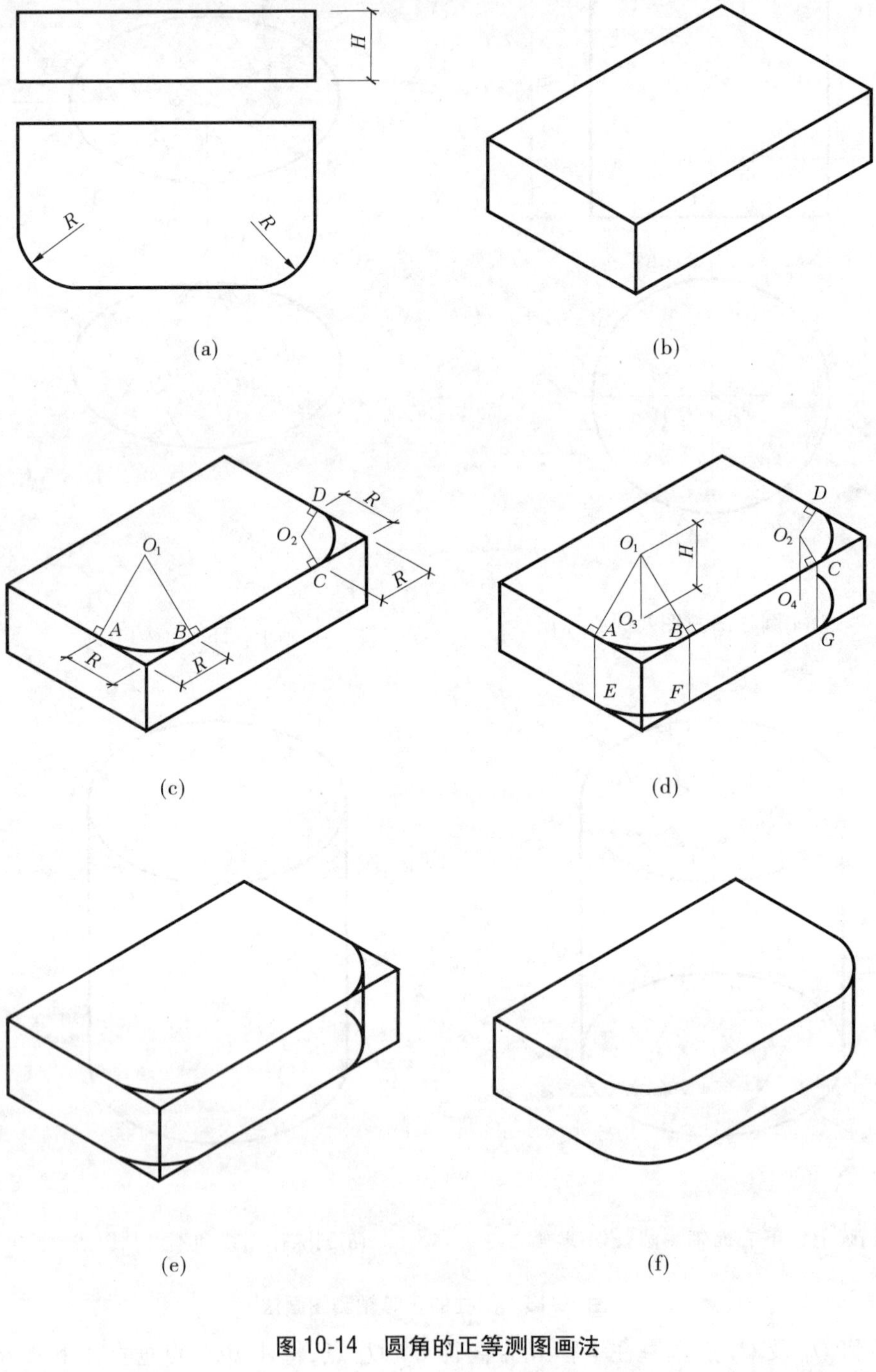

图 10-14 圆角的正等测图画法

任务 11　绘制斜二轴测图

1　斜二轴测图的概念

1.1　斜二轴测图的形成

如果使物体的 XOZ 坐标面对轴测投影面处于平行的位置，采用斜投影法得到的轴测投影称为斜轴测图。这里只介绍斜二轴测图，简称斜二测图。

1.2　斜二轴测图的轴间角和轴向伸缩系数

图 11-1 表示斜二轴测图的轴测轴、轴间角和轴向伸缩系数等参数及画法。从图中可以看出，在斜二轴测图中 $O_1X_1 \perp O_1Z_1$，O_1Y_1 与 O_1X_1、O_1Z_1 的夹角均为 135°，三个轴向伸缩系数分别为 $p_1 = r_1 = 1, q_1 = 0.5$。

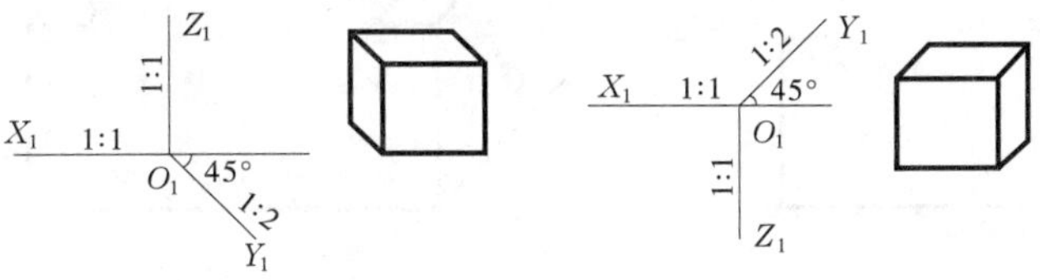

图 11-1　斜二轴测图的轴间角和轴向伸缩系数

2　斜二轴测图的画法

斜二轴测图的画法与正等轴测图的画法基本相似，二者的区别：一是轴间角不同；二是斜二轴测图沿 O_1Y_1 轴的尺寸只画实长的一半。斜二轴测图的优点是：物体的前面反映实形，所以在物体的前面有圆或曲线平面时，画斜二轴测图比较简单方便。

下面以两个图例来介绍斜二轴测图的画法。

【例 11-1】　画出图 11-2 所示物体的斜二轴测图。

作图方法与步骤如图 11-3 所示。

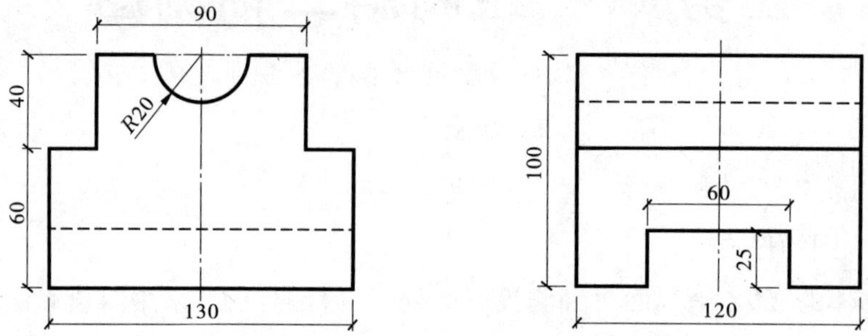

图 11-2　平面体两视图

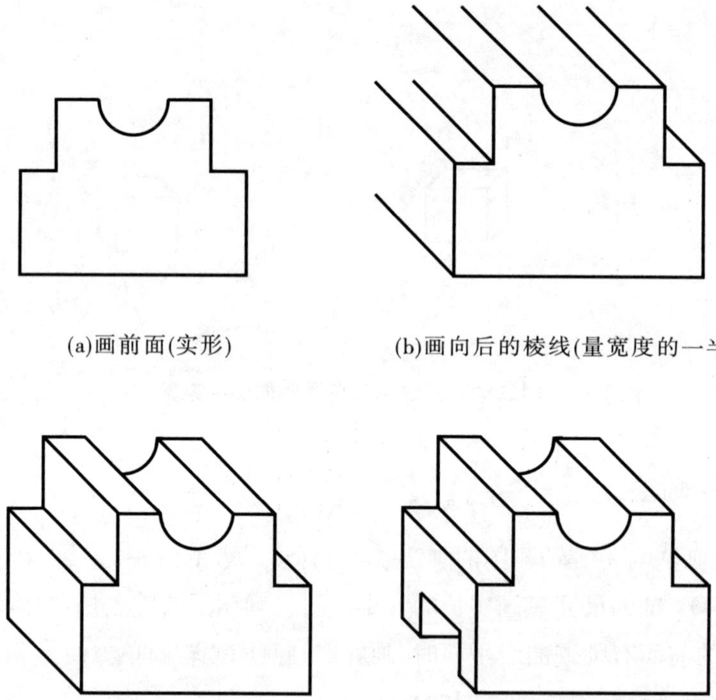

(a)画前面(实形)

(b)画向后的棱线(量宽度的一半)

(c)连接后面

(d)画侧面

图 11-3　斜二轴测图画法

【例 11-2】　画出图 11-4(a)所示轴套的斜二轴测图。

绘图分析：轴套上平行于 XOZ 面的图形都是同心圆，而其他面的图形则很简单，所以采用斜二轴测图。作图时，先进行形体分析，确定坐标轴；再作轴测轴，并在 Y_1 轴上根据 $q=0.5$ 定出各个圆的圆心位置 O、A、B；然后画出各个端面圆的投影、通孔的投影，并作圆的公切线；最后擦去多余作图线，加深完成全图。

其作图步骤如图 11-4(b)、(c)、(d)所示。

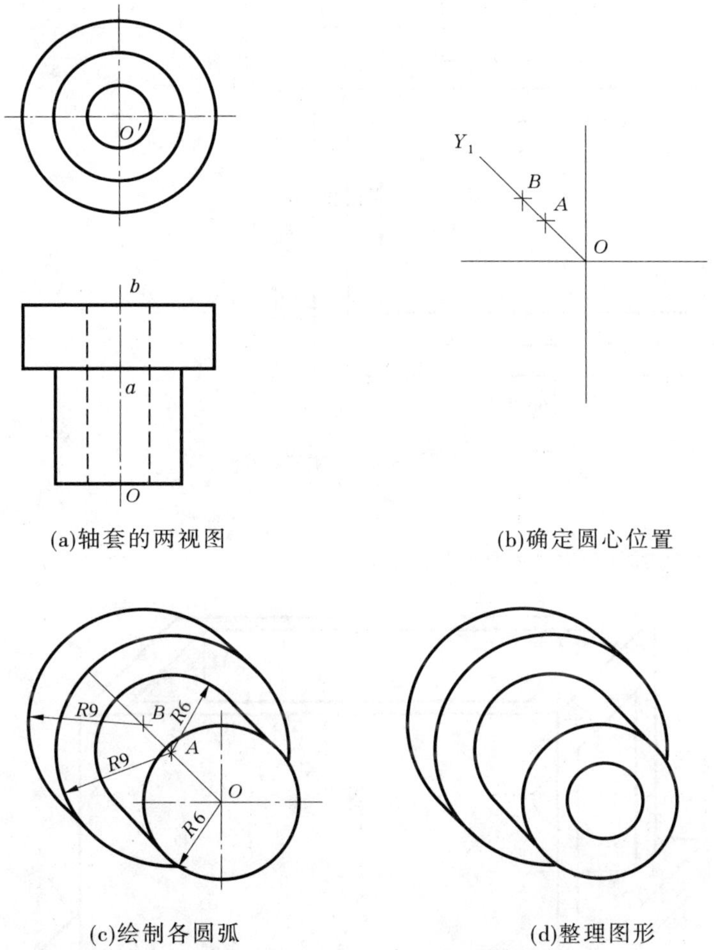

(a)轴套的两视图　(b)确定圆心位置

(c)绘制各圆弧　(d)整理图形

图 11-4　曲面体的斜二轴测图画法

【例 11-3】　图 11-5 所示为建筑形体的三视图，画出其斜二轴测图。

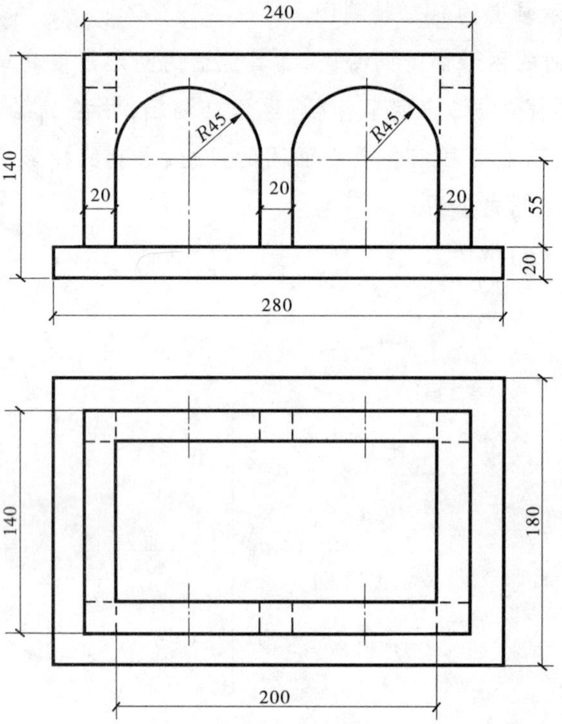

图 11-5　建筑形体三视图

绘图步骤：

(1)绘制外形轮廓轴测图，如图 11-6 所示。

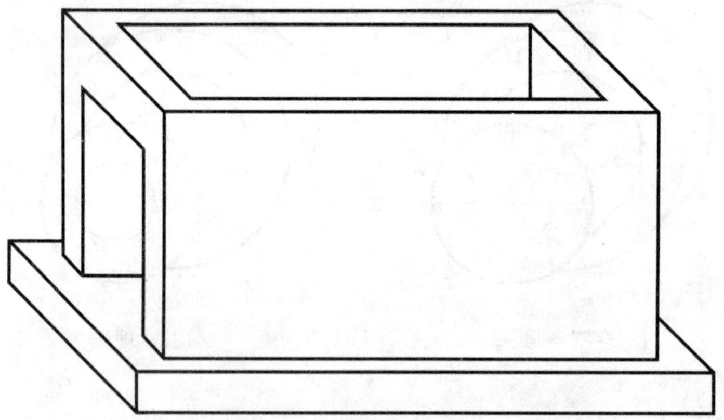

图 11-6　外形轮廓轴测图

(2)定位圆心位置，如图 11-7 所示。

(3)从每个圆心画一条水平线，然后画出每个可见的半圆弧，如图 11-8 所示。

(4)绘制圆弧下部直线，整理图形，如图 11-9 所示。

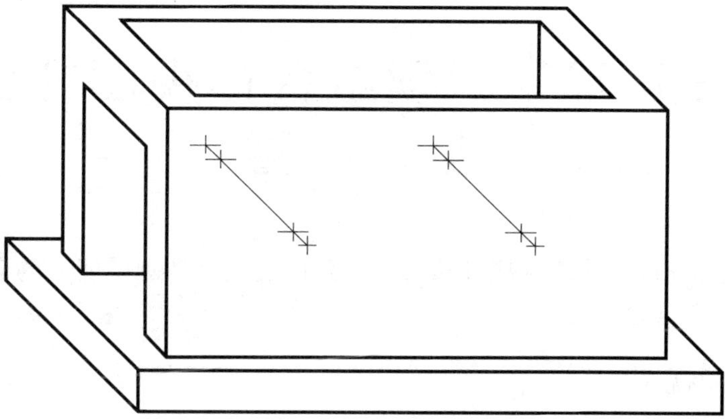

图 11-7　圆心定位

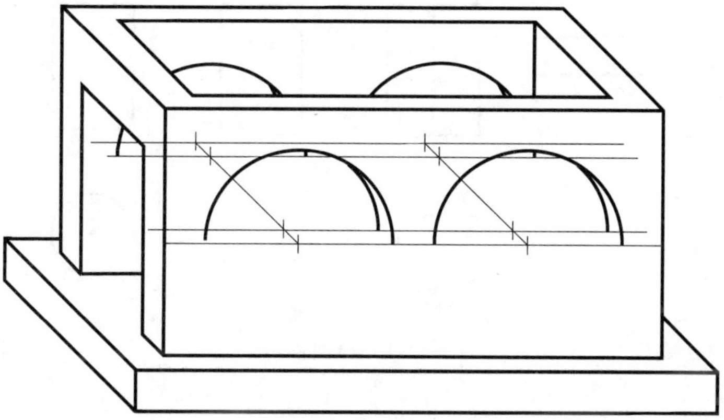

图 11-8　画可见的半圆弧

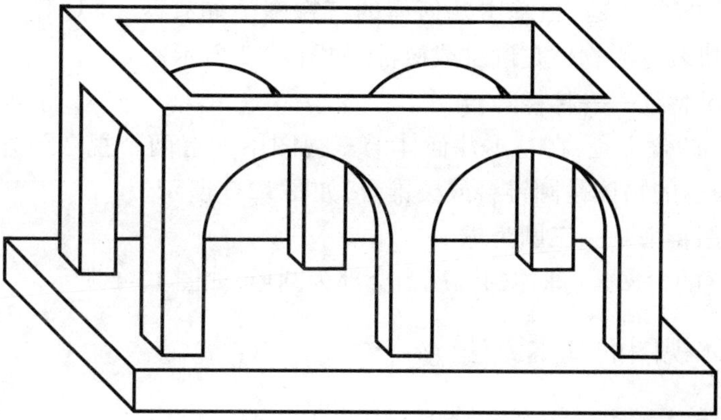

图 11-9　整理图形

任务12　识读组合体视图补画第三视图

识读组合体视图补画第三视图训练，是提高识图能力和画图能力的最常用方法，对培养空间想象力具有重要意义。

1　基本形体的视图特征

1.1　柱体的视图特征——矩矩为柱

"矩矩为柱"的含义是：在基本几何体的三视图中如有两个视图的外形轮廓为矩形，则可肯定它所表达的物体是圆柱或棱柱，如图12-1所示。

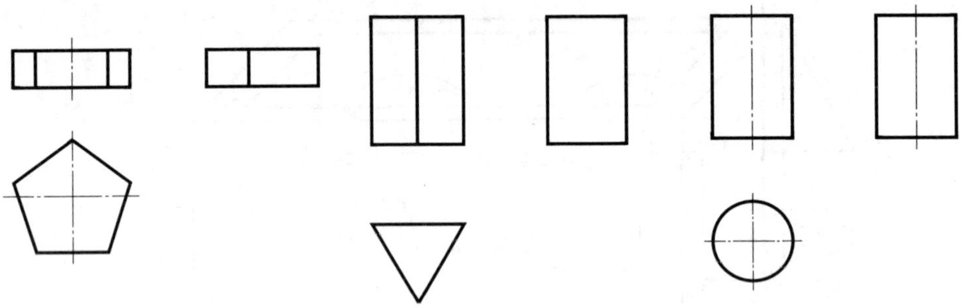

(a)五棱柱　(b)三棱柱　(c)圆柱

图12-1　柱体的视图特征

1.2　锥体的视图特征——三三为锥

"三三为锥"的含义是：在基本几何体的三视图中如有两个视图的外形轮廓为三角形，则可肯定它所表达的物体是圆锥或棱锥，如图12-2所示。

1.3　台体的视图特征——梯梯为台

"梯梯为台"的含义是：在基本几何体的三视图中如有两个视图的外形轮廓为梯形，则可肯定它所表达的物体是圆锥台或棱锥台，如图12-3所示。

1.4　球体的视图特征——三圆为球

"三圆为球"的含义是：球体的三视图全部为圆形，如图12-4所示。

2　识读组合体视图的基本方法

2.1　形体分析法

形体分析是以基本形体为读图单元，将组合体的视图先分解为若干个简单的线框；然后根据视图的基本特征判断各线框所表达的基本形体，最后按相对位置综合成整体的形

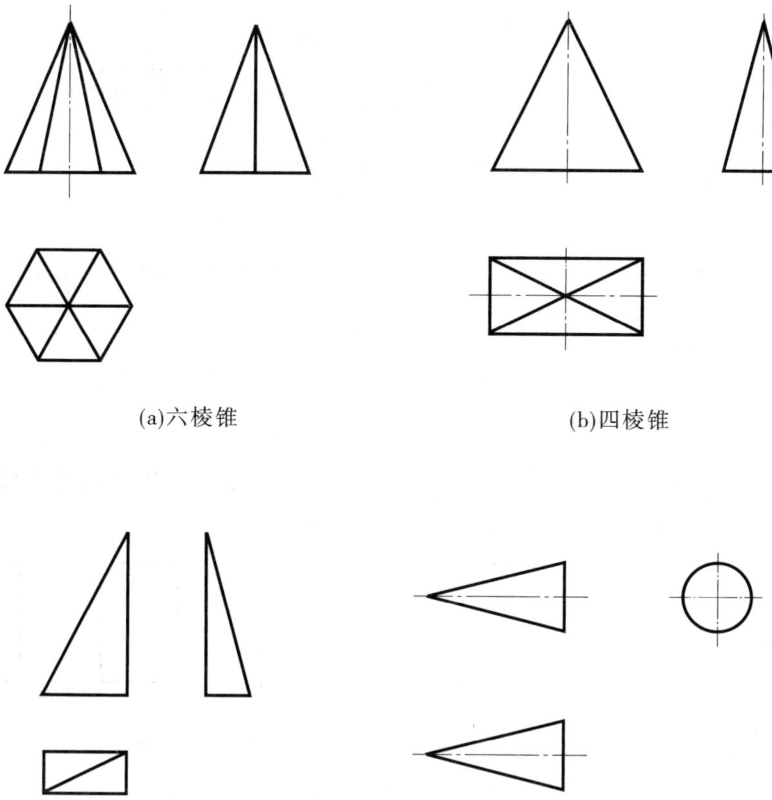

(a)六棱锥　(b)四棱锥

(c)四棱锥　(d)圆锥

图 12-2　锥体的视图特征

状。这种识读图形的方法，称为形体分析法。

如图 12-5(a)所示，应用形体分析法，从主视图着手，将形体分为Ⅰ、Ⅱ、Ⅲ三个部分，按投影规律，找出左视图和俯视图中相应的投影，可看出第Ⅰ部分为四棱柱，第Ⅱ部分为四棱台，第Ⅲ部分为缺角四棱柱。按位置组合各部分形体得到组合体形状如图 12-5(b)所示。

2.2　线面分析法

对于复杂的切割形体，物体上斜面较多，用形体分析法无法判断其形状时，需要分析视图中的图线和线框含义，判断组成形体的各表面的形状和空间位置，从而综合形体的空间形状，这种从线面投影特性分析物体形状的方法，称为线面分析法。

如图 12-6(a)所示，俯视图中有 1、2、3 三个相邻封闭线框，代表物体三个不同的表面。这些相邻表面一定有上下之分，即相邻线框或线框中的线框不是凸出来的表面，就是凹进去的表面。根据投影规律对照主视图看出：3 表面为水平面且位置最高；2 表面也为水平面位置较低；1 表面是一般位置平面，倾斜于 2、3 平面之间。得出物体的结构形状如图 12-6(b)所示。

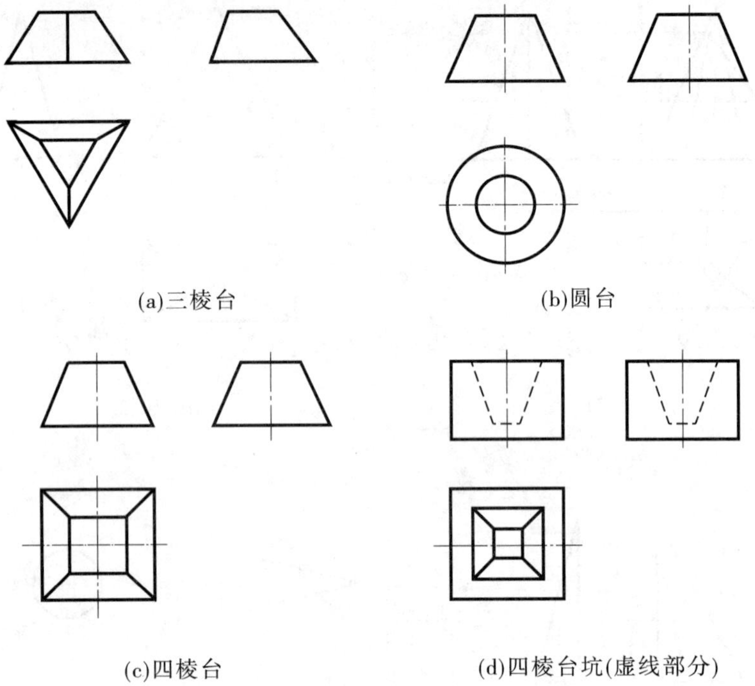

图 12-3　台体的视图特征

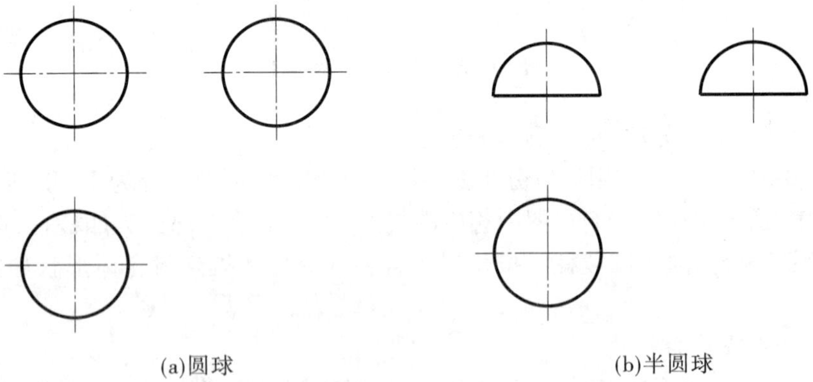

图 12-4　圆球的视图特征

3　形体分析法补画第三视图

形体分析法补画第三视图的一般方法是：根据组合体的视图识别出各个基本形体，以及各基本形体的组合形式及相对位置，按照各基本形体的图形特征，分别补画出第三

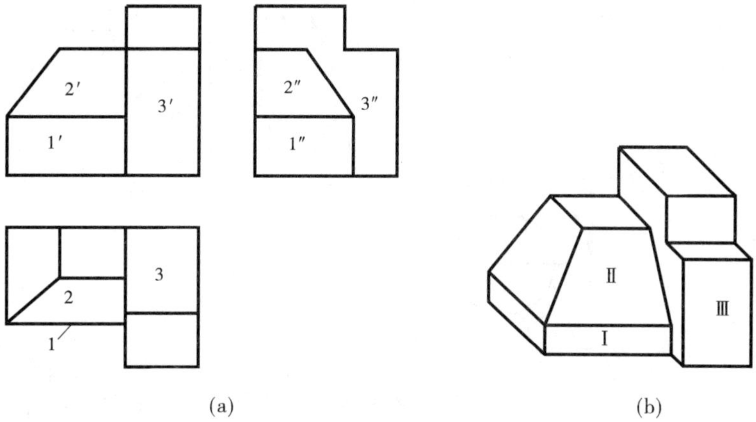

图 12-5　形体分析法

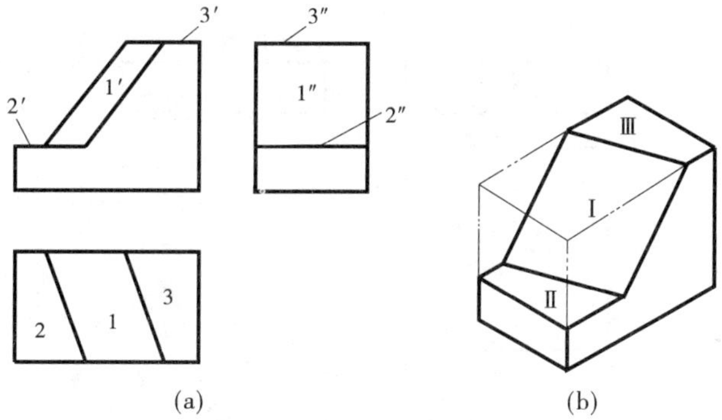

图 12-6　线面分析法读图

视图。

【例 12-1】　如图 12-7 所示，已知组合体的俯、左两视图，补画其主视图。

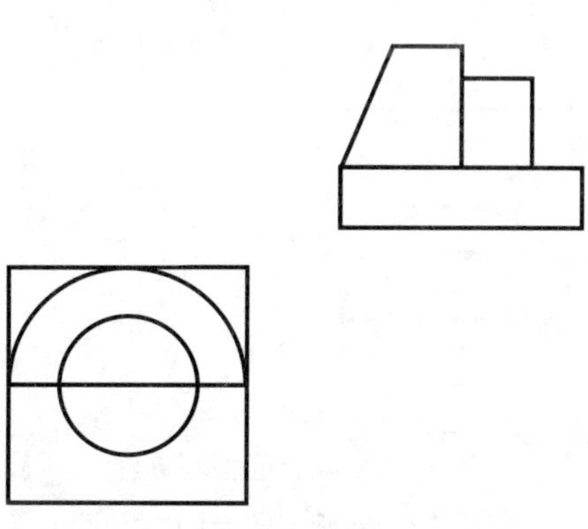

图 12-7　组合体的两视图

分析绘图：

(1) 从左视图中将形体分为三个部分，对照俯视图中相应投影，看出第一部分为四棱柱体；第二部分为半圆台体；第三部分为半圆柱体，如图 12-8 所示。

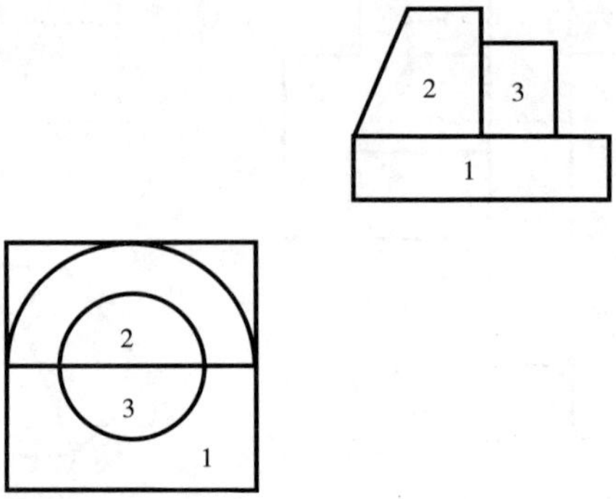

图 12-8　分部分看形体

(2)按投影关系绘制出第一部分四棱柱体的正面投影,如图 12-9 所示。

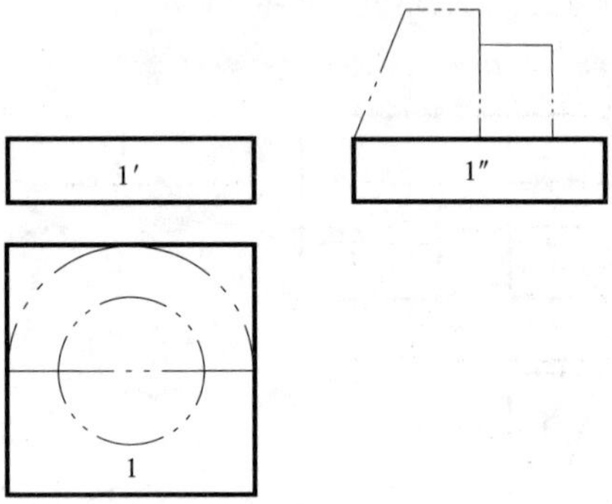

图 12-9　补画四棱柱的主视图

(3)按投影关系绘制出第二部分半圆台的正面投影,如图 12-10 所示。

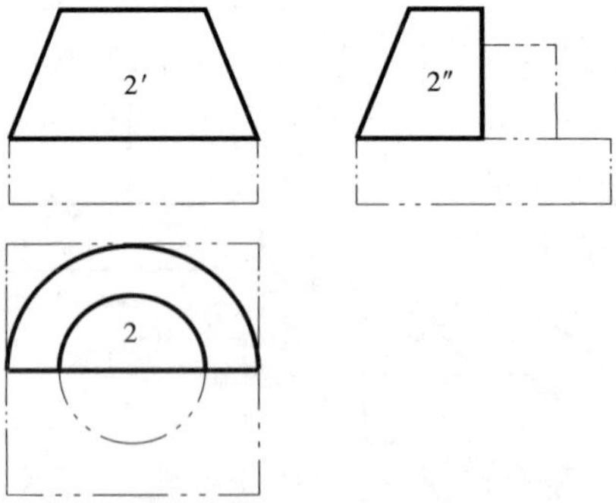

图 12-10　补画半圆台的主视图

(4)按投影关系绘制出第三部分半圆柱体的正面投影,如图 12-11 所示。

(5)最后检查各个形体表面是否存在共面,其分界线是否存在。本例完成后的三视图如图 12-12 所示。

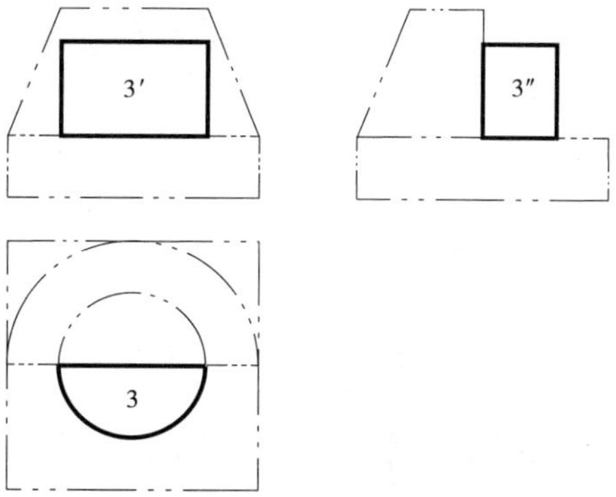

图 12-11　补画半圆柱的主视图

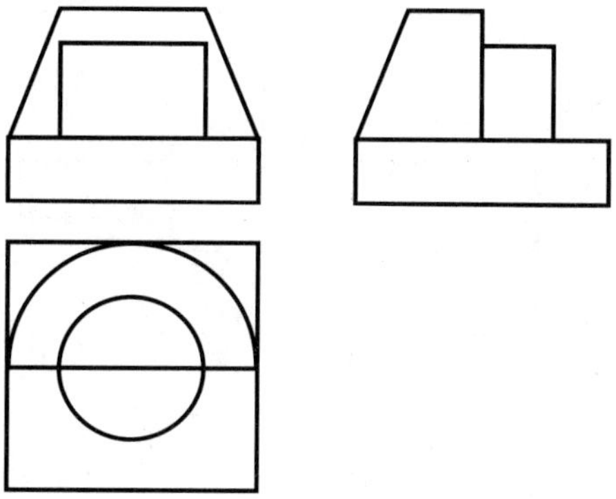

图 12-12　整理后的主视图

4　线面分析法补画第三视图

线面分析法补画第三视图的一般方法和步骤是：第一步，分析相对于要补画视图的投影面，有几个平行面，进一步确定这些投影面平行面的形状，并依次画出这些投影面平行面的实形；第二步，分析相对于要补画视图的投影面，有几个倾斜平面，如果有两个以上，则需要分析其两倾斜平面交线的投影位置，画出这些交线。

【例 12-2】　如图 12-13 所示，已知组合体的主、左两视图，补画其俯视图。

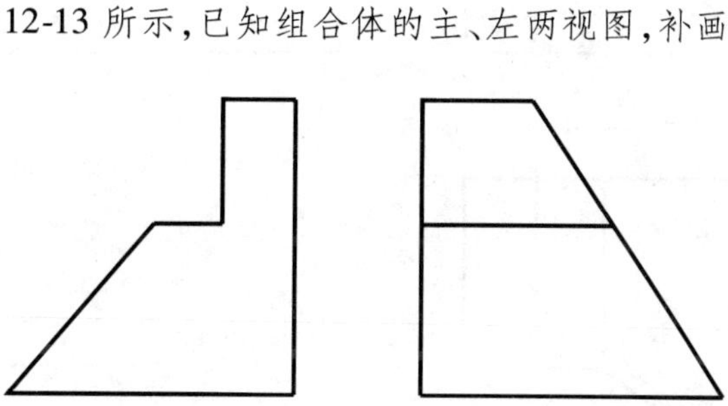

图 12-13　组合体的主、左两视图

分析绘图：

(1) 从已知的两视图可看出，本例形体为平面切割体，在基本形体的左方和前方进行了多个面的切割。

(2)按线面分析法，首先看出形体上水平面共有三个，由于每个平面只对应一个长度和一个宽度，所以可以判断其形状均为矩形，根据矩形的长度和宽度依次画出每个水平面的实形，如图 12-14 所示。

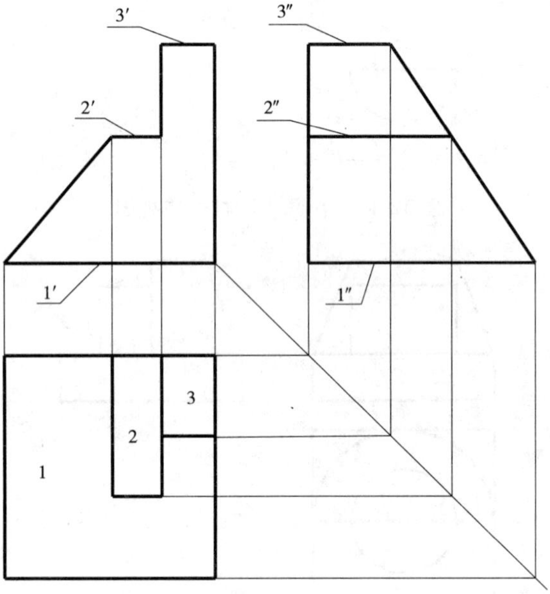

图 12-14　绘制水平面的俯视图

(3)可以看出与水平投影面倾斜的平面有两个，两平面的交线为 *AB* 线，判断出该直线的两端点水平投影的位置，最后连接该直线，如图 12-15 所示。

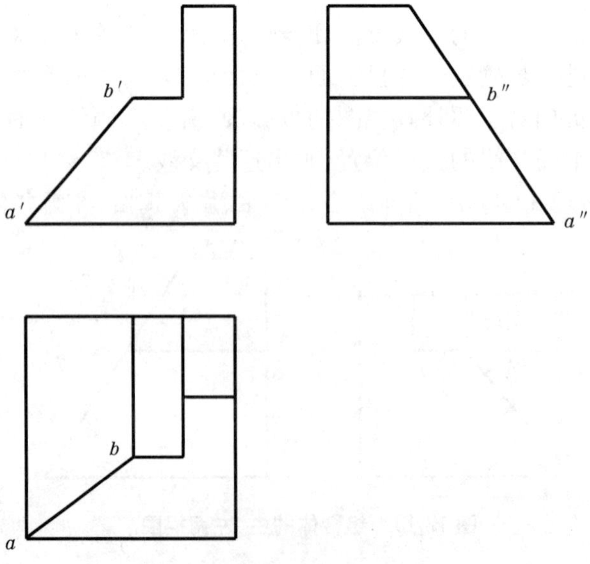

图 12-15　绘制一般位置直线的俯视图

任务 13　视图表达

1　基本视图表达

基本视图用正六面体的六个面作为六个基本投影面，将物体放在其中，分别向六个基本投影面作正投影，即得到物体的六个基本视图。六个基本视图包括前面所讲的三视图。

六个基本视图的形成如图 13-1 所示。建筑制图标准规定其名称及投影方向如下：

正立面图：自前向后投射所得的投影图，即主视图。

平面图：自上向下投射所得的投影图，即俯视图。

左侧立面图：自左向右投射所得的投影图，即左视图。

底面图：自下向上投射所得的投影图，即仰视图。

右侧立面图：自右向左投射所得的投影图，即右视图。

背立面图：自后向前投射所得的投影图，即后视图。

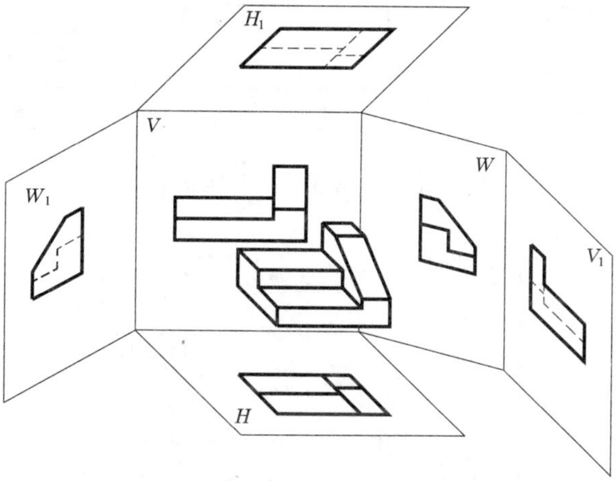

图 13-1　六个基本视图的形成

六个基本视图在一张图纸内，按图 13-2 所示规定位置排列时，不需要标注视图名称。如果六个基本视图不按规定位置排列或画在不同的图纸上，均需标注出各视图图名，如图 13-3 所示。

2　辅助视图表达

2.1　局部视图

只将物体的某一部分向基本投影面投影所得的视图称为局部视图。如图 13-4 所示，左视图为局部视图，只表达缺口的形状和大小；*A* 视图为局部右视图，由于不在规定位置上，需要标注投影方向和图名。

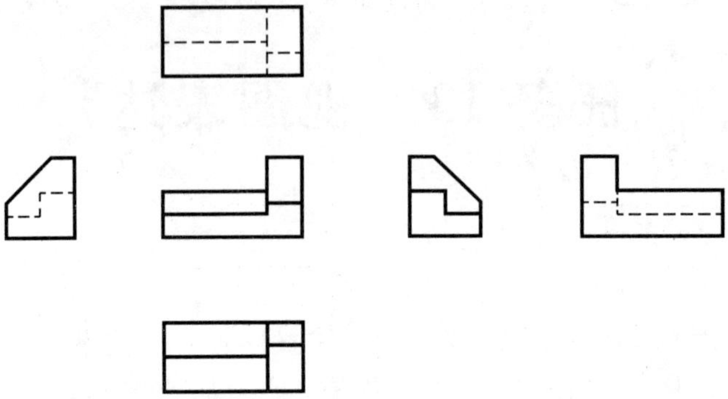

图 13-2　六个基本视图规定位置

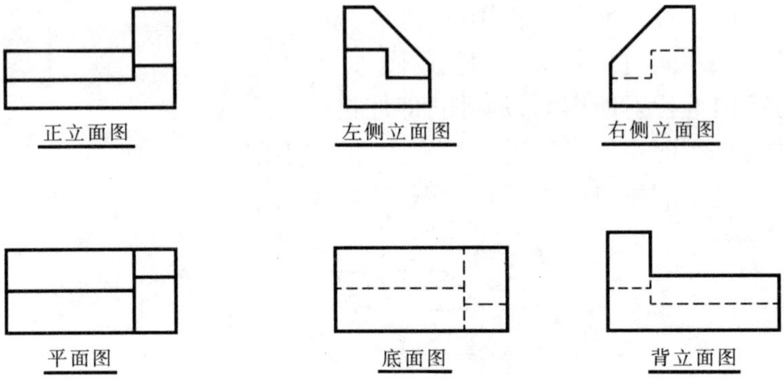

图 13-3　基本视图图名标注

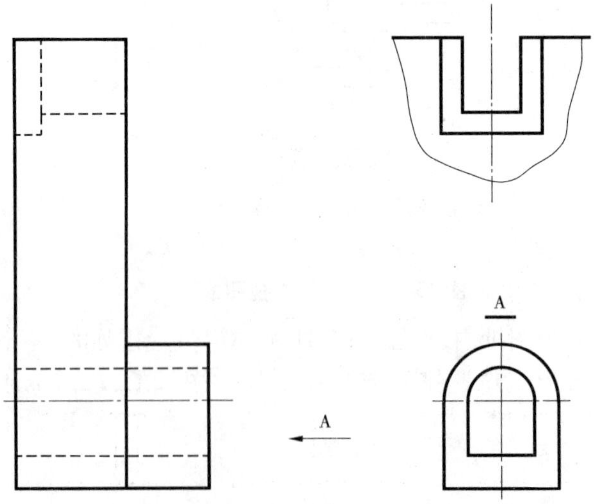

图 13-4　局部视图

2.2　斜视图

将物体向不平行于任何基本投影面的平面投影所得的视图称为斜视图。如图 13-5 所示，A 视图为局部斜视图，其画出了倾斜部分的真实形状。画斜视图必须进行标注，如

图 13-5(a)所示。如将斜视图转正,标注时应在斜视图下方标注“A ↶”字样，如图 13-5(b)所示。

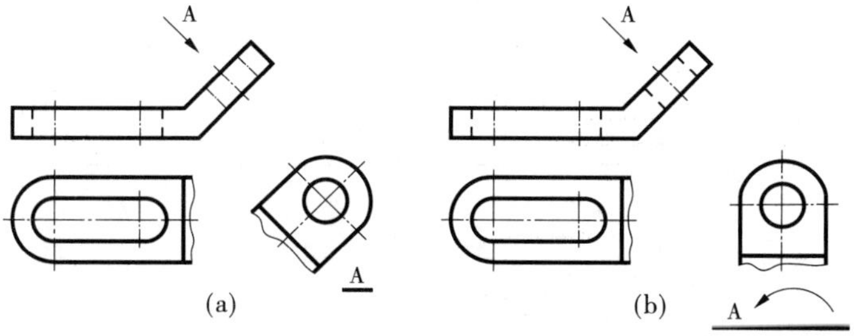

图 13-5 局部斜视图

2.3 镜像视图

镜像视图是用镜面代替原有的投影面,形体在镜面中反射得到的图像。采用镜像投影法绘制的视图,应在图名后加注“镜像”二字。图 13-6 为楼顶板的平面图、仰视图与镜像视图的投影对比,物体的镜像用实线画出,且投影的方位不变。在房屋建筑图中,常用镜像平面图来表示室内顶棚装修的布置情况等。

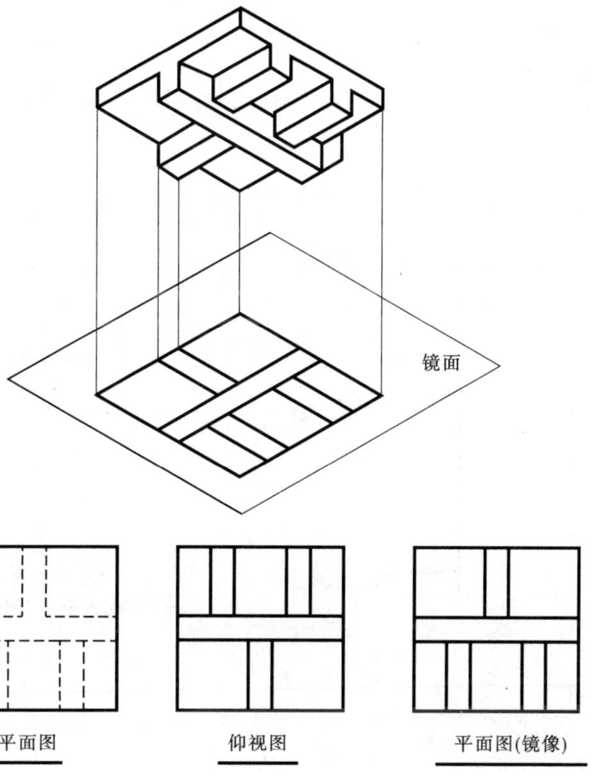

图 13-6 镜像视图

2.4 展开视图

在画建筑立面图时,可将物体与投影面不平行的折曲结构展开到与基本投影面平行再进行投影,称展开视图。展开视图需在图名后加注“展开”两字。如图 13-7 所示房屋模型,正立面图就是展开视图。

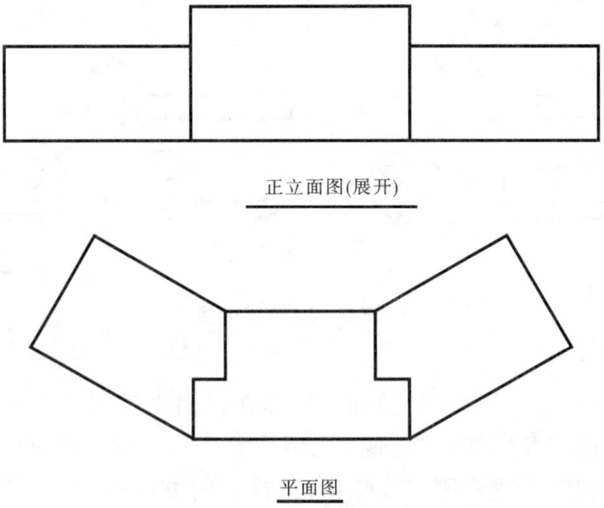

图 13-7 展开视图

3 视图的简化画法

为了节省图幅和绘图时间,提高工作效率,建筑制图国家标准允许在必要时采用下列简化画法。

3.1 对称视图的简化画法

对称形体的某个视图,可只画一半(习惯上画左、上半部),并画出对称符号,如图 13-8(a)所示;也可以超出图形的对称线,画一半多一点儿,然后加上波浪线或折断线,而不画对称符号,如图 13-8(c)所示。

若对称形体的视图有两条对称线,可只画图形的四分之一,并画出对称符号,如图 13-8(b)所示。

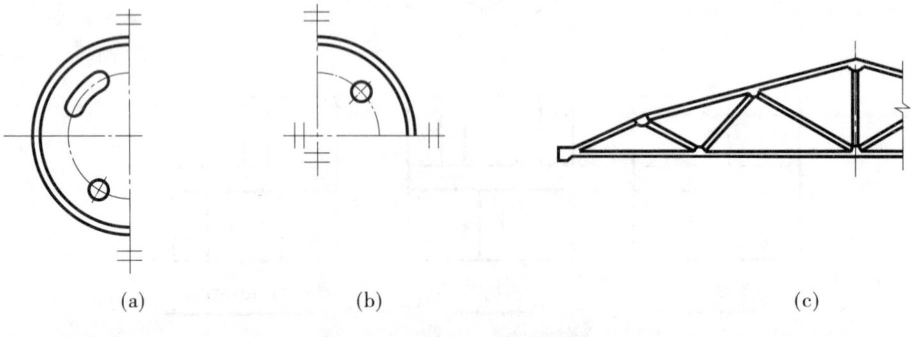

图 13-8 对称图形简化画法

3.2 相同要素的简化画法

如果形体上有多个形状相同且连续排列的结构要素,可只在两端或适当位置画少数几个要素的完整形状,其余的用中心线或中心线交点来表示,并注明要素总量,如图 13-9(a)、(b)、(c)所示。

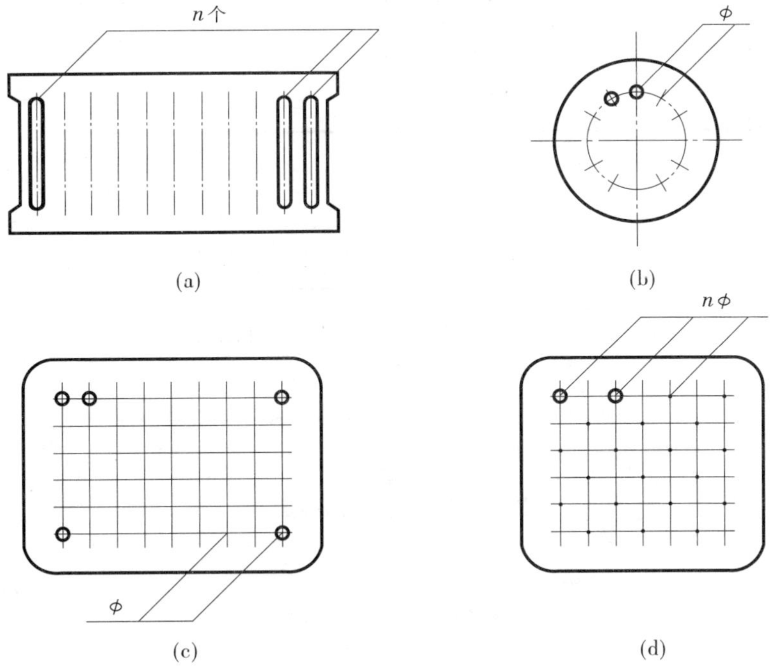

图 13-9 相同要素的简化画法

如果形体上有多个形状相同但不连续排列的结构要素,可在适当位置画出少数几个要素的形状,其余的以中心线交点处加注小黑点表示,并注明要素总量,如图 13-9(d)所示。

3.3 折断简化画法

当形体较长且沿长度方向的形状相同或按一定规律变化时,可采用折断的办法,将折断的部分省略不画。断开处以折断线表示,折断线两端应超出轮廓线 2 ~ 3 mm,如图 13-10 所示。需要注意的是尺寸要按折断前原长度标注。

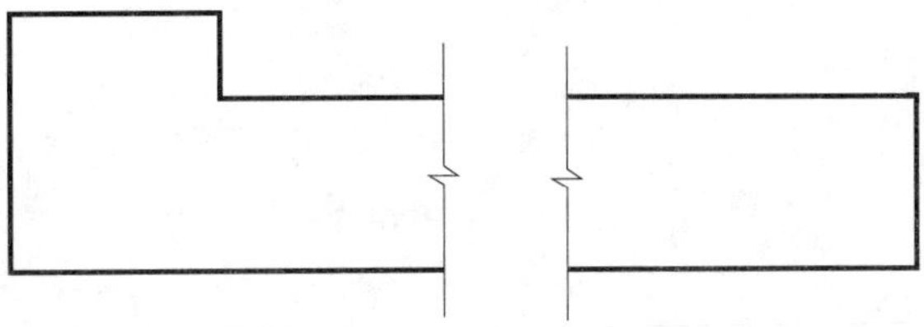

图 13-10 折断省略画法

3.4 局部省略画法

当两个形体仅有部分不同时,可在完整地画出一个后,另一个只画不同部分,但应在形体的相同与不同部分的分界处,分别画上连接符号,两个连接符号应对准在同一线上,如图 13-11 所示。连接符号用折断线和字母表示,两个相连接的图样字母编号应相同。

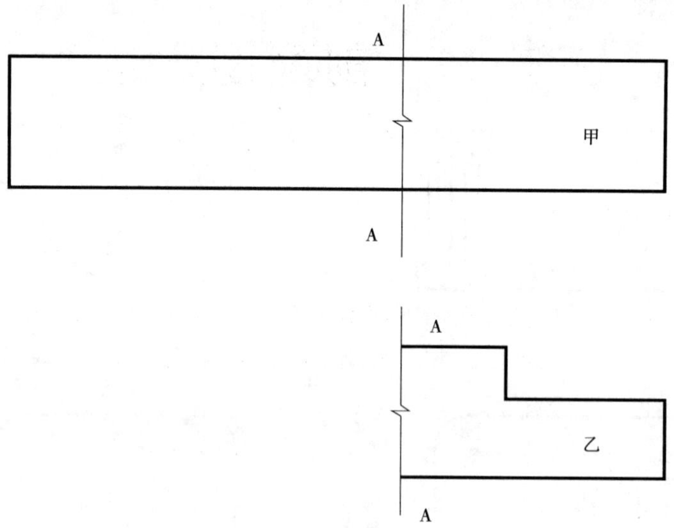

图 13-11　局部省略画法

任务 14　剖面图表达

1　剖面图的形成与画法

1.1　剖面图的形成

假想用剖切面剖开物体，把剖切面和观察者之间的部分移去，将剩余部分向投影面进行投影，同时在剖切平面剖切到的实体部分画上物体相应的材料图例，这样画出的图形称为剖面图，如图 14-1 所示。

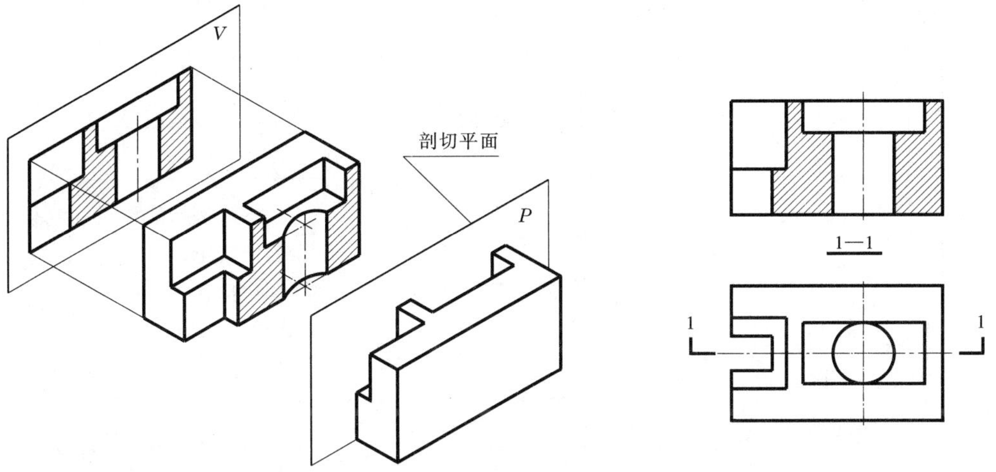

图 14-1　剖面图的形成

1.2　剖面图的标注

为了便于阅读、查找剖面图与其他图样间的对应关系以及表达剖切情况，剖面图一般应进行标注，注明剖切位置、投影方向和剖面名称，常用的标注方法如图 14-1 所示。

1.2.1　剖切位置和投影方向

剖切位置线用两小段与图形不相交的粗实线表示，每段长度为 6 ~ 10 mm，投影方向线表明剖切后的投影方向，它与剖切位置线垂直，长度为 4 ~ 6 mm。

1.2.2　剖面图的名称

在投影方向线的端部用相同的阿拉伯数字或大写拉丁字母对剖切位置加以编号，若有多个剖面图，应按顺序由左至右，由上至下连续编排，同时在相应剖面图的下方用相同的数字或字母写成“1—1”或“A—A”的形式注写图名，并在图名下画一粗横线，编号一律水平书写。

1.3　剖面图的材料图例

建筑图中常用的剖面材料图例画法如表 14-1 所示。

表 14-1　常用建筑材料图例

序号	名称	图例	备注
1	普通砖	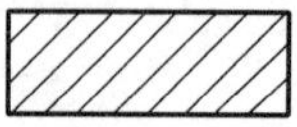	包括实心砖、多孔砖、砌块等砌体。断面较窄不易绘出图例线时，可涂红
2	轻质砌块砖	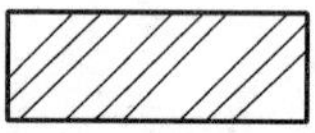	非承重墙体
3	轻质龙骨板材隔墙	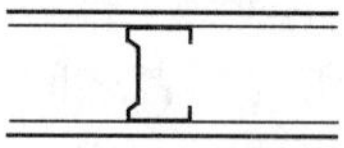	注明材料品种
4	密度板	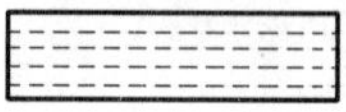	注明厚度
5	胶合板	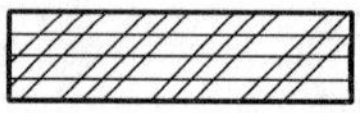	注明厚度或层数
6	混凝土	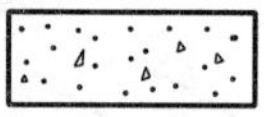	1. 本图例指能承重的混凝土及钢筋混凝土；2. 包括各种强度等级、骨料、添加剂的混凝土；3. 在剖面图上画出钢筋时，不画图例线；4. 断面图形小，不易画出图例线时，可涂黑
7	钢筋混凝土	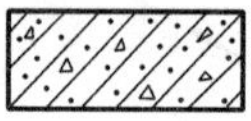	
8	金属	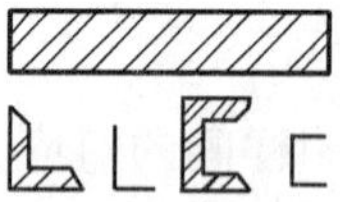	1. 包括各种金属；2. 图形小时，可涂黑

注：序号 1、2、5、7、8 图例中的斜线、短斜线、交叉斜线等一律为 45°。

画剖面材料图例的注意事项：

(1) 图例线一般用细实线绘制，应间隔均匀，疏密适度，做到图例正确，表示清楚。

(2) 同类材料应使用同一图例；两个相同的图例相邻时，图例线宜错开或使倾斜方向相反，如图 14-2 所示。

(3) 当一张图纸内的图样只用一种图例或当图形较小无法画出建筑材料图例时，可不画材料图例，但应加文字说明。

(4) 需画出的建筑材料图例面积过大时，可在断面轮廓线内，沿轮廓线作局部表示，如图 14-3 所示。

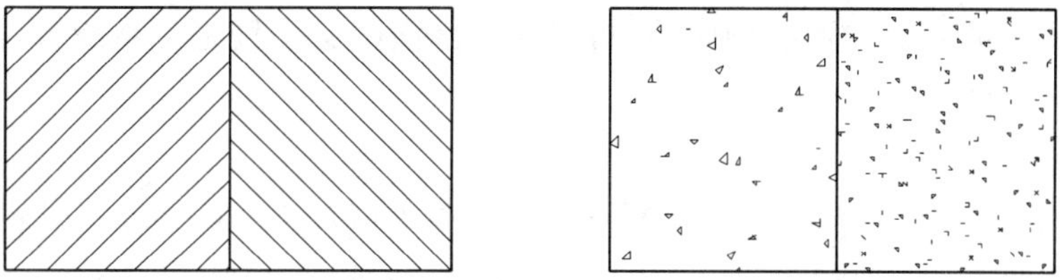

图 14-2　相同图例相接时画法

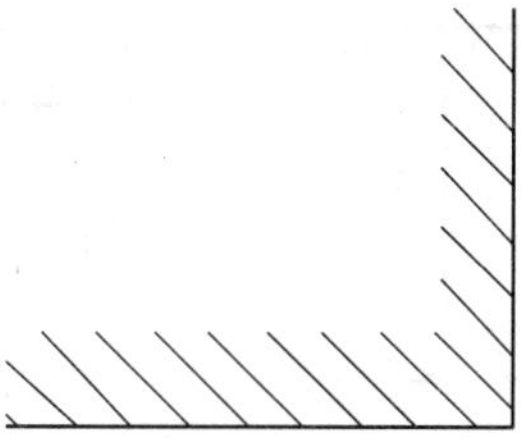

图 14-3　局部表示图例

1.4　画剖面图应注意的问题

（1）剖切是假想的，形体仍然是完整的形体。因此，当某个图形采用了剖面图后，其他图形仍应按完整物体来画，如图 14-1 中的俯视图。

（2）合理地省略虚线。剖面图中不可见的虚线，当在其他视图中能够表达清楚其结构形状时，均省略不画。

2　剖面图的种类

2.1　全剖面图

用一个剖切面把形体完整地剖开所得到的剖面图称为全剖面图，如图 14-4 所示。全剖面图以表达内部结构为主，常用于外部形状较简单的形体。

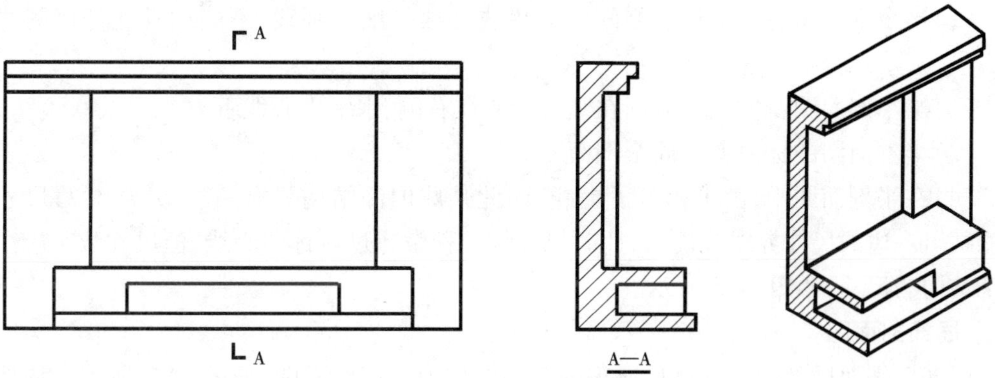

图 14-4　全剖面图

全剖面图如果剖切位置在物体的对称线上，剖面图又按投影关系配置，剖面图与视图关系比较明确，也可省略标注。

2.2 半剖面图

对于对称的形体，在垂直于对称平面的投影面上的投影，可以对称中心线为分界线，一半画成剖面图表达内部结构，另一半画成视图表达外部形状，这种图形称为半剖面图，如图 14-5 所示。

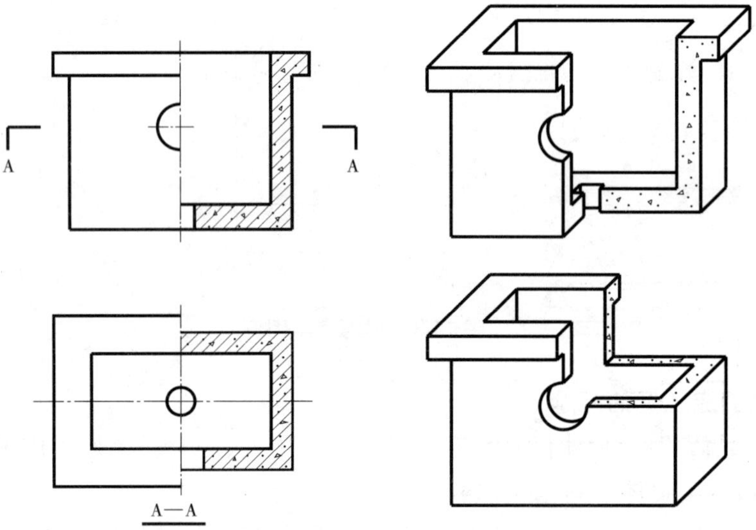

图 14-5　半剖面图画法

半剖面图既表达了形体的外形，又表达了其内部结构，它适用于内外形状都较复杂的对称形体。

半剖面图的画图方法与全剖面图相同，只是画一半即可，另一半画外形轮廓，虚线一般省略。

画半剖面图应注意以下事项：

(1)半个剖面图与半个视图之间的分界线必须是细点画线，不能用其他任何图线代替。

(2)半个剖面图习惯上一般画在竖直中心线右侧、水平中心线下方。

(3)半剖面图的标注方法同全剖面图。

(4)在半剖面图中，由于省略了虚线，因此某些内部结构只有一边边界，注写尺寸时只能画出一边的尺寸界线和箭头，此时尺寸线要稍微超过对称中心线，但尺寸数字应注写整个结构的尺寸，如图 14-6 所示。

2.3 局部剖面图

用剖切平面局部剖开形体后所得的剖面图称为局部剖面图，如图 14-7 所示。局部剖面图常用于外部形状比较复杂，仅需要表达局部内部形状的形体。

局部剖面图通常画在视图内并以波浪线与视图分界。波浪线可以理解为物体上断裂

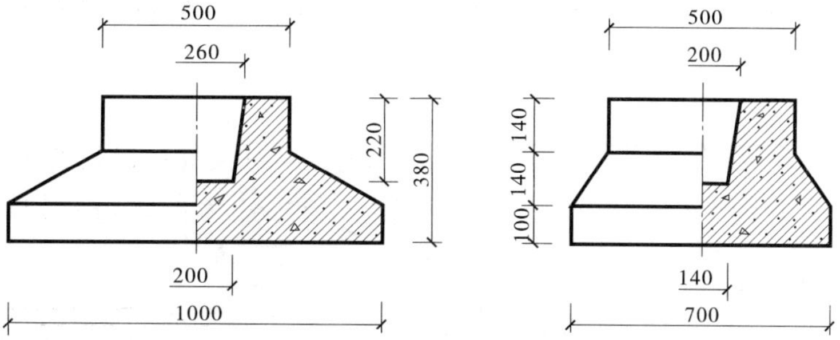

图 14-6 半剖面图的尺寸标注

边界线的投影,因此波浪线应画在物体的实体处,不得与轮廓线重合,也不得超出物体的轮廓线。

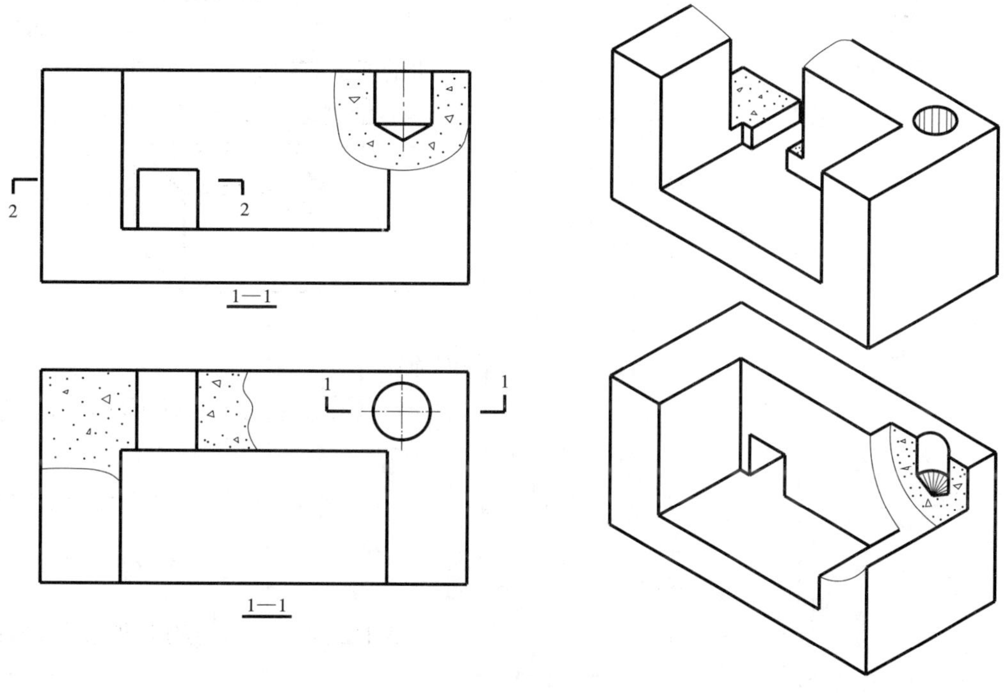

图 14-7 局部剖面图

2.4 阶梯剖面图

用两个或两个以上互相平行的剖切面剖切形体得到的全剖面图,称为阶梯剖面图。

当形体内部结构层次较多,用一个剖切面不能同时剖切到所要表达的几处内部构造且它们又处于互相平行的位置时,常采用阶梯剖面图。如图 14-8 所示。

画阶梯剖面图时应注意:

(1)在剖切面的开始、转折和终了处,都要画出剖切符号并注上同一编号。

(2)剖切是假想的,在剖面图中不能画出剖切平面转折处的分界线,转折处也不应与形体的轮廓线重合。

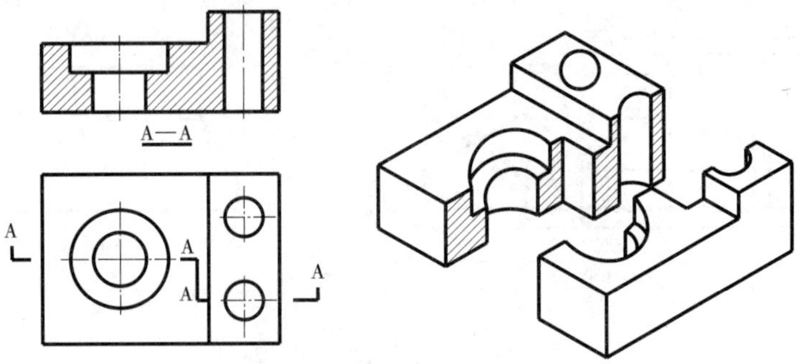

图 14-8　阶梯剖面图

2.5　分层剖切剖面图

对一些具有不同构造层次的建筑物，可按实际需要，用分层剖切的方法表示，从而获得分层剖切剖面图。图 14-9 所示为墙面的分层剖切剖面图，各层构造之间以波浪线为界且波浪线不应与轮廓线重合，不需要标注剖切符号。这种方法多用于表示地面、墙面、屋面等构造。

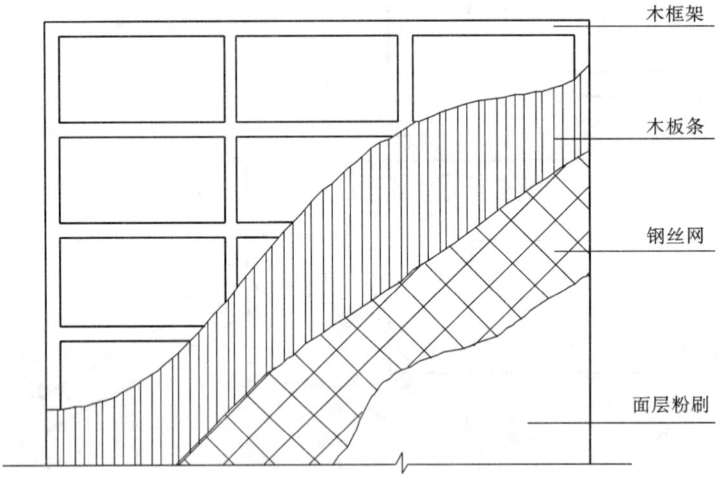

图 14-9　分层剖切剖面图

3　实训任务

识读图 14-10 所示房屋三视图，画出指定位置的 1—1、2—2、3—3、4—4 全剖面图；再画出 1—1 半剖面图。采用 A3 图纸绘图，标注图名，不标注尺寸，材料图例可省略。

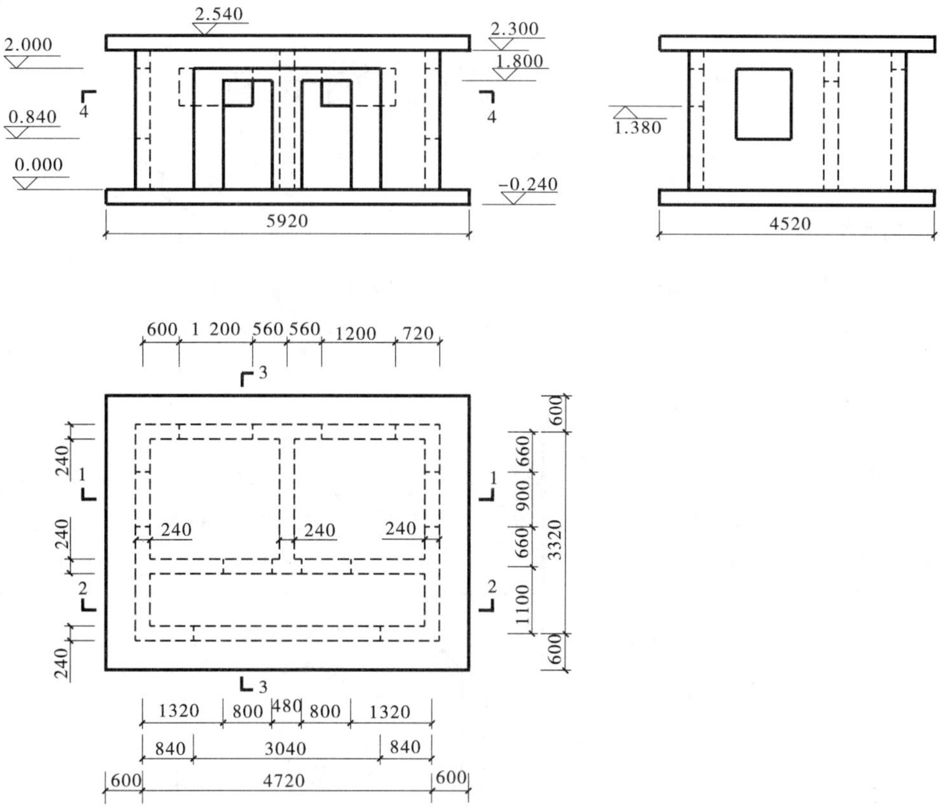

2.540
2.000
2.300
1.800
0.840
0.000
-0.240
4
4
5920
1.380
4520
600
1 200
560
560
1200
720
3
3
1
1
2
2
240
240
240
240
240
240
600
660
900
660
1100
600
3320
1320
800
480
800
1320
840
3040
840
600
4720
600

图 14-10　房屋三视图

任务 15　断面图表达

1　断面图的概念

用假想剖切平面剖开物体，仅画出该剖切面与物体接触断面的图形，同时在剖切断面的实体部分画上材料图例，这样画出的图形称为断面图，简称断面，如图 15-1 所示。

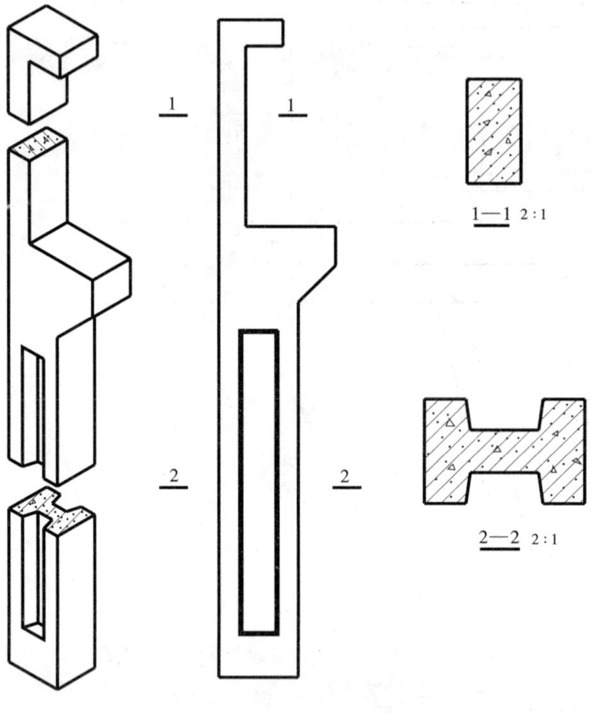

图 15-1　断面图的概念

画断面图时，应特别注意断面图与剖视图的区别：断面图只画出物体剖切断面的形状，不包括剖切面后的轮廓；而剖面图除画出剖切断面的形状外，还要画出剖切平面后的其他可见轮廓线。实际上，剖面图中包含着断面图。

2　断面图的表达方法

根据图形的不同特点，断面图可画在视图的外部，也可画在视图的中断处或内部。

2.1　断面图画在视图之外

画在视图以外的断面图，如图 15-2 所示。

断面图画在视图之外时应注意如下几点：

(1) 断面图的轮廓线用粗实线绘制。

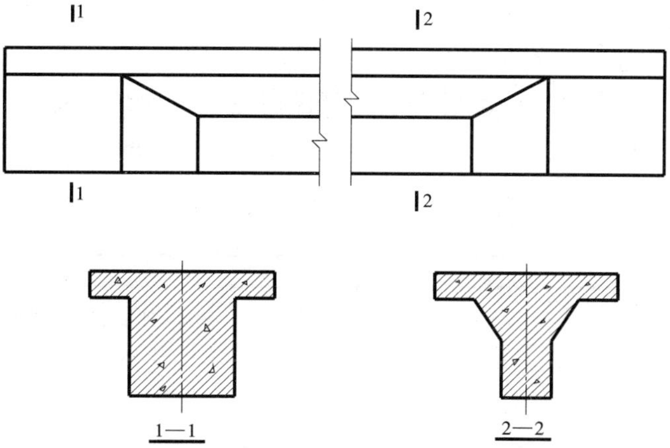

图15-2 移出断面图

(2)剖切平面应与形体的主要轮廓线垂直,由两个或多个相交平面剖切得到的移出断面图,中间一般应断开,如图15-3所示。

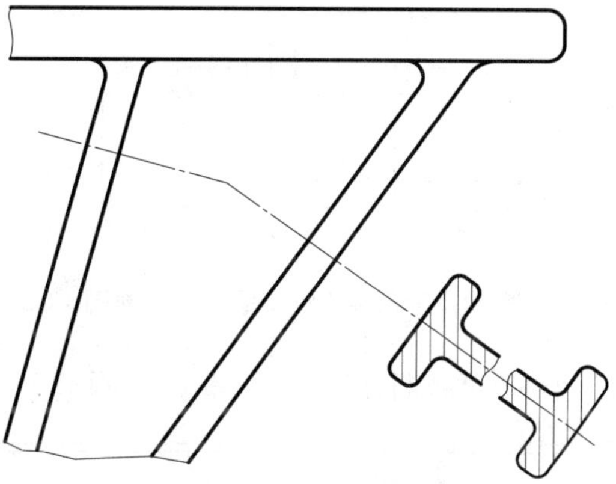

图15-3 两个相交平面剖切的断面图画法

(3)断面图的标注与剖面图基本相同,但不画投影方向线,而用剖切编号的注写位置表示。画在剖切延长线上的对称图形,可不标注,如图15-3所示。

2.2 断面图画在视图的中断处

画在视图中断处的断面图,断面图的轮廓线用粗实线绘制,不需要进行断面图标注,如图15-4所示。

图15-4 画在视图中断处的断面图

2.3 断面图画在视图的轮廓线内

直接画在视图内的断面图,又称重合断面图。当视图的轮廓线为粗实线时,重合断面的轮廓线用细实线画出,如图 15-5 所示;当视图的轮廓线为细实线时,重合断面的轮廓线用粗实线画出,如图 15-6 所示。当视图中轮廓线与重合断面轮廓线重合时,视图中的轮廓线仍应连续画出,不可间断。

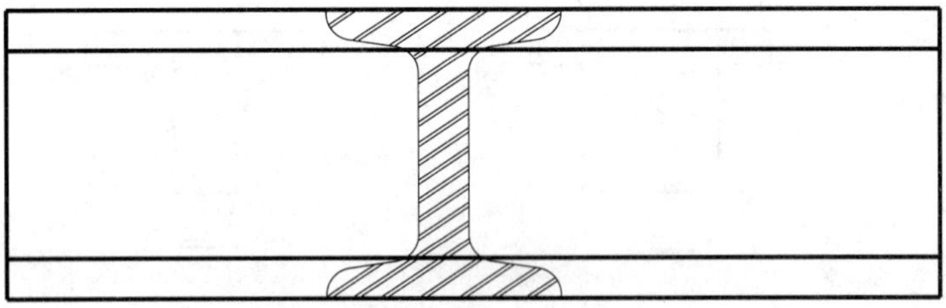

图 15-5 细实线绘制的重合断面图

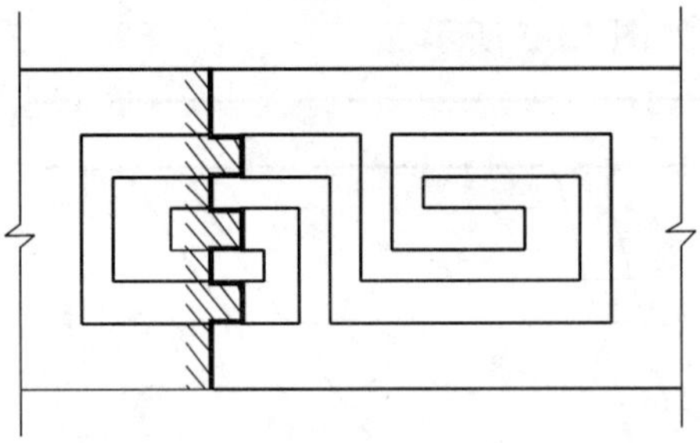

图 15-6 粗实线绘制的重合断面图

当重合断面图尺寸较小时,可将断面涂黑,如图 15-7 所示。

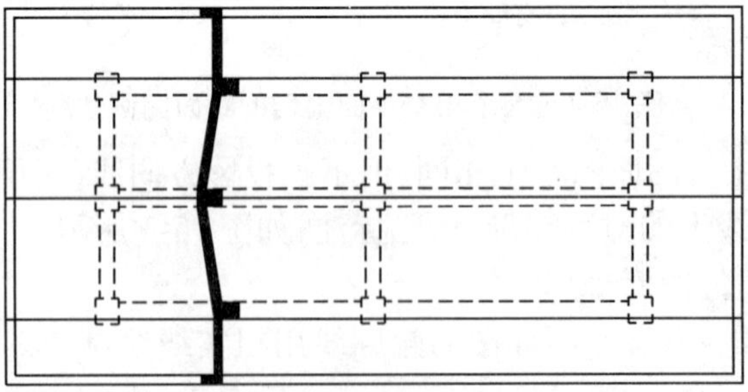

图 15-7 断面涂黑的断面图

任务16 识读房屋建筑施工图

1 房屋建筑图有关标准和规定

1.1 房屋的类型及组成

房屋按使用功能可以分为民用建筑(居住建筑、公共建筑)、工业建筑(厂房、仓库等)和农业建筑(粮仓、饲养场等)。各种不同功能的房屋,虽然它们的使用要求、空间组合、外形、规模等各不相同,但是构成建筑物的主要部分一般都有基础、墙、柱、梁、楼板、地面、楼梯、屋顶、门、窗等,此外还有阳台、雨篷、台阶、窗台、雨水管、明沟或散水,以及其他一些构配件。

1.2 房屋的建造过程和房屋施工图的分类

建造房屋主要经过设计阶段和施工阶段,在设计阶段先绘制房屋的初步设计图,用来建筑项目立项等工作,然后完整、详细地绘制出房屋施工图。在施工阶段依据房屋施工图指导施工。

房屋施工图分为建筑施工图、结构施工图和设备施工图,简称“建施”“结施”和“设施”。建筑施工图主要表明建筑物的总体布局、外型造型、内部布置、细部构造、内外装饰等情况,它包括总平面图、平面图、立面图、剖面图和详图;结构施工图主要表明建筑物各承重构件的布置、形状尺寸、所用材料及构造做法等内容,包括结构布置平面图和构件详图;设备施工图是表明建筑工程各专业设备布置和安装要求的图样,它包括给排水施工图、采暖通风施工图、电气施工图等,简称“水施”“暖施”“电施”。

1.3 房屋施工图的有关规定

绘制和阅读房屋施工图主要遵守《房屋建筑制图统一标准》(GB/T 50001—2017),另外根据表达内容不同,还应遵守《总图制图标准》(GB/T 50103—2010)、《建筑制图标准》(GB/T 50104—2010)、《建筑结构制图标准》(GB/T 50105—2010)。现就下列几项简要说明有关规定的主要内容和表示方法。

1.3.1 常用比例

建筑专业制图选用的比例,应符合《房屋建筑制图统一标准》(GB/T 50001—2017)中的有关规定,如表16-1所示。

表16-1 建筑制图比例

图名	比例
建筑物或构筑物的平面图、立面图、剖面图	1:50、1:100、1:200
建筑物或构筑物的局部放大图	1:10、1:20、1:50
配件及构造详图	1:1、1:2、1:5、1:20、1:50

1.3.2 常用图例

建筑物和构筑物是按比例缩小绘制在图纸上的，对于有些建筑构件及建筑材料，往往不可能按实际投影画出，同时用文字注释也难以表达清楚。为了得到简单而明了的效果，《建筑制图标准》(GB/T 50104—2010)规定了统一的图例和代号，常用构造及配件图例见表16-2。

表16-2　常用构造及配件图例

名称	图例	说明	名称	图例	说明
楼梯	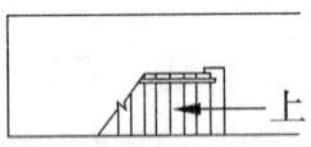 底层 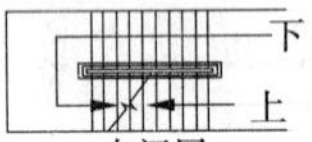 中间层 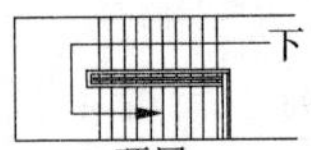 顶层	1. 平面图； 2. 楼梯的形式和步数应按实际情况绘制	单扇门(包括平开式单面弹簧)	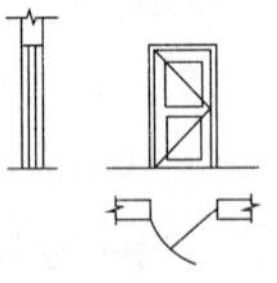	1. 门的名称代号用M表示； 2. 图例中剖面图左为外，右为内，平面图下为外，上为内； 3. 立面图上开启方向线交角的一侧安装合页，实线为外开，虚线为内开； 4. 平面图上门线45°或90°开启弧线宜绘出； 5. 立面图上的开启线在一般设计图中可不表示，在详图及室内设计图上应表示
单层固定窗	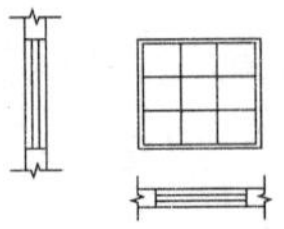	1. 窗的名称代号用C表示； 2. 立面图中的斜线表示窗的开启方向，实线为外开，虚线为内开，开启方向线交角的一侧安装合页； 3. 图例中，剖面图所示左为外、右为内，平面图所示下为外、上为内； 4. 平、剖面图上的虚线，仅说明开关方式，在设计图中不需要表示	双扇门	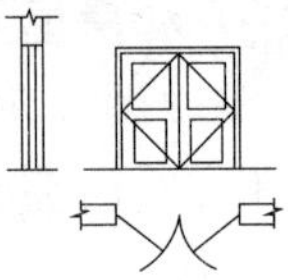	
单层外开上悬窗	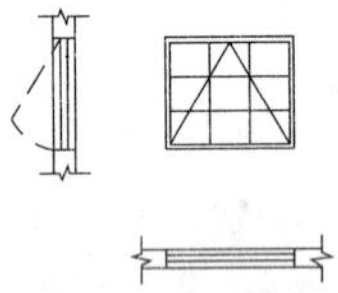		单扇双面弹簧门	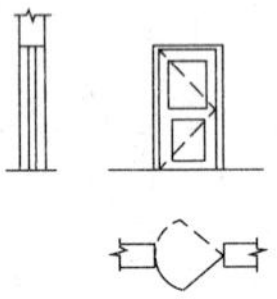	
单层外开平开窗	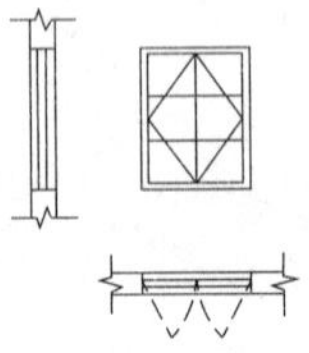		墙中单扇推拉门	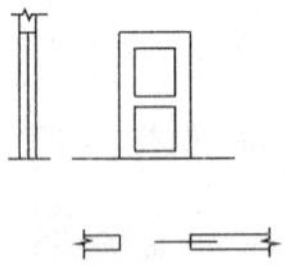	
			双扇双面弹簧门	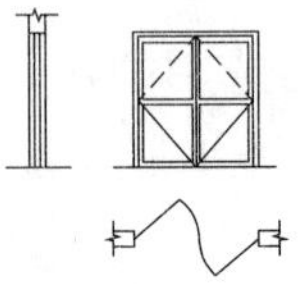	

1.3.3 定位轴线及其编号

定位轴线是房屋中基础、墙、柱、梁和屋架等承重构件的中心线，在绘制建筑施工图时应明确表达，定位轴线标注用细点画线绘制，其编号注在直径为8～10 mm的圆内，圆心在定位轴线的延长线或延长线的折线上。平面图上定位轴线的编号，标注在图样的下方与左侧，横向编号用阿拉伯数字，从左至右顺序编写，竖向编号用大写拉丁字母(I、O、Z除外)从下至上顺序编写，如图16-1所示。在标注非承重的分隔墙或次要的承重构件时，可在两根轴线之间附加轴线，附加轴线的编号应按图16-2所规定的分数表示。

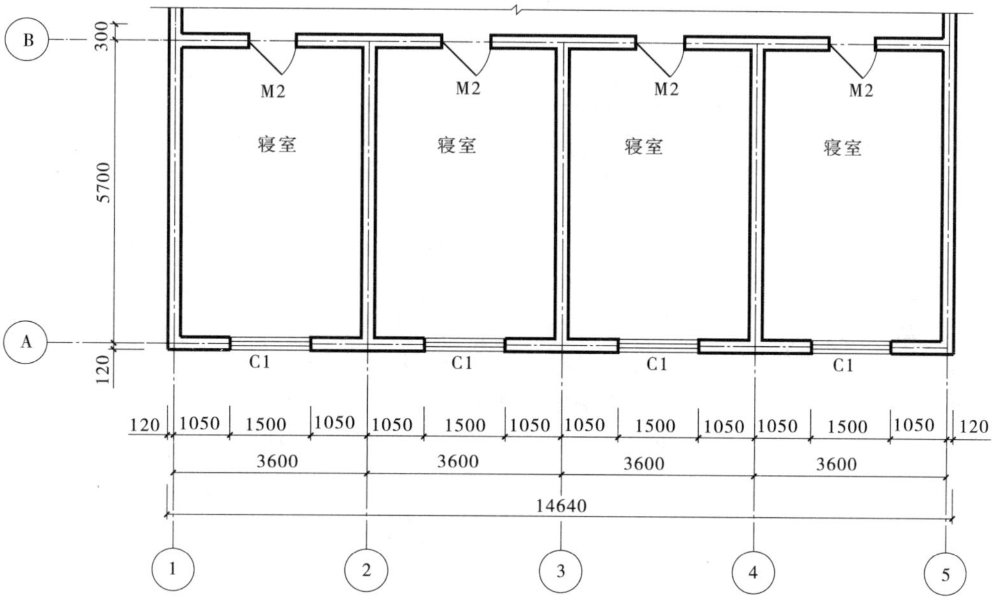

图16-1　定位轴线标注

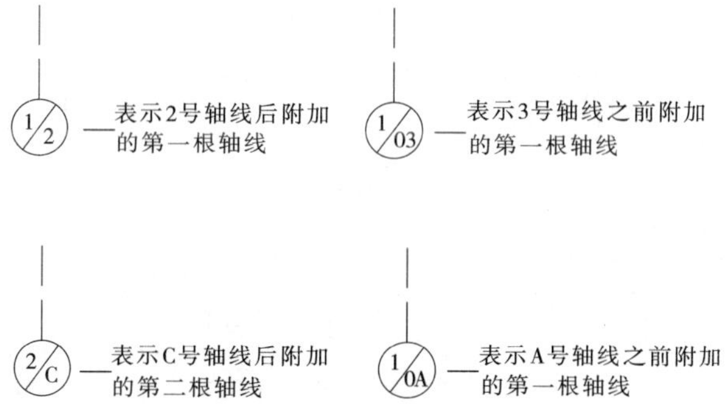

图16-2　附加轴线及其编号

1.3.4　标高标注

标高是标注建筑物高程的另一种尺寸形式，标高数字以米为单位。标高分绝对标高和相对标高两种。绝对标高以黄海平均海平面为零点，相对标高以单个建筑物的室内底层地面为零点，写成±0.000。建筑施工图中的标高符号应按图16-3(a)所示形式以细实线绘制，图16-3(b)所示为具体画法。标注方法如图16-3(c)所示。如在同一位置表示几个不同标高，数字可按图16-3(d)的形式注写。

1.3.5　索引符号和详图符号

对需要另画详图表达的局部构造或构件，应在图中相应部位用索引符号索引，而索引出的详图，则应画出详图符号。索引符号以细实线绘制，圆的直径为10 mm，引出线应指

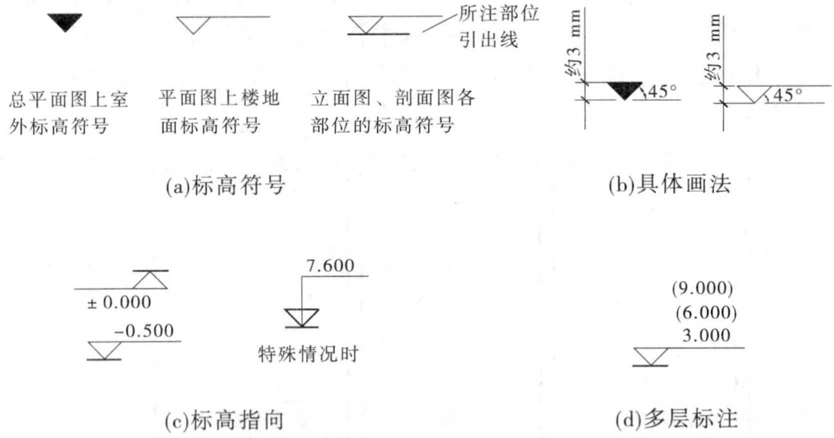

图 16-3　标高符号

在要索引的位置上。当引出的是剖面详图时，用粗实线表示剖切位置，引出线所在的一侧为剖视方向，圆内编号的含义如图 16-4 所示。详图符号应以粗实线绘制，直径为 14 mm，当详图与被索引的图样不在同一张图纸内时，可用细实线在详图符号内画一水平直径，圆内编号的含义如图 16-5 所示。

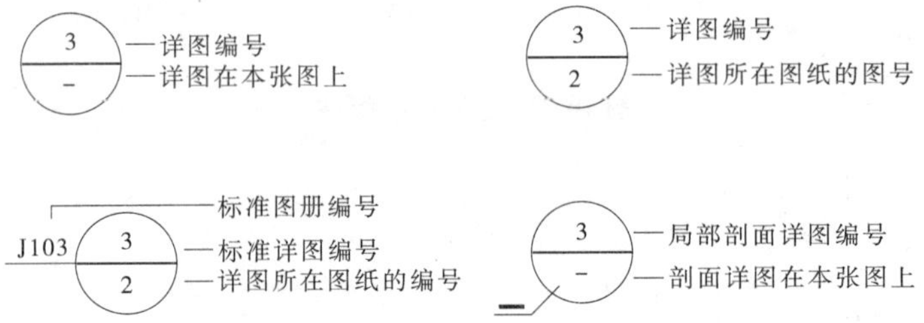

图 16-4　索引符号

图 16-5　详图符号

1.3.6　风玫瑰图和指北针

在总平面图中，除图例外，通常还要画出带有指北方向的风向频率玫瑰图（简称风玫瑰图），用来表示该地区常年的风向频率和房屋的朝向。风玫瑰图中风的吹向是从外吹向中心，实线表示全年风向频率，虚线表示夏季风向频率，如图 16-6(a)所示。

平面图中指北针所指方向应与总平面图中风玫瑰的指北方向一致。指北针用细实线绘制，圆的直径为 24 mm，指北针尾部宽为 3 mm，指针尖端指向北，如图 16-6(b)所示。

1.3.7　材料符号简化画法

比例为 1∶100、1∶200 时，建筑平面图中的墙、柱断面可不画建筑材料图例，也可将砖墙涂红，钢筋混凝土涂黑。

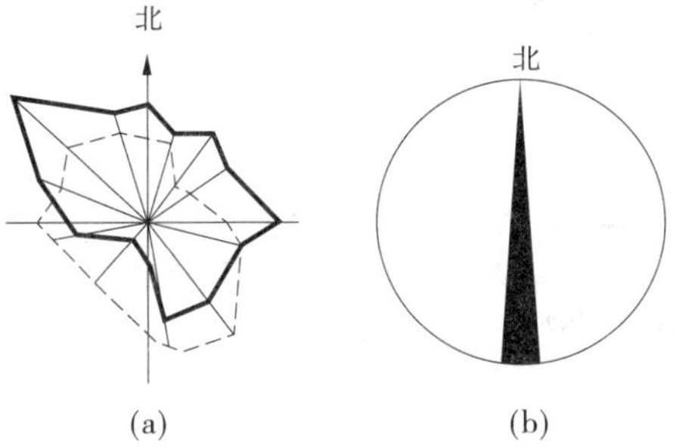

图 16-6 风玫瑰图和指北针

1.3.8 门窗代号

门、窗按规定图例绘制，代号分别为 M、C，钢门、钢窗的代号分别为 GM、GC，代号后面的阿拉伯数字是它们的编号，编号相同的门窗表示构造和尺寸完全一样。

2 建筑施工图识读举例

建筑施工图和钢筋结构施工图是本课程学习的重点内容，钢筋结构施工图在以后的任务中学习，下面以一幢住宅楼为例，介绍建筑施工图的表达与识读。

2.1 建筑总平面图

将拟建工程四周一定范围内的新建、拟建、原有和拆除的建筑物连同其周围的地形地物状况，用水平投影和相应的图例所表达的图样，称建筑总平面图。

建筑总平面图用来表明一个工程所在位置的总体布置，包括新建建筑物的位置、朝向；新建建筑物与原有建筑物之间的位置关系；新建区域地形、地貌、高程、道路、绿化等方面的内容。

建筑总平面图是新建房屋施工定位、土方施工以及其他专业（如水、暖、电、煤气等）管线总平面图设计的重要依据。

由于建筑总平面图包括的区域较大，在我国《总图制图标准》(GB/T 50103—2001)中规定：建筑总平面图一般采用 1∶500、1∶1 000、1∶2 000 等比例。建筑平面图中常标出新建房屋的总长、总宽和定位尺寸，新建房屋室内底层地面和室外地面的绝对标高，尺寸和标高都以米为单位，注写到小数点以后两位数字。

由于建筑总平面图采用的比例较小，各种有关物体均不便按照投影关系如实地反映出来，所以总平面图一般均用规定的图例表达。如表 16-3 所示为《总图制图标准》规定的图例。

图 16-7 所示为一单位周转住宅楼的建筑总平面图，该图的比例为 1∶500，地势平坦，高程在 46.6 m 左右，单位大门朝向西面博文路，已建成 12 层综合办公楼和 4 层科技服务中心，计划后续建设 4 层商务中心。新建建筑物为三座二层住宅楼，位置在单位院落的最南端，以科技服务中心西南角为参照坐标系原点，三座建筑物的 x 坐标位置分别为 0.91、45.96、91.01，y 坐标均为 −134.17。沿院墙四周和楼房间均布置绿化。

2.2 建筑平面图

假想用一个水平剖切平面沿门窗洞口将房屋剖切开，移去剖切平面以上部分，将余下

表 16-3 总平面图常用图例

名称	图例	名称	图例
新建建筑物	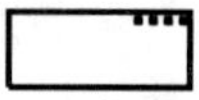 右上角用点数或数字表示层数	填挖边坡	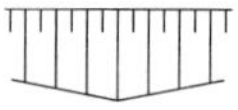
		围墙及大门	
原有建筑物	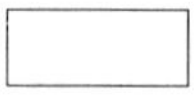	落叶针叶树	
折除的建筑物		草坪	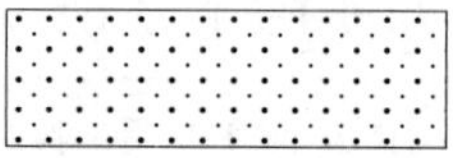
新建道路	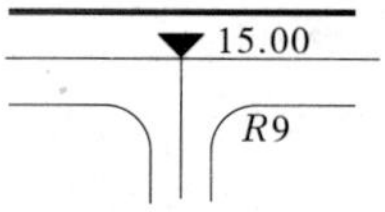	室内标高	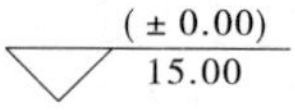
原有道路	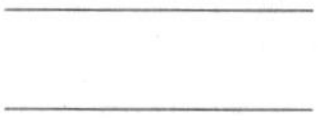	室外标高	
台阶	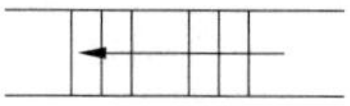 箭头表示向上	坐标	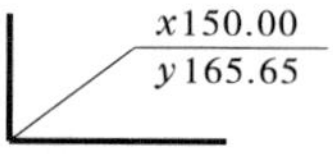

的部分按正投影原理投射在水平投影面上所得到的图，称为建筑平面图。建筑平面图在施工过程中是放线、砌墙、安装门窗及编制概预算的依据，施工备料、施工组织都要用到平面图。建筑平面图一般有基础平面图、底层平面图、二层平面图、标准层平面图、顶层平面图、屋顶平面图等。

在建筑平面图中，平面布置是平面图的主要内容，主要表达房间、卫生间、走道、楼梯等位置关系。图 16-8 表示图 16-7 总平面图中周转住宅楼的二层平面图，它在二层窗台之上水平剖切，可以看出该住宅楼二层由西侧楼梯进入由走廊连接大厅和内外套间的布置情况。

建筑平面图用定位轴线确定房间的大小、过道的宽窄以及墙、柱、梁的位置。门窗按常用建筑配件图例绘制，门用代号“M” + 数字编号标注，窗用代号“C” + 数字编号标注。楼梯用箭头表示上下的方向。

2.3 建筑立面图

一般建筑物都有前后左右四个面，基本视图中主视图、后视图、左视图、右视图可以表

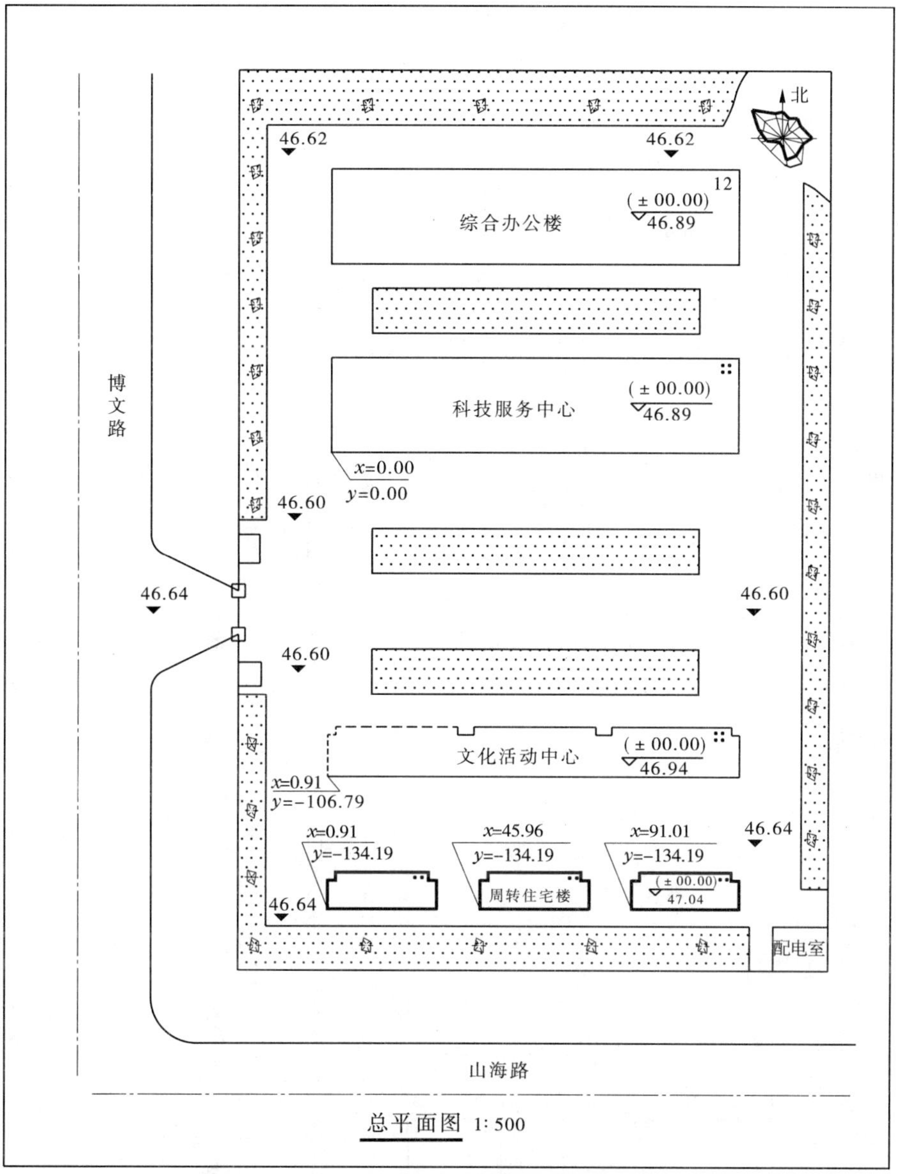

图 16-7 总平面图

达这四个墙面的形状，在房屋建筑图中这些表达建筑物直立墙面形状的正投影图称为建筑立面图。主视图一般命名为正立面图，后视图、左视图、右视图则被命名为背立面图、左侧立面图、右侧立面图。为了更清楚地表达房屋的地理方位也可将其命名为南立面图、北立面图、东立面图、西立面图。

图 16-9 是总平面图周转住宅楼的正立面图，主要表达房屋的总长和总高、门窗高程等，图示房屋共两层，上下层布局相同，室外地面高程为 -0.3 m，一层窗子上、下檐高程分别为 2.7 m 和 0.9 m，二层窗子上、下檐高程分别为 5.7 m 和 3.9 m。

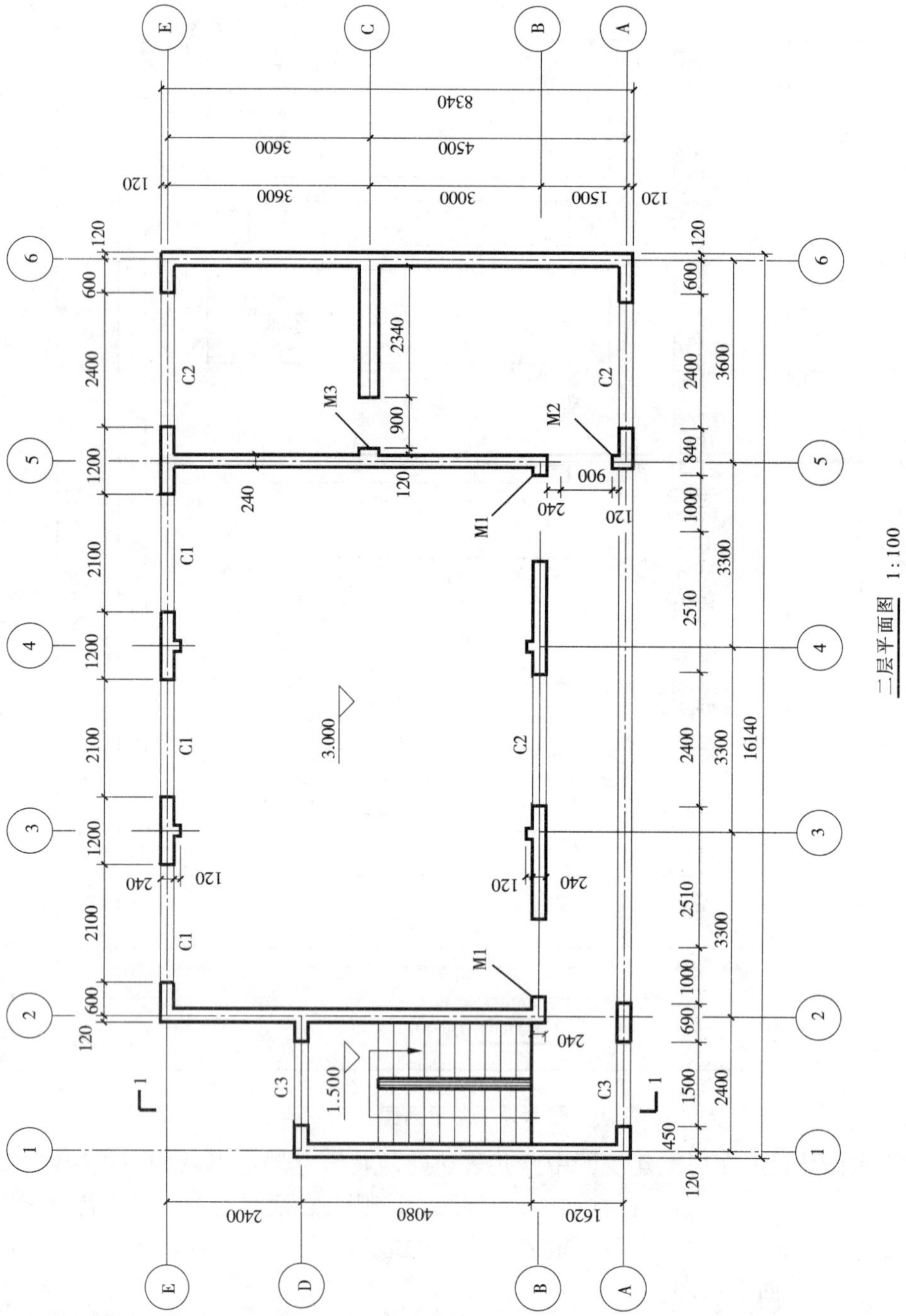
二层平面图 1:100
A
B
C
D
E
1
2
3
4
5
6
8340
3600
4500
3000
1500
120
600
2400
1200
2100
240
2340
900
840
1000
3300
2510
3600
16140
690
1500
450
4080
1620
C1
C2
C3
M1
M2
M3
3.000
1.500

图 16-8　二层平面图

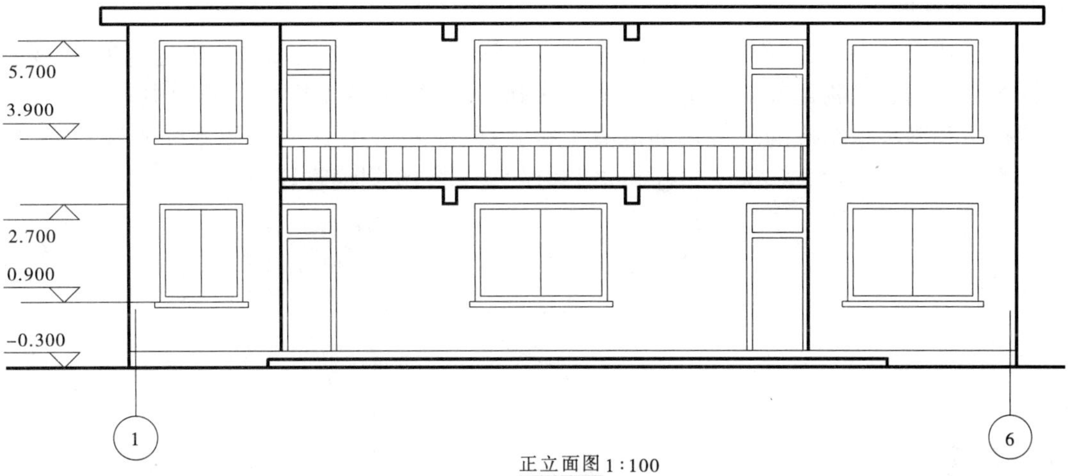

图 16-9　正立面图

2.4　建筑剖面图

将建筑物按指定位置剖开画出的正投影图称为建筑剖面图，剖面图用来表达建筑物的结构形式、分层状况、层高以及各部位的相互关系。图 16-10 是周转住宅楼的 1—1 剖面图，剖切面如图所示位于楼梯间处，主要表达楼梯的结构尺寸和窗户的高度、高程。

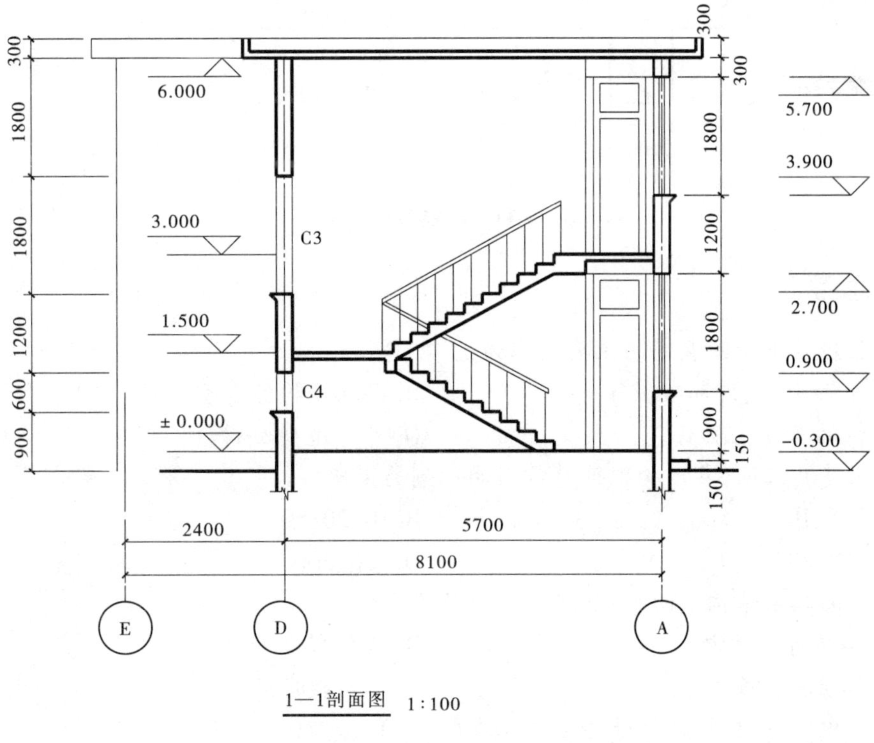

图 16-10　1—1 剖面图

2.5 建筑详图

由于建筑平面图、立面图、剖面图等绘图比例较小，无法将细部构造表达清楚，需要另绘详图来表达建筑物局部的结构和尺寸。图16-11是楼梯节点详图。详图中看出梯段是由楼梯梁和踏步板组成的现浇钢筋混凝土板式楼梯，踏步用20 mm厚水泥砂浆粉面，每梯高为150 mm，宽为300 mm；栏杆和扶手用ϕ50和ϕ16圆钢管焊成。

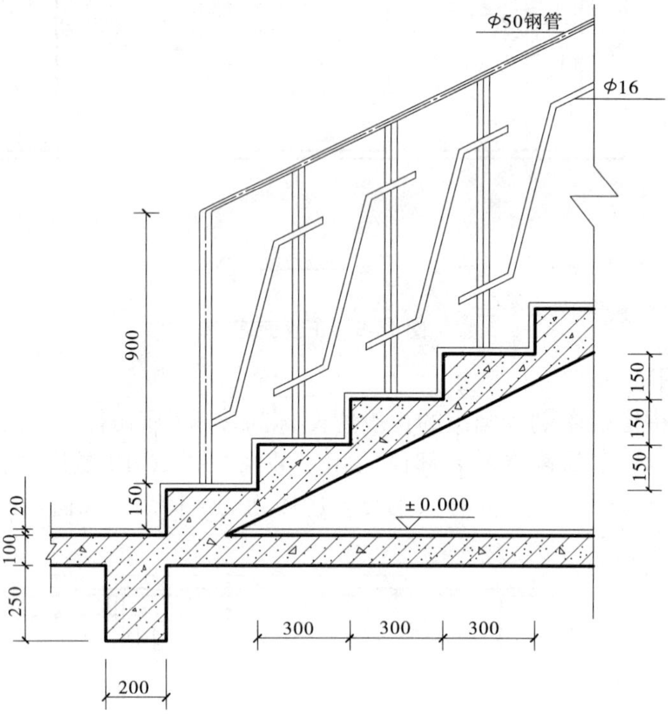

图16-11 楼梯节点详图

3 课外思考

1. 楼层建筑平面图表达的主要内容为(　　)。
   A. 平面形状、内部布置等　　B. 梁柱等构件类型
   C. 板的布置及配筋　　D. 外部造型及材料
2. 在土建施工图，表示构配件时常用的比例为1比(　　)。
   A. 1、5、10　　B. 10、20、50
   C. 100、200　　D. 250、500
3. 房屋的二层结构平面图，其水平剖切位置在(　　)
   A. 二层窗台上方　　B. 二层窗台下方
   C. 二层楼板面处　　D. 二层楼顶处
4. 房屋中门窗的型号、代号等应表示在(　　)
   A. 结构详图中　　B. 建筑详图中
   C. 结构平面图中　　D. 建筑平面图中

任务 17　绘制房屋建筑施工图

绘制建筑施工图是建筑施工技术人员的必备技能之一，也是识读建筑施工图训练的重要环节。

1　建筑施工图绘制方法

利用手工绘图工具绘制建筑施工图一般绘图方法步骤如下：

(1)定图幅，算比例。根据房屋的复杂程度及大小选定适当的图幅，计算比例值，为绘图方便，比例值宜为 1∶100、1∶50、1∶20、1∶10 等易于计算的值。

(2)图面布置。先画出图框和标题栏，通过计算确定绘图定位线的位置并画出图形定位线。注意留出尺寸标注和文字说明的空间位置。

(3)绘制图形。按尺寸比例绘制出所有图形。

(4)图形标注。标注尺寸，标注轴线符号、索引符号、门窗符号，注写文字说明。

(5)复核图形。检查并改正图形中的错误。

2　实训任务与指导

2.1　实训任务一

识读图 17-1 所示建筑平面图，用 A3 图纸幅面绘制该建筑平面图。

绘图实训指导：

(1)确定绘图比例。

绘制 A3 图框和标题栏，图框线尺寸如图 17-2 所示。绘图的有效空间一般为 335 mm × 215 mm，该平面图总长约为 30 000 mm，总宽约为 25 000 mm。则绘图的长度比例为 335/30 000≈0.01，宽度比例为 215/25 000≈0.009，则该绘图比例定为 1∶100。

(2)确定图形的起画点位置。

将左上角角点定为起画点，起画点至左边框线距离为：(边框线水平长度 390 − 图形长度 187) ÷ 2≈101；起画点至上边框线距离为：(边框线宽度 287 − 图形宽度 147) ÷ 2≈70，考虑到标题栏的影响调整为 65。如图 17-3 所示。

(3)绘制墙轴线。

用点画线按 1∶100 比例绘制墙轴线，如图 17-4 所示。

(4)绘制墙线。

用细实线定位墙线，最后用粗实线描深，如图 17-5 所示。

(5)绘制“门”“窗”图例。

用细实线绘制“门”“窗”图例，如图 17-6 所示。

(6)绘制楼梯平面图图例。

用细实线绘制楼梯的平面图，如图 17-7 所示。

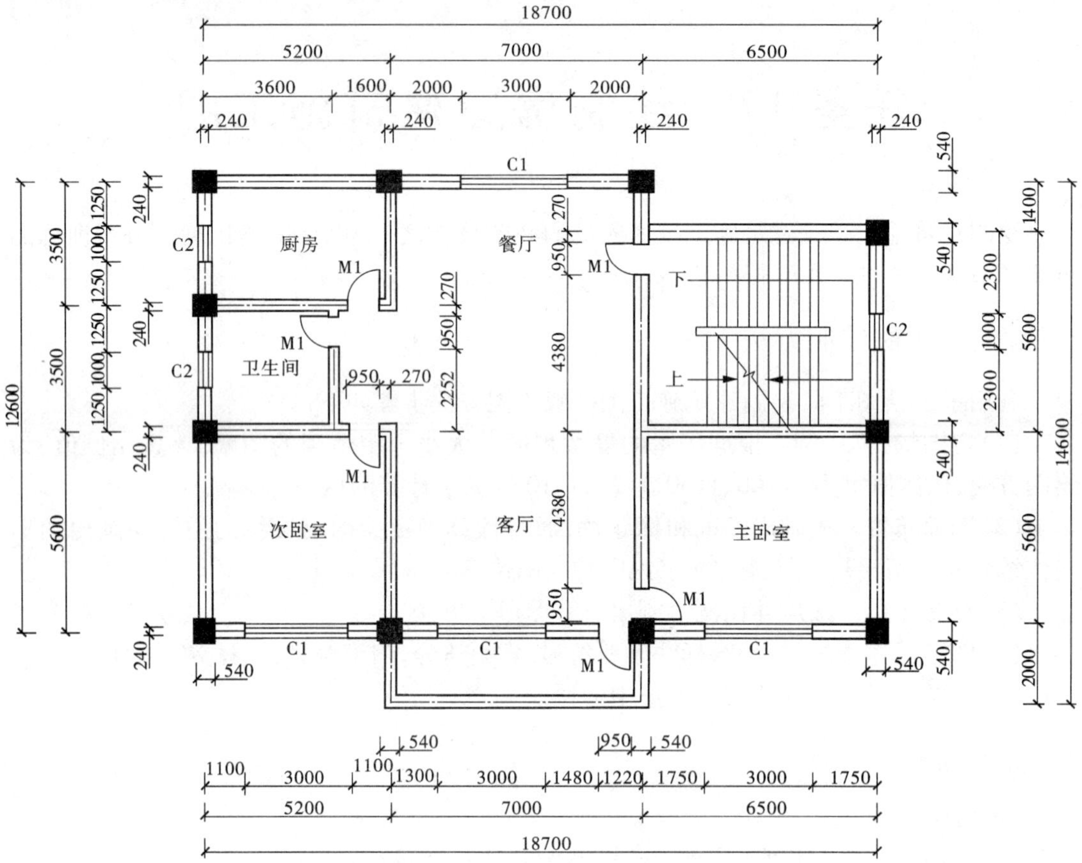

图 17-1　“多线”命令应用图例

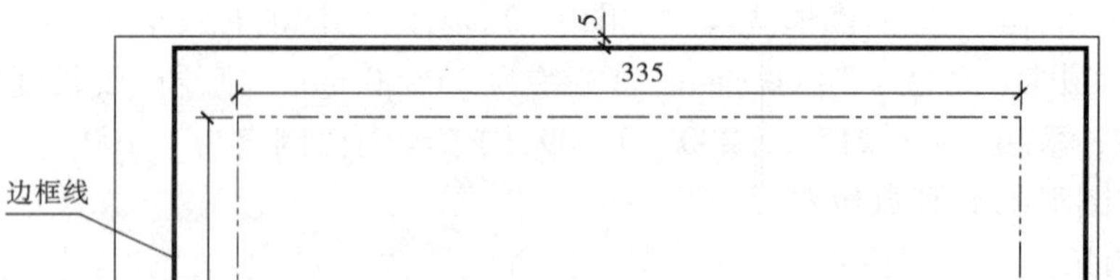

图 17-2　绘图的有效区域(估计)

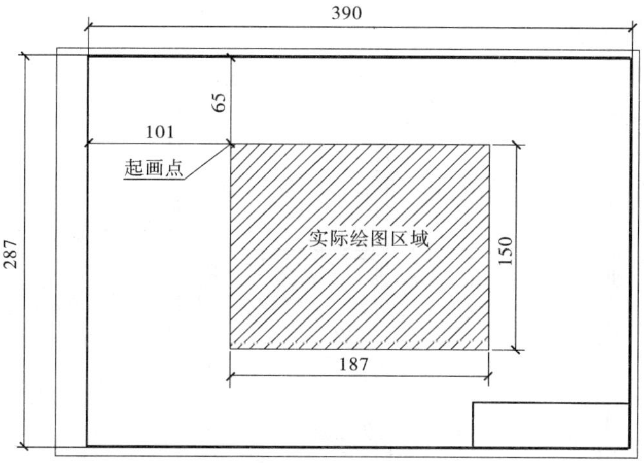

图 17-3　绘图的起画点

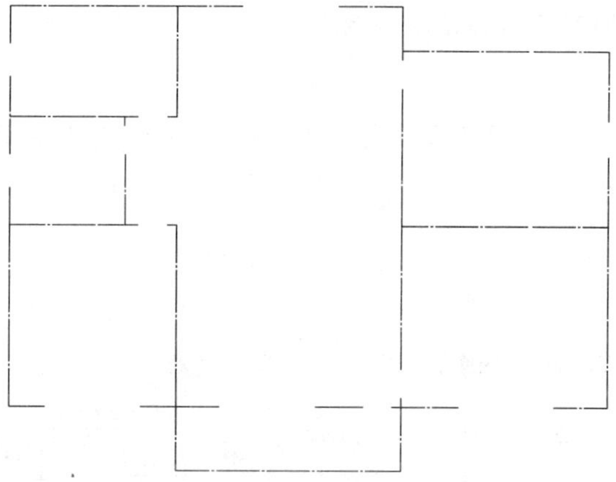

图 17-4　绘制墙轴线

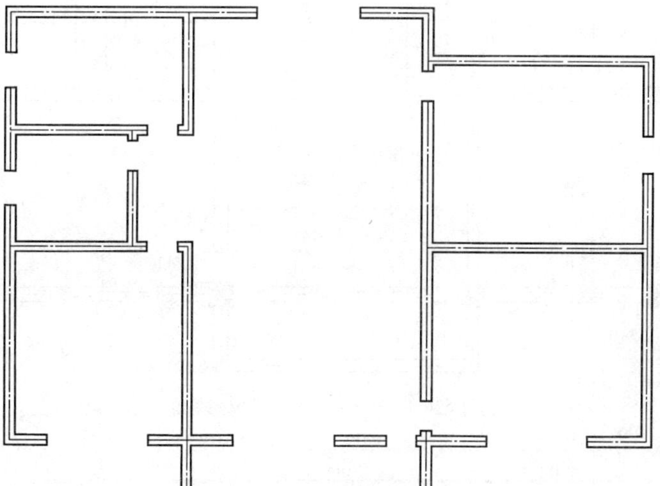

图 17-5　编辑墙线

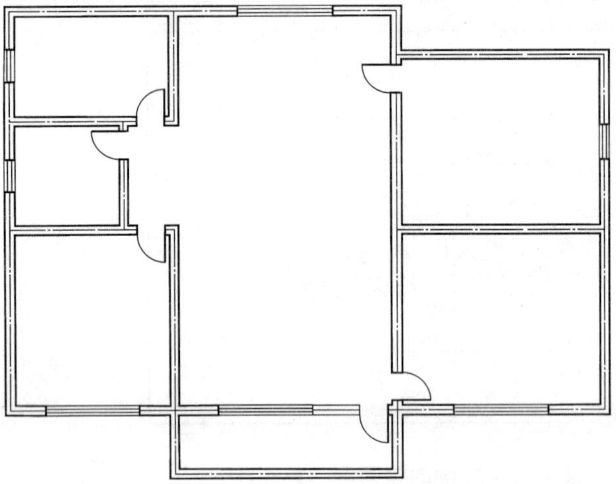

图 17-6　绘制门窗图例

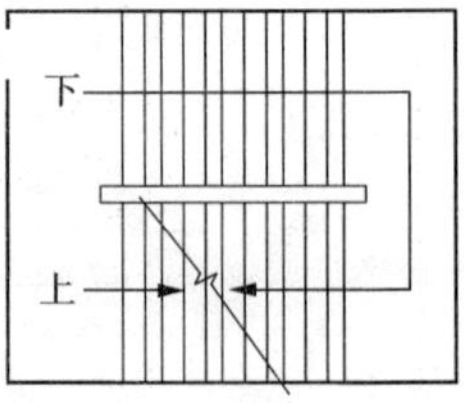

图 17-7　绘制楼梯图

(7)标注。

用细实线标注尺寸,标注墙轴线符号、门窗符号,注写文字,如图 17-8 所示。

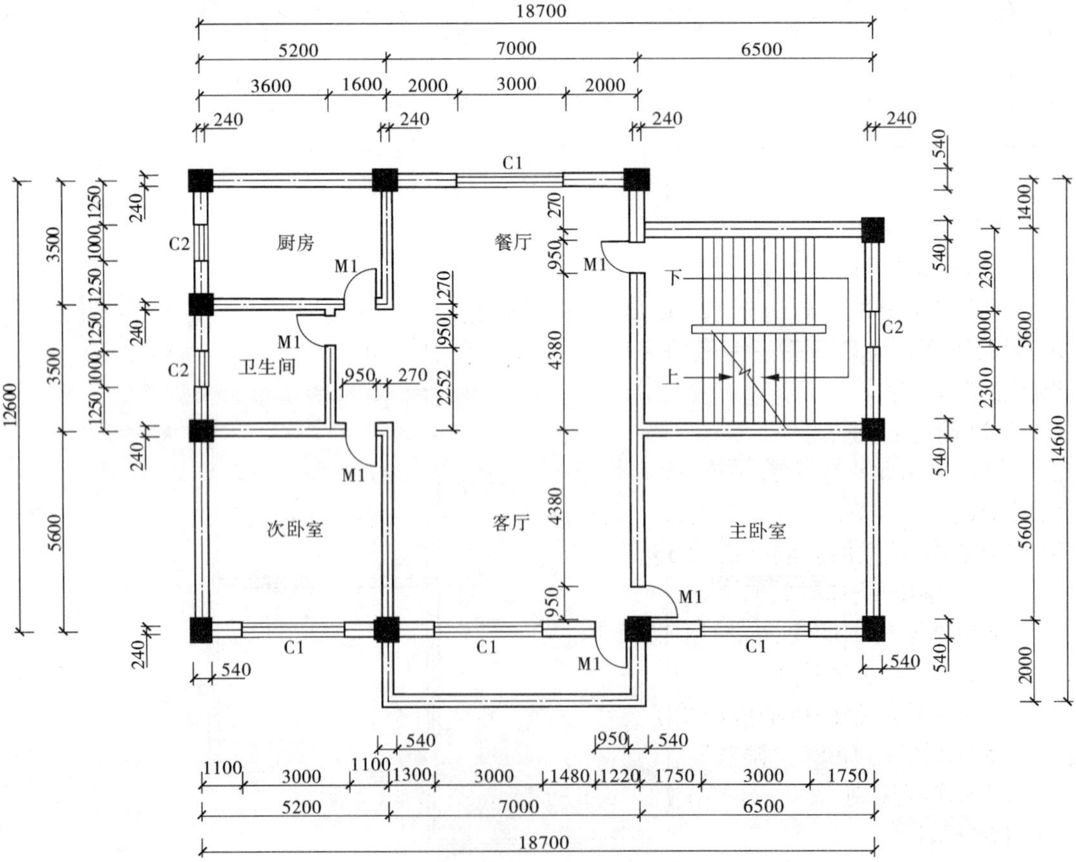

图 17-8　图形标注

2.2　实训任务二

识读图 17-9 所示建筑平面图，用 A3 图纸幅面绘制该建筑平面图。

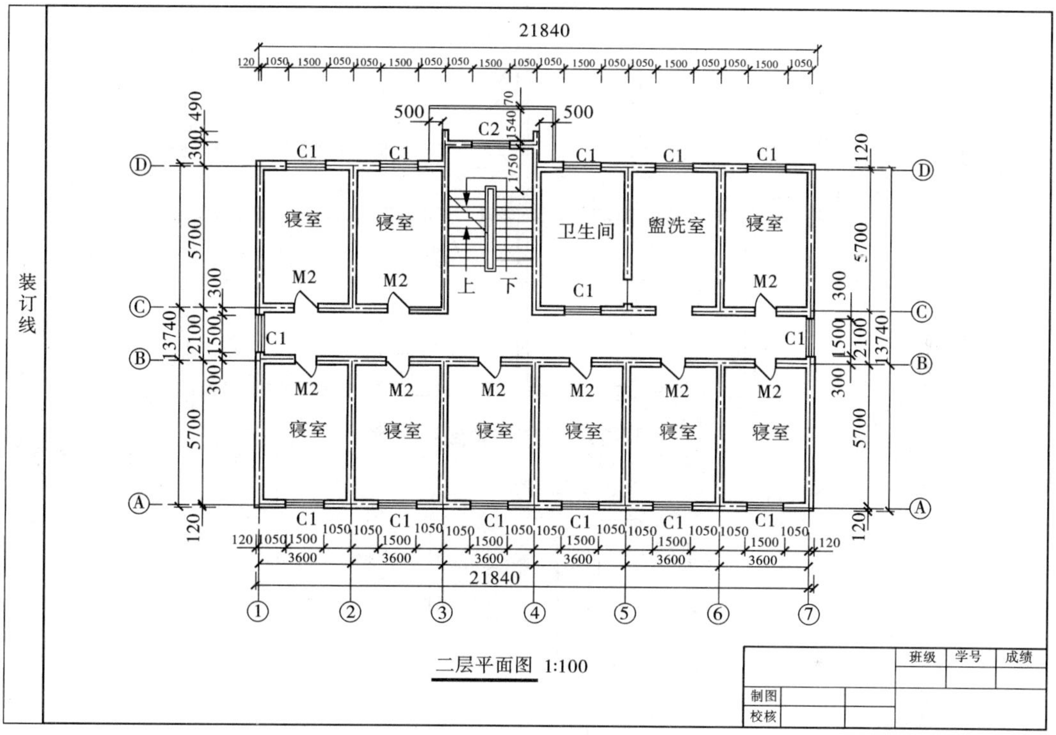

图 17-9　学生宿舍二层平面图

绘图实训指导：

(1)确定比例。

绘制 A3 图框与标题栏，图形长为 21 840，宽为 15 010，考虑尺寸所占的空间约为 10 000，则图形实际所占空间长约为 32 000，宽约为 25 000，按图 17-9 的方法确定本图比例仍然为 1∶100。

(2)确定起画点。

将左上角角点定为起画点，起画点至左边框线距离为：(边框线水平长度 390 − 图形长度 218) ÷ 2 ≈ 86；起画点至上边框线距离为：(边框线宽度 287 − 图形宽度 140) ÷ 2 ≈ 74，考虑到标题栏的影响调整为 65。

(3)绘制墙线和轴线。

绘制墙轴线和墙线，如图 17-10 所示。

(4)绘制踏步和扶手。

用细实线绘制楼梯踏步和扶手等线，如图 17-11 所示。

(5)绘制“门”“窗”“雨篷”。

用细实线绘制“门”“窗”“雨篷”等图例线，如图 17-12 所示。

(6)标注。

标注尺寸，注写文字和门窗代号，绘制墙轴线符号，填写标题栏，完成图形如图 17-13 所示。

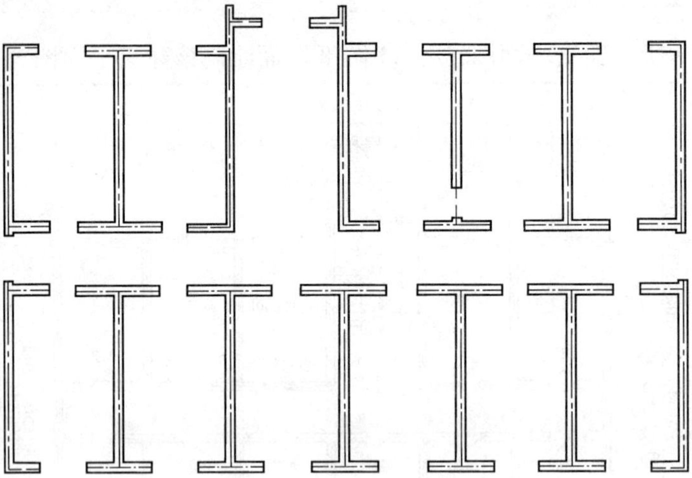

图 17-10　绘制墙轴线和墙线

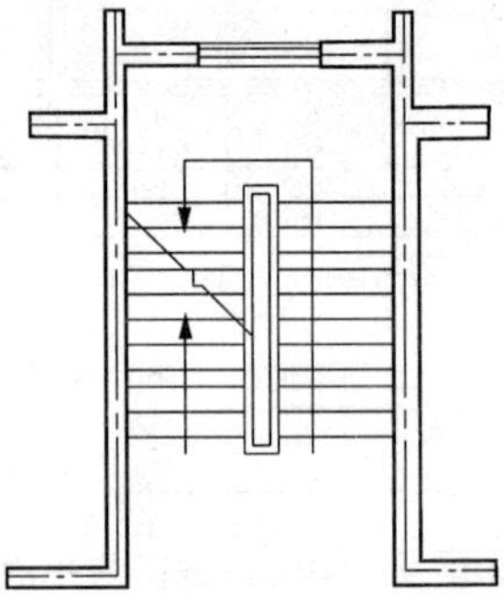

图 17-11　绘制楼梯踏步和扶手

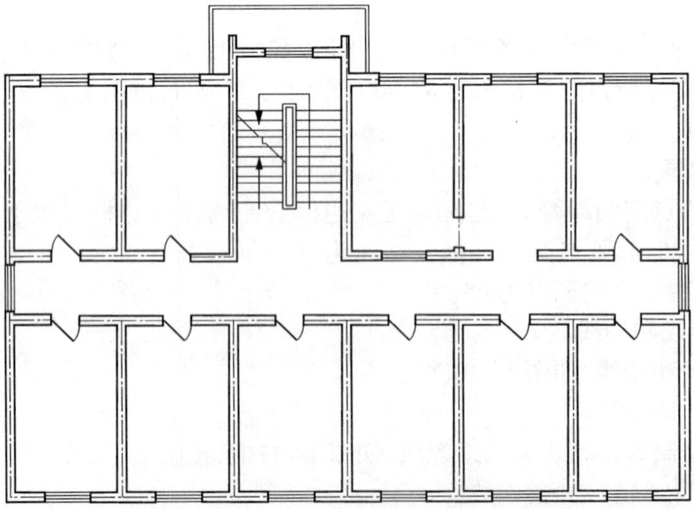

图 17-12　绘制“门”“窗”“雨篷”等图例线

2.3　实训任务三

用 A3 图纸幅面绘制如图 17-14 所示住宅楼建筑立面图(与实训任务二为同一建筑物

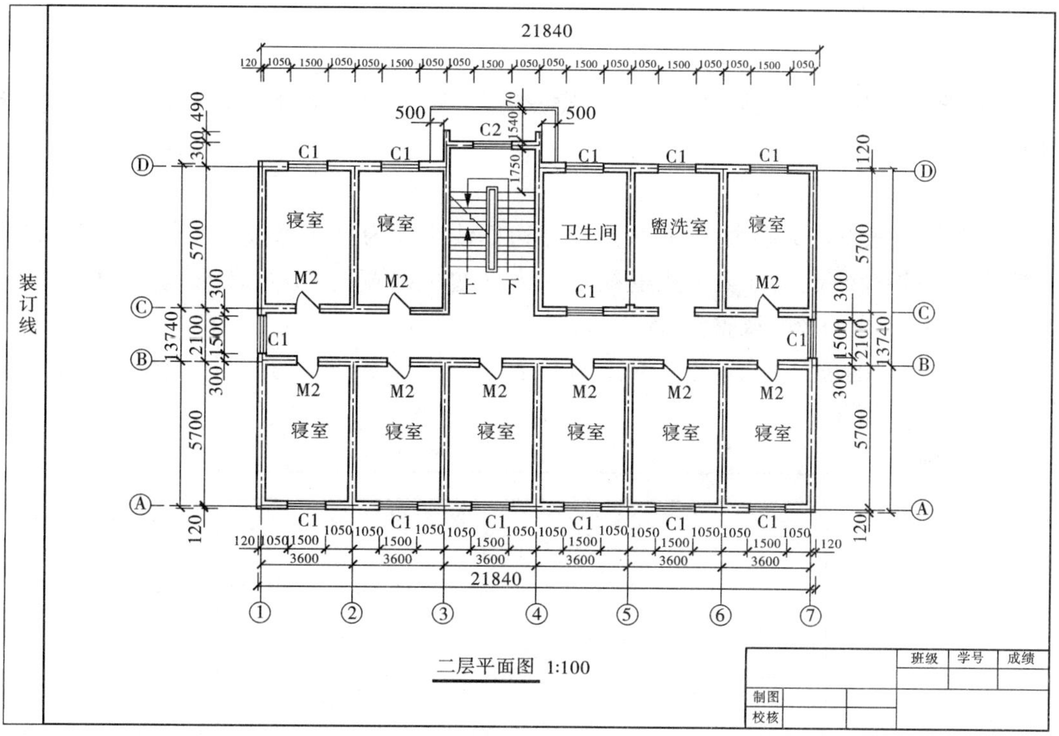

图 17-13　完成图形

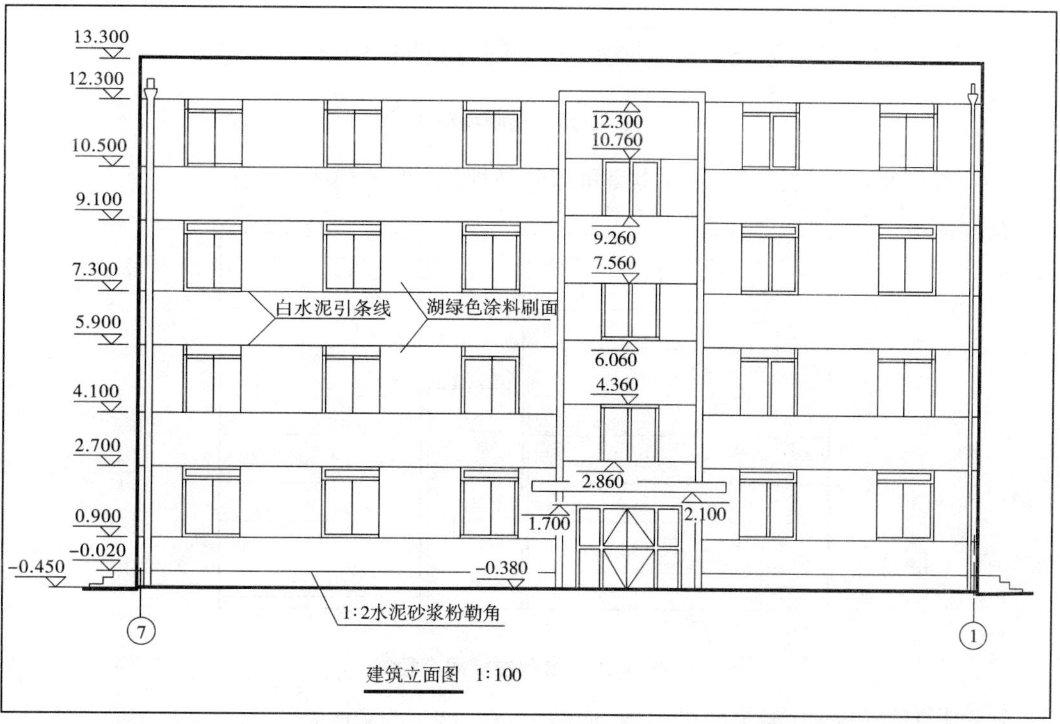

图 17-14　学生宿舍北立面图

的图纸,可参考尺寸)。

绘图实训指导:

(1)选用 A3 图纸,绘制图框和标题栏,本图为图 17-9 建筑平面图的正立面图,绘图比例为 1∶100。

(2)确定起画点

将左上角角点定为起画点,起画点至左边框线距离为:(边框线水平长度 390 - 图形长度 218) ÷ 2 ≈ 86;起画点至上边框线距离为:(边框线宽度 287 - 图形宽度 137) ÷ 2 ≈ 75,考虑到标题栏的影响调整为 65。

(3)在起点的位置上,画出一条长 218 的基准直线,根据高程尺寸,定位所有的高程线,如图 17-15 所示。

图 17-15　绘制高程线

(4)参照平面图的位置,绘制楼梯间部分高程线,如图 17-16 所示。

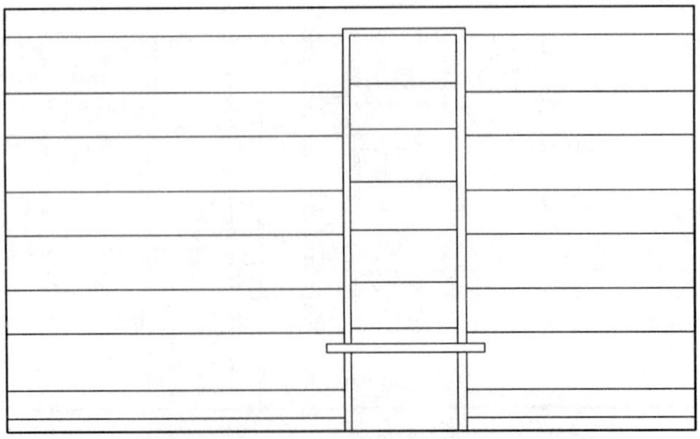

图 17-16　绘制楼梯间高程线

(5)估计尺寸绘制窗子的立面图,如图 17-17、图 17-18 所示。

图 17-17　房间窗

图 17-18　楼梯间窗

(6)绘出所有的窗子,如图 17-19 所示。

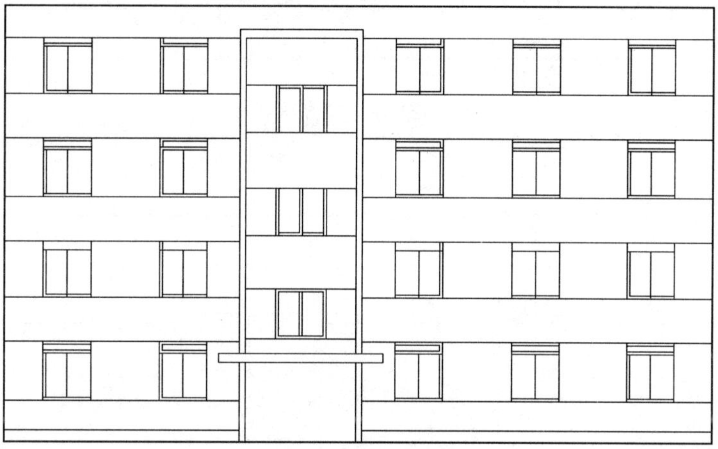

图 17-19　阵列或复制窗子

(7)参照并估计平面图中的尺寸,绘制楼门的图例,如图 17-20 所示。

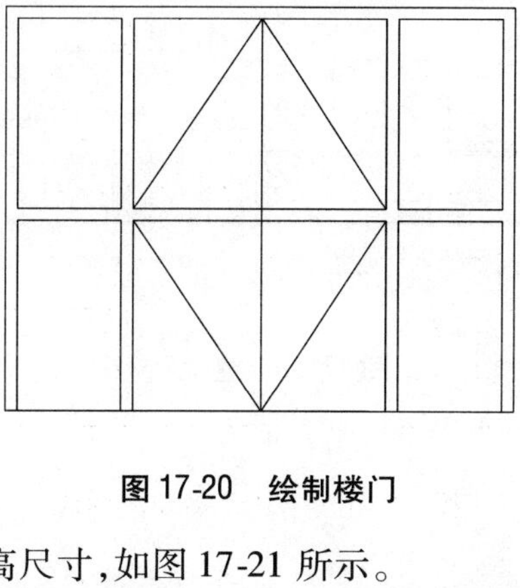

图 17-20　绘制楼门

(8)绘制高程符号与标高尺寸,如图 17-21 所示。

(9)绘制踏步并标注高程,注写文字,绘制①和⑦墙轴线符号,如图 17-22 所示。

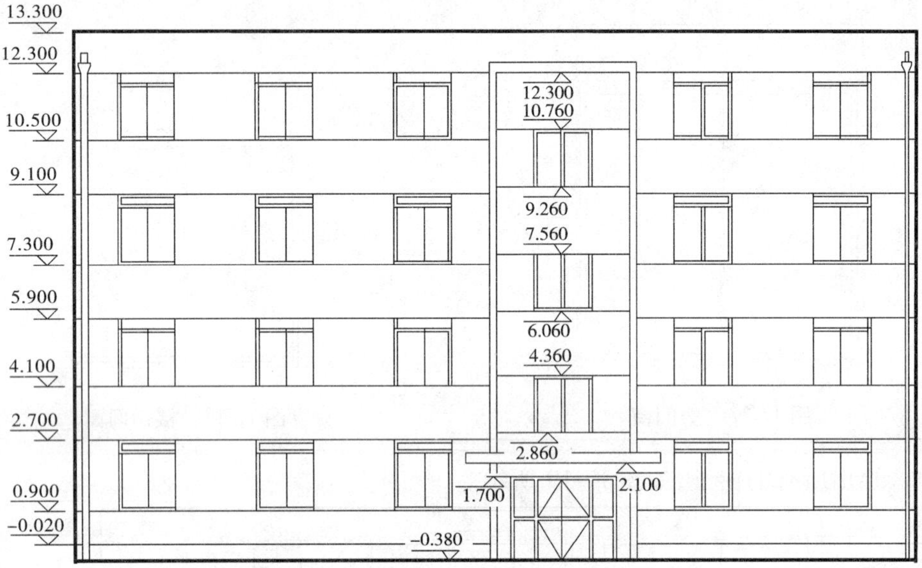

图 17-21　添加高程符号

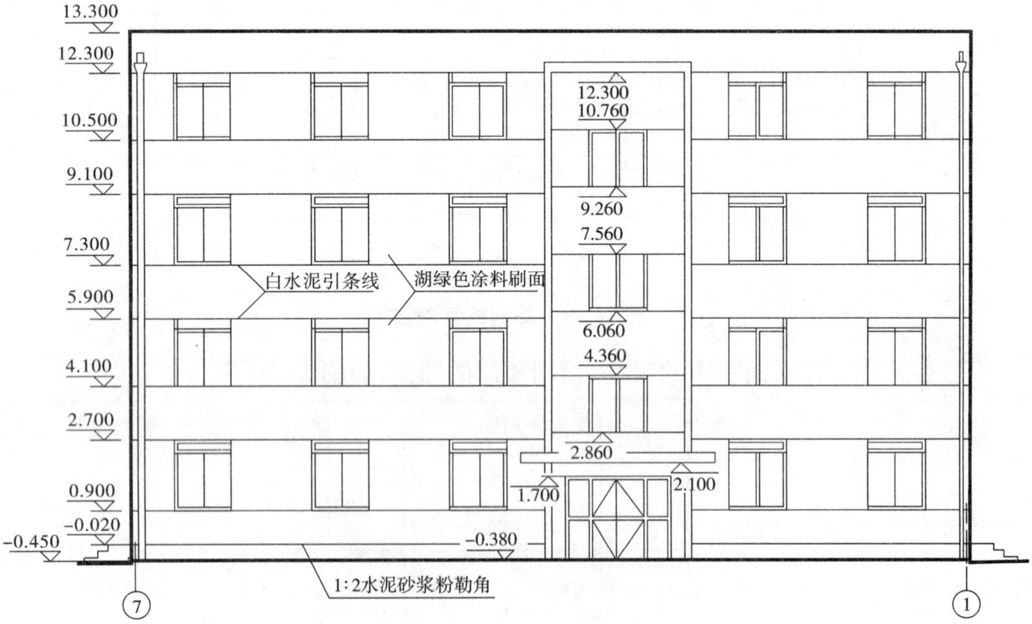

图 17-22　整理图形

任务 18　房屋建筑装饰施工图识读

1　房屋建筑装饰施工图概述

1.1　装饰工程施工图的特点

房屋建筑装饰施工图的图示原理与前述房屋建筑工程施工图的图示原理相同，是用正投影方法绘制的用于指导施工的图样，制图应遵守《房屋建筑制图统一标准》(GB/T 50001—2017)和《房屋建筑室内装饰装修制图标准》(JGJ/T 244—2011)的要求。建筑装饰施工图反映的内容多、形体尺度变化大，通常选用一定的比例、采用相应的图例符号和标注尺寸、标高等加以表达，必要时绘制透视图、轴测图等辅助表达。

房屋建筑装饰设计通常是在建筑设计的基础上进行的，由于设计深度的不同、构造做法的细化，以及为满足使用功能和视觉效果而选用材料的多样性等，在制图和识图上房屋建筑装饰施工图有其自身的规律，如图样的组成、施工工艺及细部做法的表达等都与建筑工程施工图有所不同。

1.2　装饰工程施工图的组成

房屋建筑装饰设计同样经方案设计和施工图设计两个阶段。方案设计阶段是根据业主要求、现场情况，以及有关规范、设计标准等，以透视效果图、平面布置图、室内立面图、楼地面平面图、尺寸、文字说明等形式，将设计方案表达出来，经修改补充，取得合理方案后，报业主或有关主管部门审批，再进入施工图设计阶段。施工图设计是装饰设计的主要程序。

建筑装饰施工图是按照装饰设计方案确定的空间尺度、构造做法、材料选用、施工工艺等，并遵照建筑及装饰设计规范所规定的要求编制的用于指导装饰施工生产的技术文件。建筑装饰施工图同时是进行造价管理、工程监理等工作的主要技术文件。

房屋建筑装饰施工图一般由装饰设计图纸目录与说明、平面布置图、楼地面平面图、顶棚平面图、室内立面图、墙(柱)面装饰剖面图、装饰详图等图样组成，其中设计说明、平面布置图、楼地面平面图、顶棚平面图、室内立面图为基本图样，表明装饰工程内容的基本要求和主要做法；墙(柱)面装饰剖面图、装饰详图为装饰施工的详细图样，用于表明细部尺寸、凹凸变化、工艺做法等。图纸的编排也以上述顺序排列。

1.3　装饰工程施工图的图示画法特殊规定

1.3.1　标高符号

房屋建筑装饰图中，标高符号可采用直角等腰三角形，如图 18-1(a)所示，也可采用涂黑三角形如图 18-1(b)所示，或 90°对顶角的圆，如图 18-1(c)所示。标注顶棚标高时，也可采用 CH 符号表示，如图 18-1(d)所示。

标高符号用细实线绘制，具体尺寸如图 18-2(a)、(b)、(c)所示。

在建筑装饰施工图中通常使用相对标高来表示装修后的顶棚或装修后的地面相对高

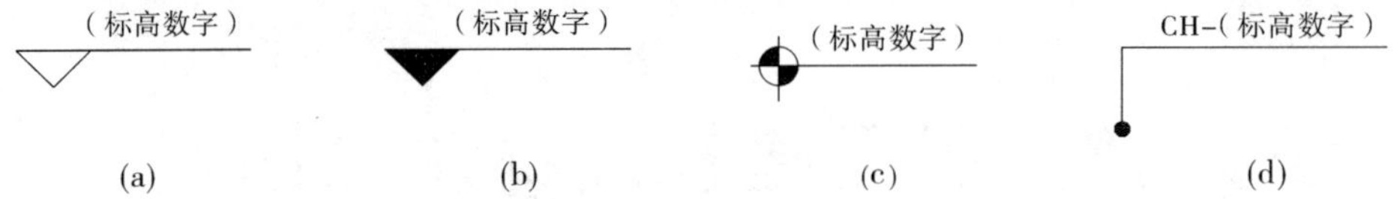

图 18-1　标高符号

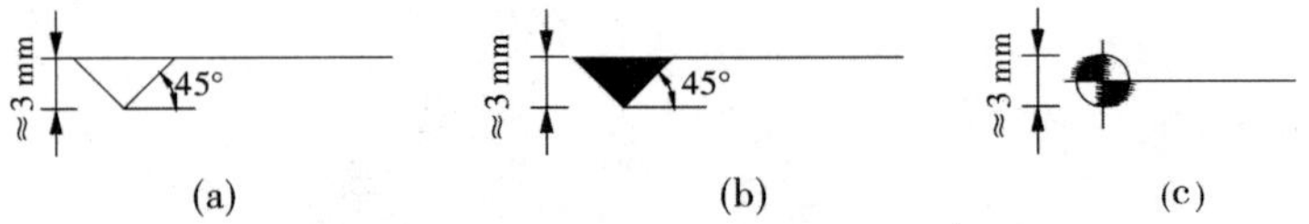

图 18-2　标高符号画法

度，如图 18-3 所示，其参考坐标为同一个房间或空间。

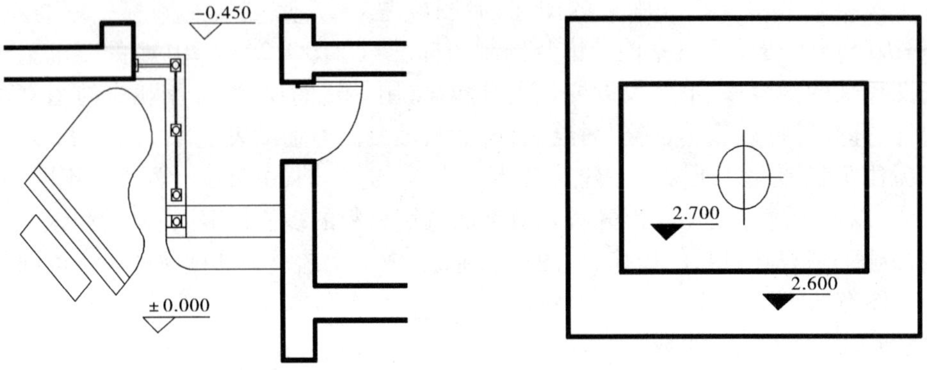

(a)地面布置图中的标高符号　　(b)顶棚平面图中的标高符号

图 18-3　标高符号

1.3.2　索引符号

在建筑装饰施工图中，索引符号根据用途的不同可分为立面图索引符号、剖面图索引符号、详图索引符号、设备索引符号、部品部件索引符号。

1.3.2.1　立面图索引符号

在平面图上标注立面图索引符号，如图 18-4 所示，包括室内立面的名称、位置及立面图所在图纸编号。

立面索引符号由细实线绘制的圆圈、直线组成，根据图面比例，圆圈直径可选择 8 ~ 10 mm。圆圈外应附以三角形箭头，且三角形箭头方向应与投射方向一致。立面图的名称编号采用阿拉伯数字或字母，并应以顺时针方向排序。

1.3.2.2　剖面图索引符号

在平面图或立面图上均可标注剖面图索引符号，如图 18-5 所示，包括剖面图的名称编号、剖切位置以及图样所在图纸编号，引出线所在的一侧为剖面图的剖视方向。

剖切索引符号由圆圈、直径组成，圆及直径应以细实线绘制。根据图面比例，圆圈的直径可选择 8 ~ 10 mm。圆圈内应注明编号及索引图所在页码。剖切索引符号应附三角形箭头，且三角形箭头方向应与圆圈中直径、数字及字母（垂直于直径）的方向保持一致，并应随投射方向而变。

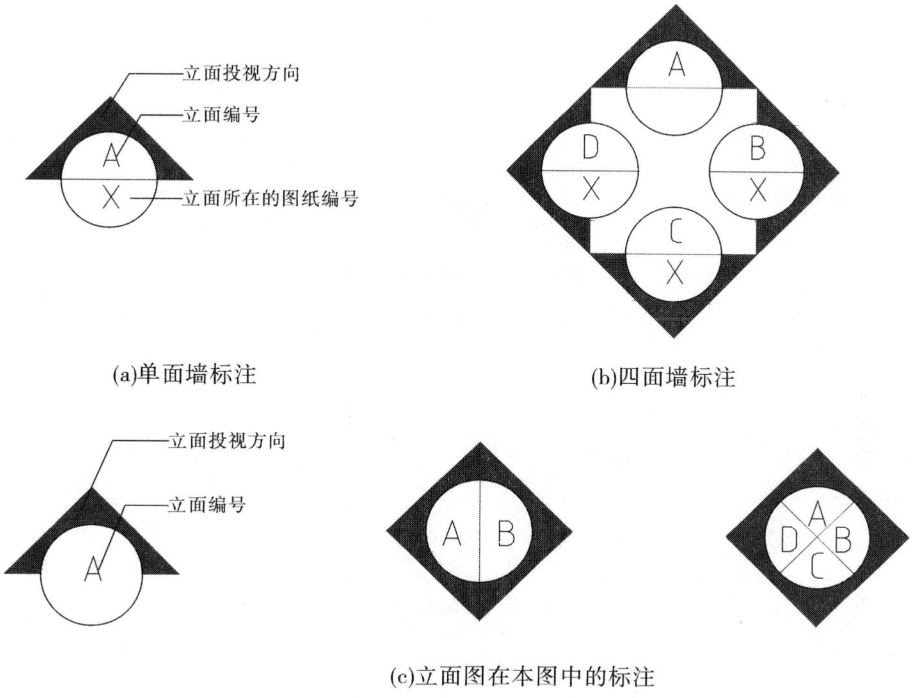

图 18-4　立面图索引符号

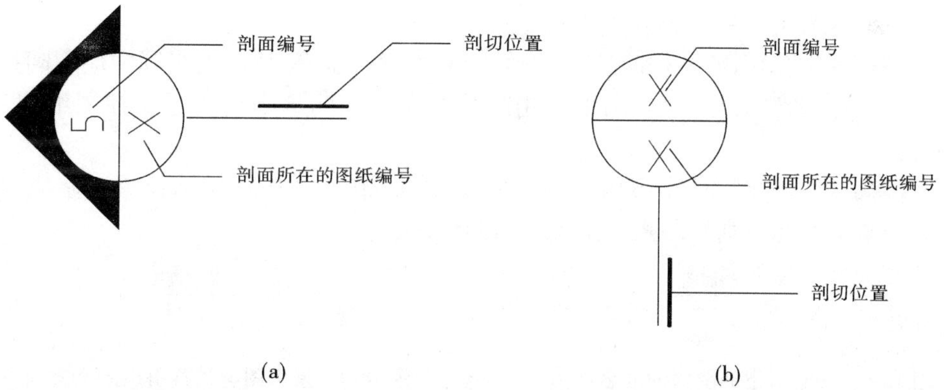

图 18-5　剖面图索引符号

1.3.2.3　详图索引符号

在所有图纸上均可标注详图索引符号，如图 18-6 所示，包括详图位置、详图名称编号、详图所在的图纸编号以及标准图图集编号。索引符号是由直径为 8～10 mm 的圆和水平直径组成，圆及水平直径应以细实线绘制。

索引图样时，应以粗虚线的圆或矩形将被放大的图样范围完整圈出，并用引出线连接详图索引符号，如图 18-7 所示。

1.3.3　图名编号

（1）房屋建筑室内装饰装修的图纸宜包括平面图、索引图、顶棚平面图、立面图、剖面

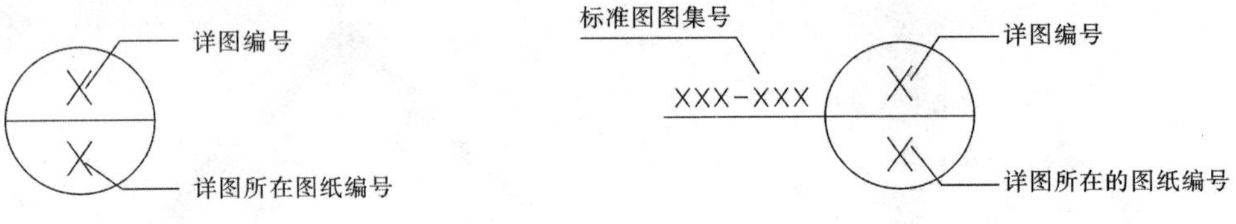

(a)不同页索引符号　　(b)标准图索引符号

图 18-6　详图索引符号

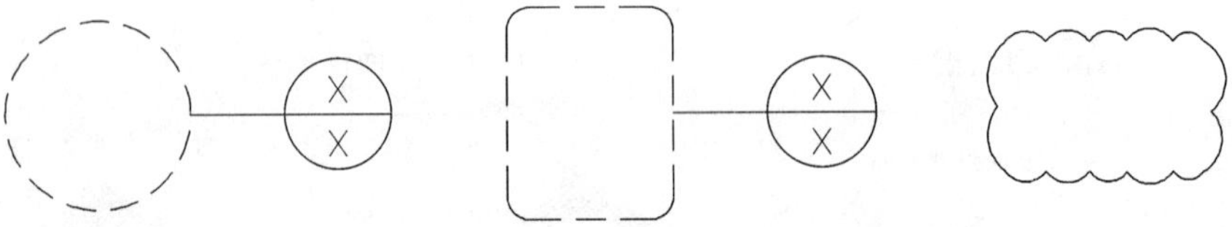

(a)范围较小的索引符号　　(b)范围较大的索引符号

图 18-7　索引符号

图、详图等。

(2)图名编号应由圆、水平直径、图名和比例组成。圆由粗实线绘制,直线由细实线绘制,圆直径根据图面比例,可选择 8 ~ 12 mm。

(3)图名编号的绘制应符合下列规定:

①用来表示被索引的图样时,应在图号圆圈内画一水平直径,上半圆中应用阿拉伯数字或字母注明该图样编号,下半圆中应用阿拉伯字母注明该索引符号所在图纸编号(见图 18-8)。

②当索引出的详图图样与索引图同在一张图纸内时,圆内可用阿拉伯数字或字母注明编号,下半圆中间应画一段水平细实线(见图 18-9)。

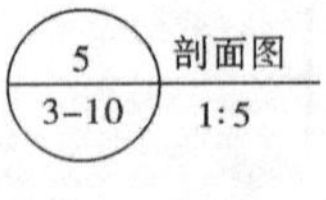

图 18-8　被索引出的图样的图名注写

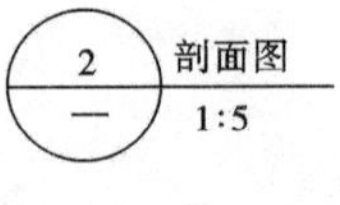

图 18-9　索引图与被索引出的图样同在一张图纸内的图名编写

(4)图名编号引出的水平直线上方宜用中文注明该图的图名,其文字宜与水平直线前端对齐或居中。

1.3.4　转角符号

建筑装饰施工图中立面的转折应用转角符号表示,且转角符号应以垂直线连接两端交叉线加注角度符号表示(见图 18-10)。

2　房屋建筑装饰图的图样目录与设计说明

2.1　建筑装饰施工图的图样目录

一套完整的图纸应有自己的目录,建筑装饰施工图也不例外。在第一页图的适当位

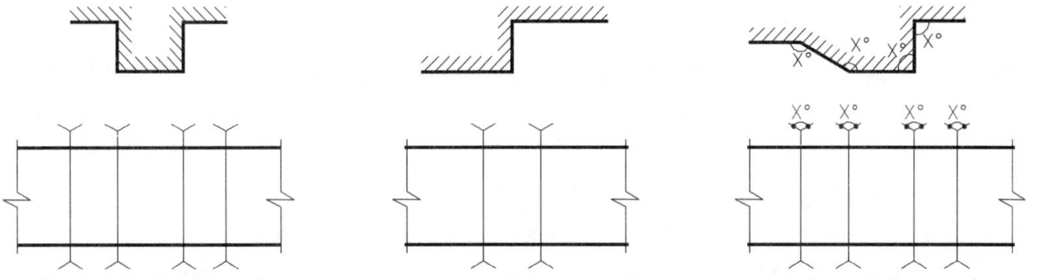

(a)表示成90°外凸立面 (b)表示成90°内转折立面 (c)表示不同角度转折外凸立面

图 18-10 转角符号

置编排本套图纸的目录,以便查阅。图纸目录包括图例、图号、图纸内容、采用标准图集代号、备注等。

2.2 建筑装饰施工图的设计说明

建筑装饰施工图设计说明包含工程概况、设计依据、施工图设计说明及施工说明等。具体内容如下:

(1)工程名称、工程地点和建设单位。

(2)工程的原始情况、建筑面积、装饰等级、设计范围和主要目的。

(3)施工图设计的依据,包括国家和所在省市现行政策、法规、标准化设计及其他有关规定。

(4)经国家、地区上级有关部门审批获得批准文件的文号及其相关内容,应着重说明装饰设计在遵循防火、生态环保等规范方面的情况。

(5)施工图设计说明应表明装饰设计在结构和设备等技术方面对原有建筑进行改动的情况,应包括建筑装饰的类别、防火等级、防火分区、防火设备、防火门等设施的消防设计说明,以及对工程可能涉及的声、光、电、防潮、防尘、防腐蚀、防辐射等设施的消防设计说明。

(6)对设计中所采用的新技术、新工艺、新设备和新材料的情况进行说明。

关于施工图设计图样的有关说明,应能说明图样的编制概况、特点以及提示看图施工时必要的注意事项。同时,还应对图样中出现的符号、绘制方法、特殊图例等进行说明。若有可能,可将业主(或客户)的概况及他们对设计的要求也写入。

3 房屋建筑装饰平面图的内容与识读

房屋建筑装饰平面图与建筑平面图的形成方法相同,即假设一个水平剖切平面沿着略高于窗台的位置对建筑进行剖切,移去上面的部分,作剩余部分的水平投影图,用粗实线绘制被剖切的墙体、柱等建筑结构的轮廓;用细实线绘制在各房间内的家具、设备的平面形状,并用尺寸标注和文字说明的形式表达家具、设备的位置关系和表面饰面材料及工艺要求等内容。

3.1 建筑装饰平面图的内容

建筑装饰平面图一般包括下述几个方面的内容:

(1)表明装饰工程空间的平面形状和尺寸。建筑物在装饰平面图中的平面尺寸分为三个层次,即工程所涉及的主体结构或是建筑空间的外包尺寸、各房间或建筑装饰分隔空间的设计平面尺寸、装饰局部及工程增设装饰的相应设计平面尺寸。对于较大规模的装饰工程平面图,为了与主体结构明确对照以利于审图和识读,需标出建筑物的轴线编号及其尺寸关系,甚至需标出建筑柱位编号。

(2)表明装饰工程项目在建筑空间内的平面位置,及其与建筑结构的相关尺寸关系;表明装饰工程项目的具体平面轮廓和设计尺寸。

(3)表明建筑楼地面装饰材料、拼花图案、装饰做法和工艺要求。

(4)表明各种装饰设置和固定式工具的安装位置,表明它们与建筑结构的相互关系尺寸,并说明其数量、材质和制造(或商品成品)要求。为进一步展示装饰平面设计的合理性和适用性,设计人员通常在平面图上绘制可移动家具,装饰陈设及绿化点缀等,这些同工程施工并无直接关系,但对于甲方和施工人员可提供有益的启示,便于对功能空间的理解和辨识。

(5)表明与该平面图密切相关的各立面图的视图投影关系和视图的位置及标号。

(6)表明各剖面图的剖切位置、详图及通用配件等的位置和编号。

(7)表明各种房间或装修分隔空间的平面形式、位置和使用功能;表明走道、楼梯、防火通道、安全门、防火门或其他流动空间的位置和尺寸。

(8)表明门、窗的位置尺寸和开启方向。

(9)表明台阶、水池、组景、踏步、雨篷、阳台及绿化等设施和装饰小品的平面轮廓与位置尺寸。

3.2 建筑装饰平面图的识读方法

3.2.1 识读装饰平面图的步骤

识读装饰平面图一般遵循以下的步骤:

(1)先浏览平面图中各房间的功能布局、图样比例等,了解图中基本内容。

(2)注意各功能区域的平面尺度、地面标高、家具及陈设等的布局。客厅是住宅布局中的主要空间。

(3)理解平面图中的内视投影编号。

(4)识读平面图中的详细尺寸。

3.2.2 建筑装饰平面图的识图要点

识读建筑装饰平面图要先看其图名、比例、标题栏,再看建筑平面基本结构及其尺寸,把各房间名称、面积,以及门窗、走廊、楼梯等的主要位置和尺寸了解清楚,然后看建筑平面结构内的装饰结构和装饰设置的平面布置等内容。

了解各房间和其他空间的主要功能,明确为满足功能要求所设置的设备与设施的种类、规格和数量,以便制订相关的购买计划。

通过图中对装饰面的文字说明,了解各装饰面对材料规格、品种、色彩和工艺制作的要求,并结合面积做材料购置计划和施工安排计划。

注意区分建筑尺寸和装饰尺寸。在装饰尺寸中,又要能分清其中的定位尺寸、外形尺寸和结构尺寸。

读图时要注意将相同的构件或部位归类,便于同样尺寸图形的识读。

通过平面布置图上的投影符号,明确投影面编号和投影方向,并进一步查出各投影方向的立面图。

通过平面布置图上的剖切符号，明确剖切位置及其剖视方向，进一步查阅相应的剖面图。

通过平面布置图上的索引符号，明确被索引部位及详图所在位置。

概括起来，阅读装饰平面图应抓住面积、功能、装饰面、设施以及与建筑结构的关系这五个要点。

3.3 建筑装饰平面图的识读举例

房屋建筑装饰平面图包括平面布置图和顶棚平面图。平面布置图包括地面布置图、家具布置图、插座布置图、开关布置图等。

3.3.1 地面布置图

地面布置图表达室内地板的装饰分格、地面材质、尺寸和颜色、地面标高等。如图 18-11所示，南面布置主卧、卧房、卫生间、儿童房，北面布置阳台、客厅、餐厅、厨房、空中花园。地面图中可读出空间尺寸，确定各个房间的开间和进深。

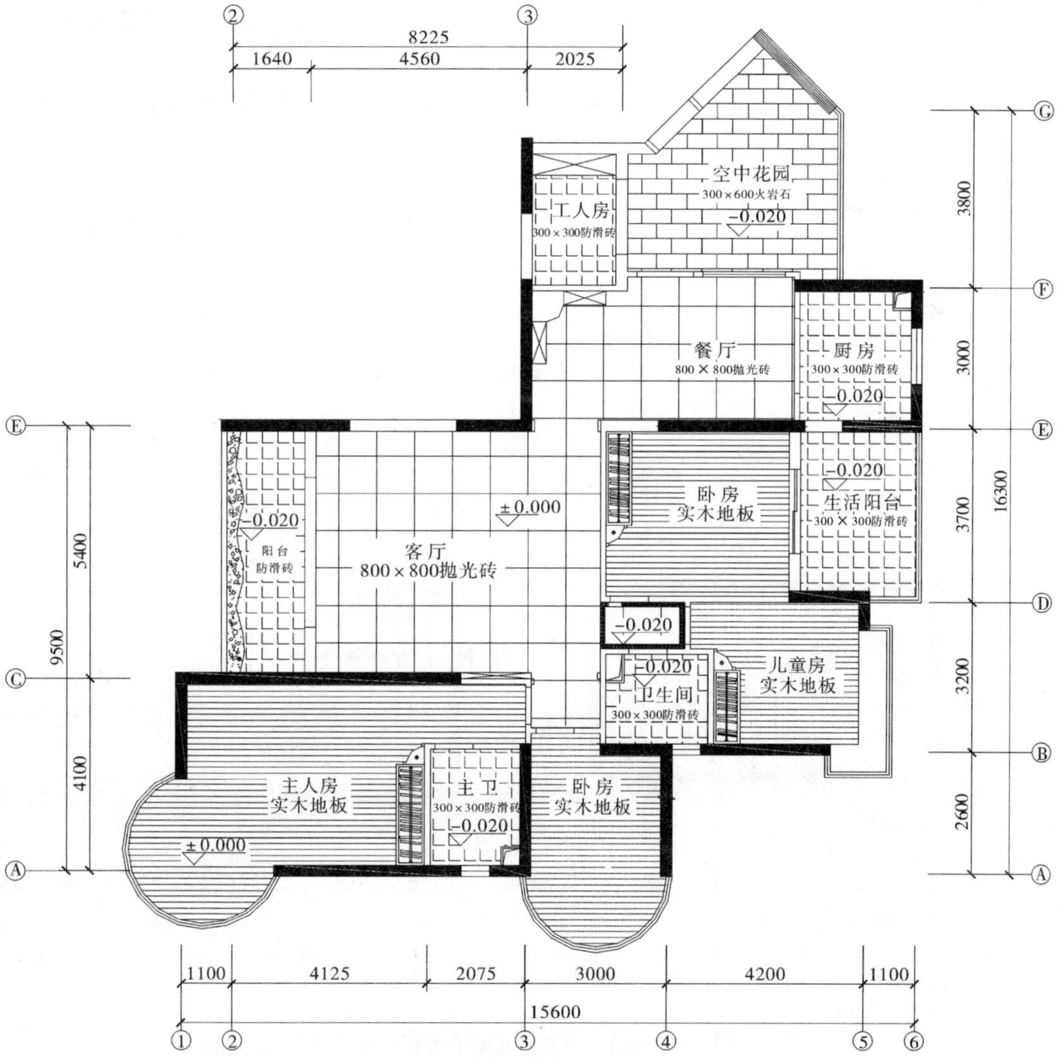

地面材料图 1:150

图 18-11 地面材料图

地面平面图中卧房（主人房、卧房、儿童房）的地面采用实木地板；客厅和餐厅地面均为 800×800 的抛光砖；阳台、厨房、工人房均采用 300×300 的防滑砖；空中花园地面采用 300×600 的火岩石。

3.3.2　家具布置图

通过家具布置图应标注所有的可移动的家具和隔断的位置、布置方向、柜门或橱门的开启方向，同时应能确定电话、电脑、台灯等家用电器的摆放位置。

图 18-12 可以看到沙发、茶几、电视、地毯、餐桌、衣柜、窗等家具设置，可根据家具与墙角、墙垛或是家具之间的位置关系，对各个家具进行定位放置，作为可移动家具，可根据使用方便更改家具位置。

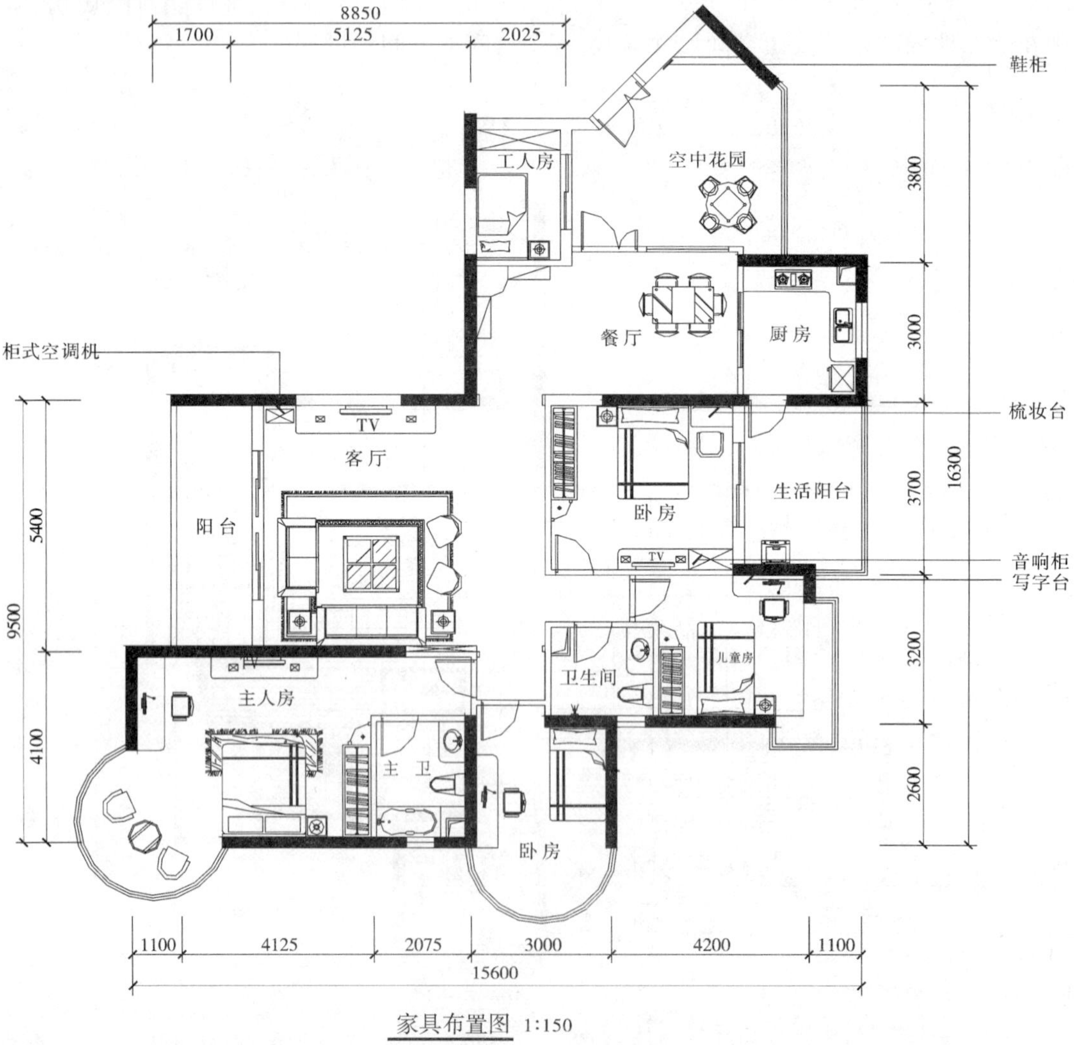

图 18-12　家具布置图

3.3.3　顶棚平面图

顶棚平面图也称天花平面图，是以镜像投影法画出的表达顶棚的水平镜像投影图，它是反映顶棚平面形状、灯具位置、材料选用、尺寸标高及构造做法等内容的图形。

图18-13所示为顶棚平面图，它表明了顶棚装饰平面及其造型的布置形式和各部位的尺寸关系；表明了顶棚装饰所用的材料种类及其规格；表明了灯具的种类、布置形式和安装位置。

该图比例为1∶150，与图18-12轴位相同、比例相同。

客厅、卧房、餐厅及空中花园顶棚均采用12 cm的夹板叠级刷白，主人房的部分顶棚采用的木作假梁刷白；卫生间采用铝塑板吊顶；厨房采用条形铝扣板天花。客厅、小孩房和空中花园室内设置暗藏窗帘盒。主人房、客厅、儿童房及餐厅设置暗藏灯管。主人房和客厅均采用吊灯，其他房间结合图例识读。

顶棚平面图中窗帘盒的平面形状和窗帘符号，窗帘的形式、材质、色彩在有关的立面图中表明。

4　识读房屋建筑装饰立面图

室内立面图是将房屋的室内墙面按内视投影符号的指向，向直立投影面所作的正投影图。它主要表达室内墙面及有关室内装修情况，如室内立面造型、门窗、比例尺度、家具陈设、壁挂等装饰的位置与尺寸、装饰材料及做法等，是装饰工程图中的主要图样之一，是确定墙面做法的主要依据。

房屋建筑室内墙面除相同者外一般均需画立面图，图样的命名、编号应与平面布置图上的内视符号编号相一致，内视符号决定室内立面图的识读方向，同时给出了图样的数量，如图18-14所示。

4.1　房屋建筑装饰立面图的内容

室内立面图表达的范围为投影方向可见的室内轮廓线，包括需要表达的装饰构造、墙面做法等内容及必要的尺寸和标高，并根据需要适当表达非固定家具、装饰物件等内容。室内立面图的顶棚轮廓线，可根据情况只表达吊顶以下内容或同时表达吊顶结构。

装饰立面图主要包括以下几方面的内容：

(1)室内立面轮廓线，顶棚有吊顶时可画出吊顶、叠级、灯槽等剖切轮廓线(粗实线表示)，墙面与吊顶的收口形式，可见的灯具投影图形等。

(2)墙面装饰造型及陈设(如壁挂、工艺品等)、门窗造型及分格、墙面灯具、暖气罩等装饰内容。

(3)装修选材、立面的尺寸标高及做法说明。图外一般标注1～2道竖向及水平向尺寸，以及楼地面、顶棚等的装饰标高；图内一般应标注主要装饰造型的定形、定位尺寸。做法的标注采用细实线引出。

(4)室内外景园小品或其他艺术造型的立面形状和高低错落位置尺寸。

(5)室内外立面装饰的造型和式样，并用文字说明其饰面材料的品名、规格、色彩和工艺要求。

(6)附墙的固定家具及造型(如影视墙、壁柜)。

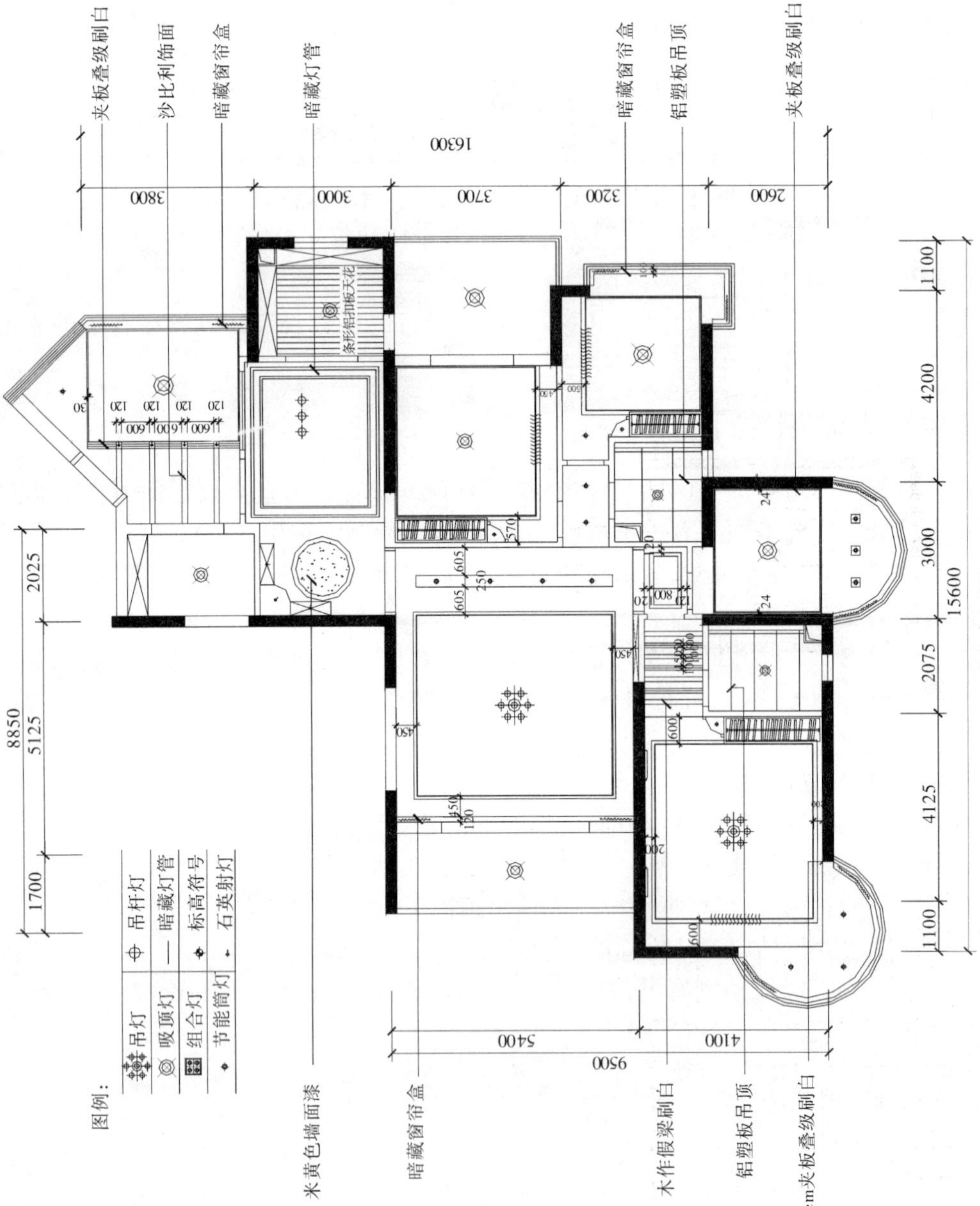

天花布置图 1:150

图 18-13　顶棚平面图

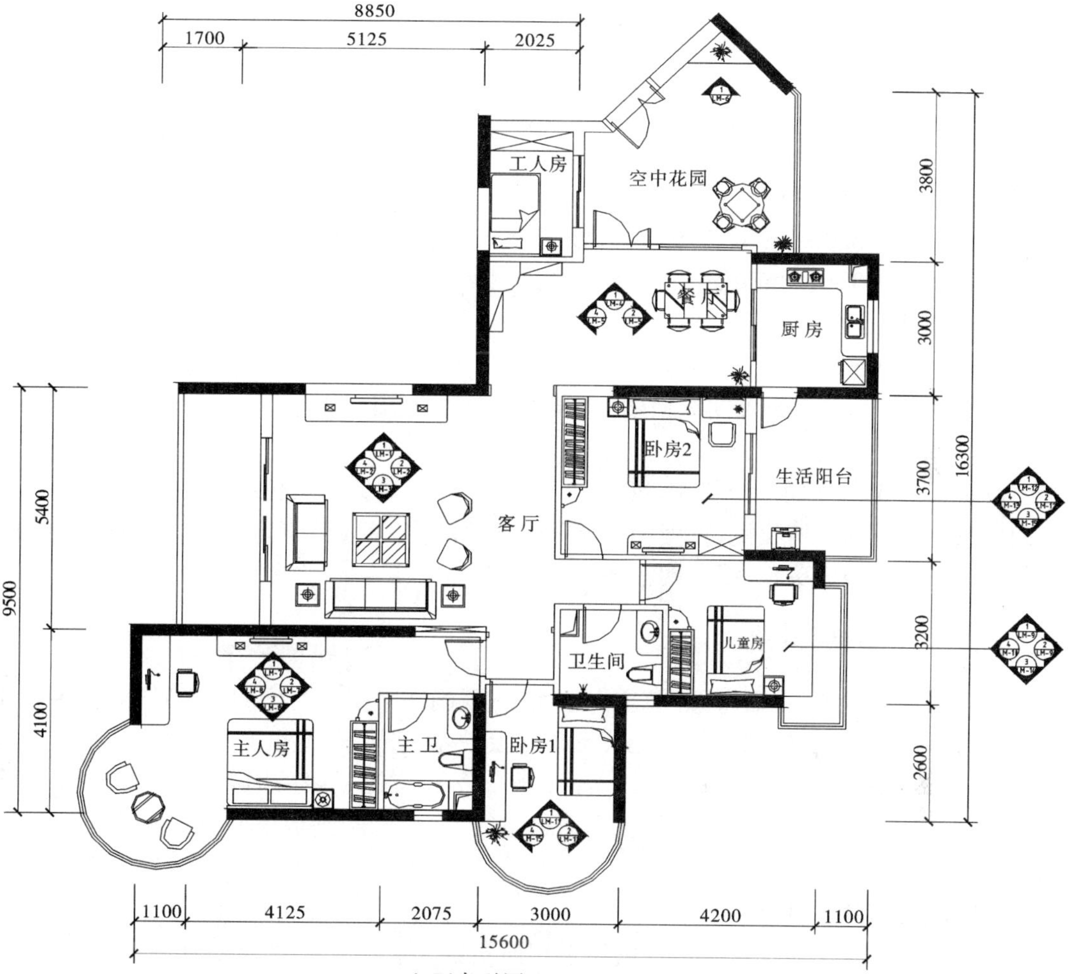

立面索引图 1:150

图 18-14　立面索引图

(7)各种装饰面的衔接收口形式。

(8)索引符号、说明文字、图名及比例等。

4.2　房屋建筑装饰立面图的识读方法

房屋建筑装饰立面图的识读方法和步骤如下：

(1)首先确定要读的室内立面图所在的房间位置，按房间顺序识读室内立面图。

(2)在平面布置图中按照内视符号的指向，从中选择要读的室内立面图。

(3)在平面布置图中明确该墙面位置有哪些固定家具和室内陈设等，并注意其定形、定位尺寸，做到对所读墙(柱)面布置的家具、陈设有一个基本的了解。

(4)浏览选定的室内立面图，了解所读立面的装饰形式及其变化。

(5)详细识读室内立面图，注意墙面装饰造型及装饰面的尺寸、范围、选材、颜色及相应做法。

(6)查看立面标高、其他细部尺寸、索引符号等。

4.3 房屋建筑装饰立面图的识读举例

4.3.1 客厅立面图

识读图18-15所示立面图。

从图18-15中可看出，立面图为客厅的A向立面图，结合立面布置索引图确定A向为电视墙方向，布置有电视与电视柜。

影视墙全长6.020 m，高2.940 m，整墙涂米黄色墙面漆；右侧有门和门套线，门高2.400 m，宽1.340 m；中部用黄洞石、银镜和实木线条造型装饰；下部有沙比利台面电视柜，上部为夹板吊顶。

4.3.2 卧室立面图

图18-16为卧室2的A向立面图，结合立面布置索引图确定A向为卧室床头方向，布置有床头、床头柜、梳妆台、衣柜。

卧房2的A向立面墙全长3.880 m，高2.940 m，整墙涂米黄色墙面漆；右侧有沙比利台面梳妆台以及墙挂梳妆镜，宽度为0.900 m；右侧有衣柜，高度2.500 m，宽度0.550 m；中部放有双人床和床头柜，墙上两幅装饰挂画；上部吊顶。

5 识读建筑装饰详图

由于平面布置图、地面布置图、室内立面图、顶棚平面图等的比例一般较小，很多装饰造型、构造做法、材料、细部尺寸等无法反映或反映不清晰，满足不了装饰施工、制作的需要，故需放大比例画出详细图样，形成装饰详图。装饰详图一般采用1∶1～1∶20的比例绘制。在装饰详图中剖切到的装饰体轮廓用粗实线表示，未剖到但能看到的投影内容用细实线表示。

5.1 建筑装饰详图的内容

当建筑装饰详图所反映的形体的体量和面积较大或造型变化较多时，通常需先画出平、立、剖面图来反映装饰造型的基本内容。若建筑装饰详图需准确地表示外部形状、凸凹变化、与结构体的连接方式、标高、尺寸等，应选用的比例一般为1∶10～1∶50，有条件时平、立、剖面图应画在同一张图纸上。当按上述比例画出的图样仍不能清晰地反映形体时，则需选择1∶1～1∶10的大比例绘制。

建筑装饰详图的图示内容包括：

(1)装饰形体的建筑做法。

(2)造型样式、材料选用、尺寸标高。

(3)所依附的建筑结构如钢筋混凝土与木龙骨、轻钢及型钢龙骨等内部骨架的连接图示(剖面或断面图)，选用标准图时应加索引。

(4)装饰体基层板材的图示(剖面或断面图)，如石膏板、木工板、多层夹板、密度板、水泥压力板等用于找平的构造层次(通常固定在骨架上)。

(5)装饰面层、胶缝及线角的图示(剖面或断面图)，复杂线角及造型等还应绘制大样图。

(6)色彩及做法说明、工艺要求等。

(7)索引符号、图名、比例等。

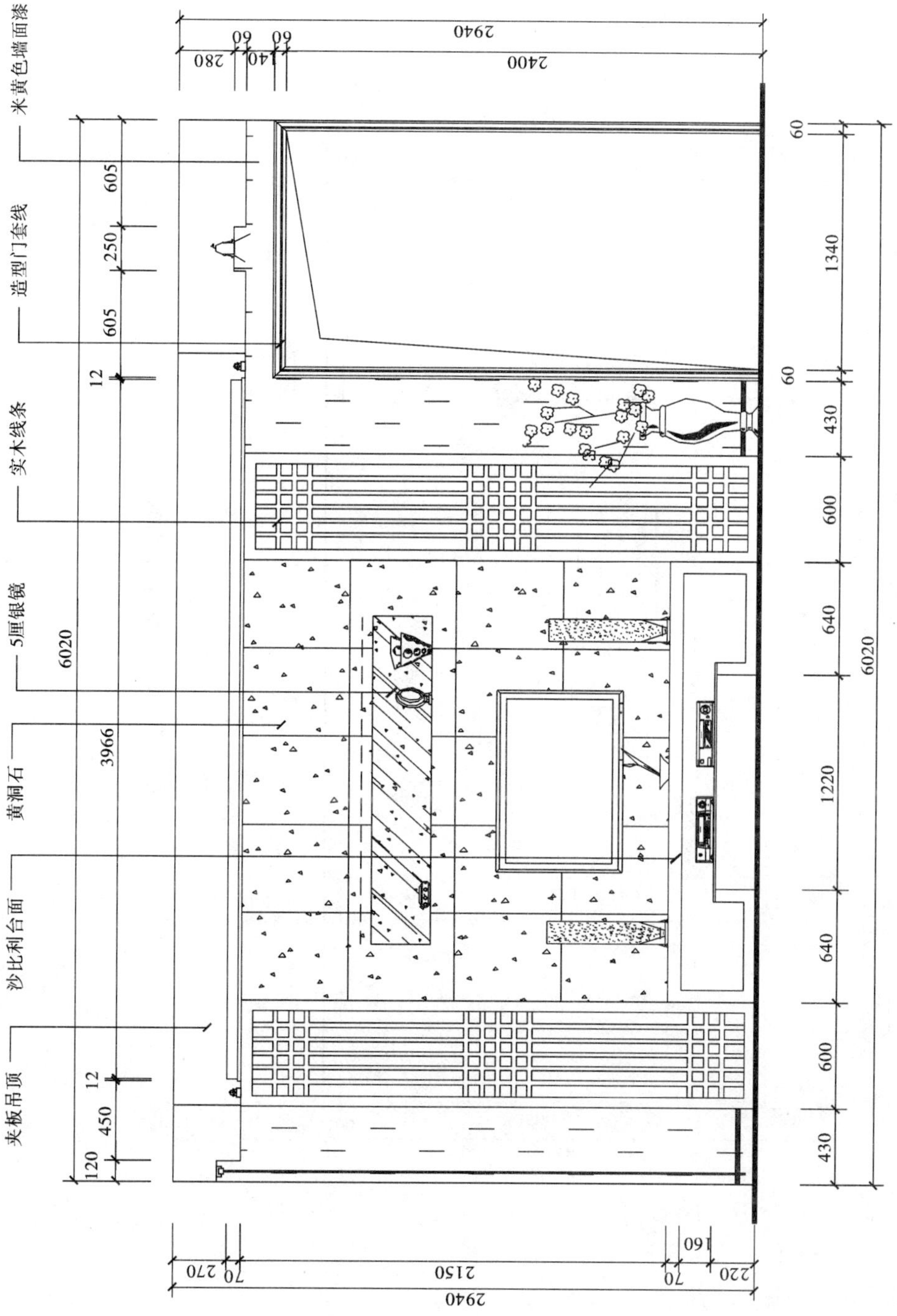

客厅A向立面图 1:30

图 18-15　客厅立面图

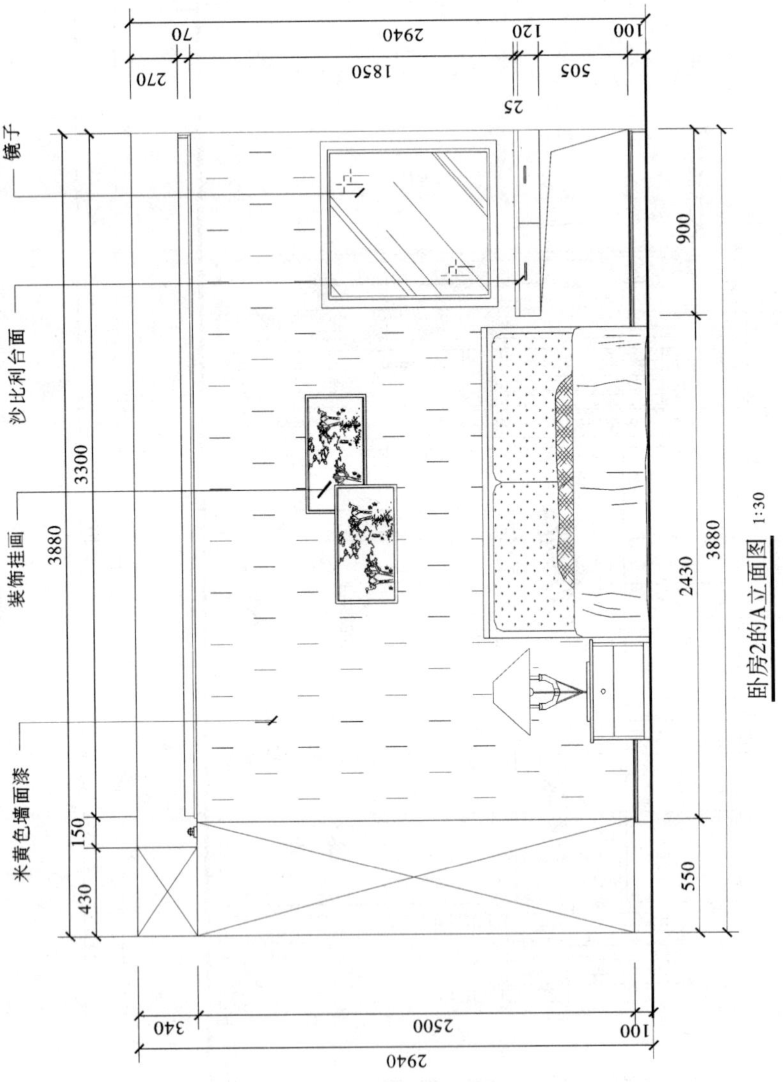

图 18-16　卧室 2 的 A 向立面图

5.2 建筑装饰详图的分类

装饰详图按其部位分为：

(1)墙(柱)面装饰剖面图，主要用于表达室内立面的构造，着重反映墙(柱)面在分层做法、选材、色彩上的要求。

(2)顶棚详图，主要用于反映吊顶构造、做法的剖面图或断面图。

(3)装饰造型详图，独立的或依附于墙柱的装饰造型，表现装饰的艺术氛围和情趣的构造体，如影视墙、花台、屏风、壁龛、栏杆造型等的平、立、剖面图及线角详图。

(4)家具详图，主要指需要现场制作、加工、油漆的固定式家具，如衣柜、书柜储藏柜等。有时包括可移动家具如床、书桌、展示台等。

(5)装饰门窗及门窗套详图，门窗是装饰工程中的主要施工内容之一，其形式多种多样，在室内起着分割空间、烘托装饰效果的作用，它的样式、选材和工艺做法在装饰图中有特殊的地位。其图样有门窗及门窗套立面图、剖面图和节点详图。

(6)楼地面详图，反映地面的艺术造型及细部做法等内容。

(7)小品及饰物详图、小品、饰物详图包括雕塑、水景、指示牌、织物等的制作图。

5.3 建筑装饰详图识读举例

5.3.1 墙(柱)面装饰剖面图

墙(柱)面装饰剖面图主要用于表达室内立面的构造，着重反映墙(柱)面在分层做法、选材、色彩上的要求。墙(柱)面装饰剖面图还应反映装饰基层的做法、选材等内容，如墙面防潮处理、木龙骨架、基层板等。当构造层次复杂、凸凹变化及线脚较多时，还应配置分层构造说明、画出详图索引，另配详图加以表达。识读时应注意墙(柱)面各节点的凹凸变化、竖向设计尺寸与各部位标高。

现以图18-17为例说明识图步骤。

(1)先在室内立面图上看清墙柱面装修剖面图剖切符号的位置、编号与投影方向。

(2)浏览墙(柱)面装修剖面图所在轴线、竖向节点组成，注意凹凸变化、尺寸范围及高度。本图反映了地面及踢脚线、墙面、顶棚收口三个节点的竖向构造。踢脚线、墙裙封边线、挂镜线均凸出墙面；踢脚线高为150 mm，踢脚线上方为墙裙，高为850 mm；墙裙上方贴壁纸高为1 460 mm，挂镜线以上到顶棚底面为刮白刷乳胶漆。顶棚无顶角线。

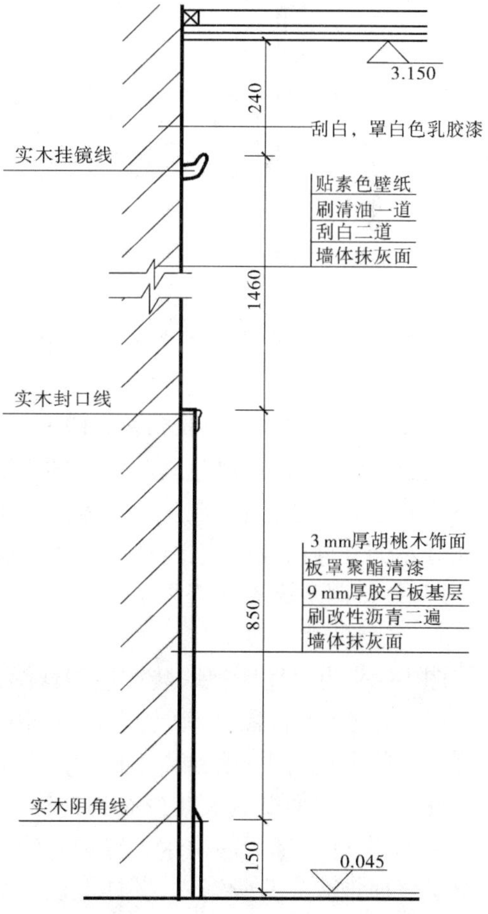

图18-17 墙(柱)面装修剖面图

(3)识读各节点构造及尺寸。墙(柱)面做法采用分层引出标注的方法,识读注意:自上而下的每行文字,表示的是墙(柱)面装修自右到左的构造层次。墙面采用素色壁纸,构造层次和做法如图 18-17 所示。挂镜线上方为刮白、墙面乳胶漆。

5.3.2 顶棚详图

图 18-18 是某餐厅吊顶详图。

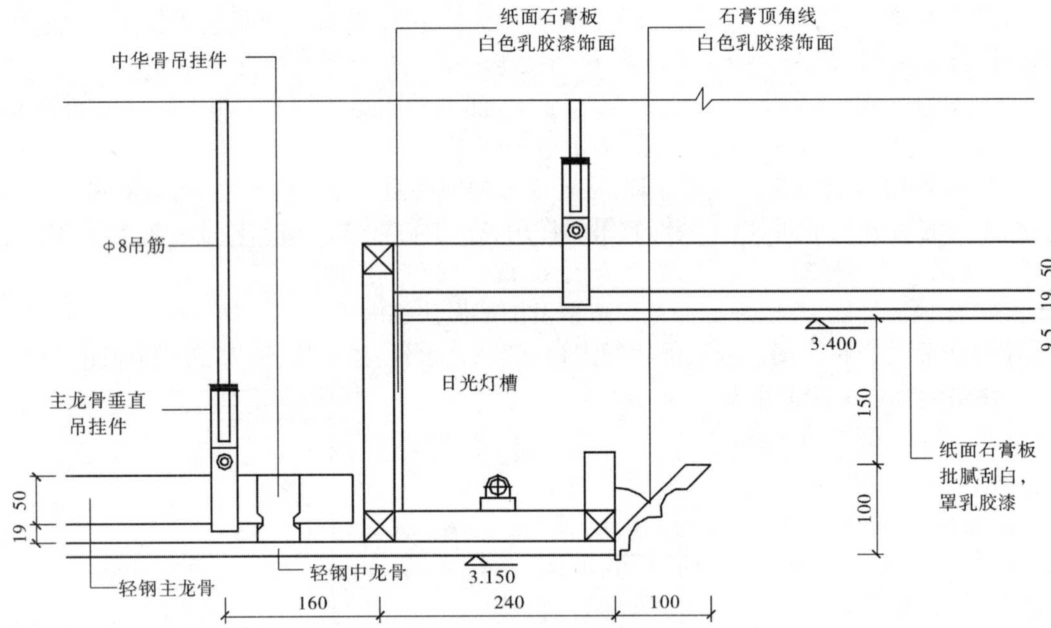

图 18-18 某餐厅吊顶详图

此图反映的是轻钢龙骨纸面石膏板吊顶做法的断面图。其中吊杆为Φ 8 钢筋,其下端有螺纹,用螺母固定大龙骨垂直吊挂件,垂直吊挂件勾住高度 50 mm 的大龙骨,再用中龙骨垂直吊挂件勾住中龙骨(高度 19 mm),在中龙骨底面固定 9.5 mm 厚纸面石膏板,然后在板面批腻刮白、罩白色乳胶漆。图中有日光灯槽做法,灯的右侧为石膏顶角线白色乳胶漆饰面,用母螺钉固定在三角形木龙骨上,三角形木龙骨又固定在左侧的木龙骨架上,日光灯左侧有灯槽板做法,灯槽板为木龙骨架、纸面石膏板。吊顶用木质材料时应进行防火处理,如涂刷防火涂料等。

5.3.3 装饰造型详图

图 18-19 为客厅影视墙装饰造型详图,此图由立面、剖面以及节点详图组成。

(1)识读正立面图,明确装饰形式、用料、尺寸等内容。图中看到背投式电视机放在影视墙中间的地台上,地台高于地面 150 mm,墙面的装饰造型是西式壁炉和上方的两根装饰柱。壁炉墙面贴有大花白石材,横向留缝;壁炉支柱为木作,饰面用两种材料:斜纹木饰为影木,其他木饰为胡桃木。壁炉上沿饰以金粉饰面的雕花木线等立体装饰线,壁炉上方背景墙面饰有牛头骨饰件,壁柱上设壁灯两盏。图中影视墙高 2 900 mm、左右长 3 200 mm。

影视墙采用胡桃木饰面,横向拉缝(拉缝宽 5 mm)。其他造型线条为实木线做法。

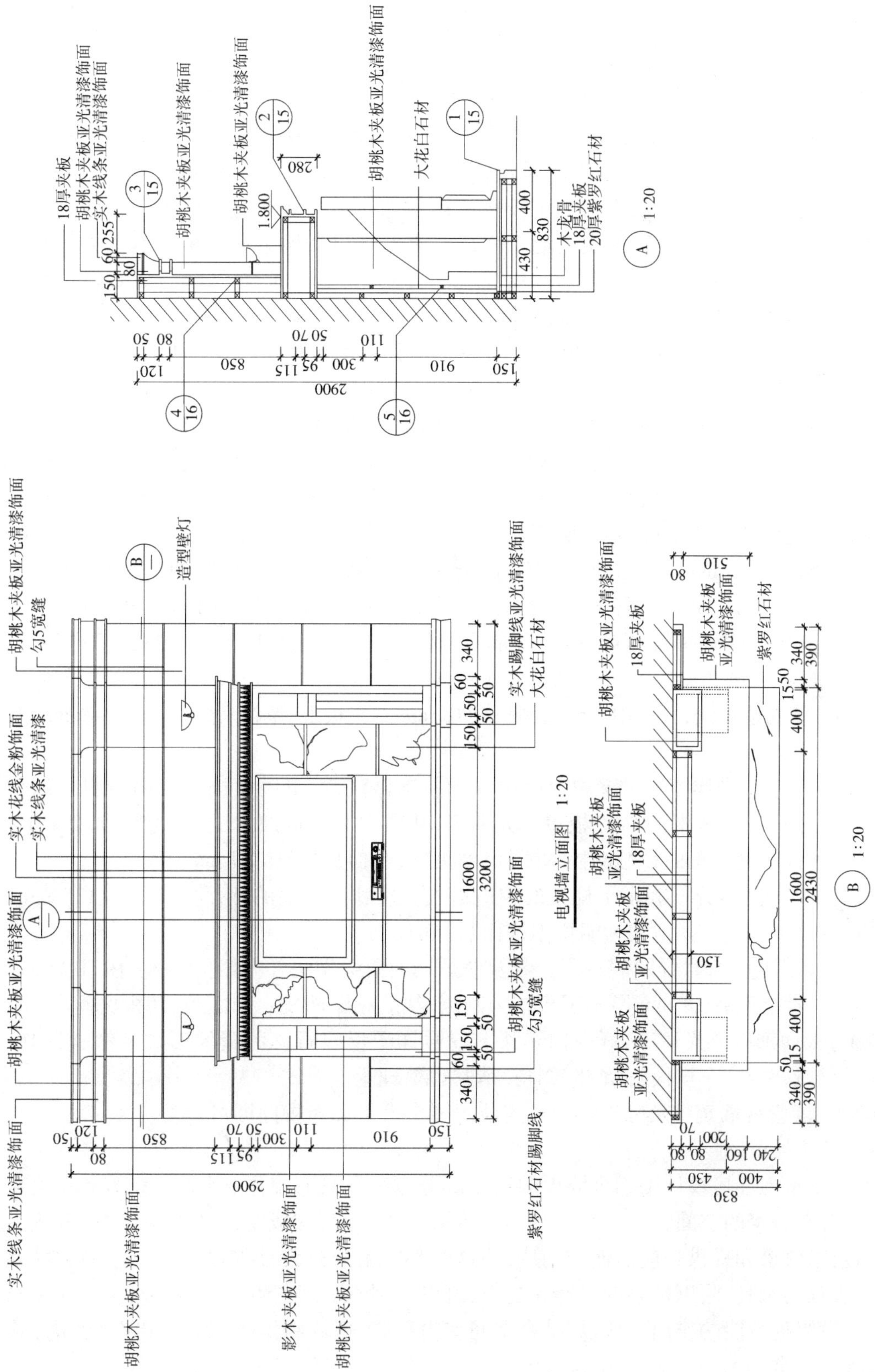

图 18-19　影视墙装饰造型详图

图中有两个局部剖面索引符号，分别用于反映影视墙在竖直和水平方向的剖切情况，并分别形成侧立投影图和平面投影图。

（2）识读侧面图，明确竖直方向的装饰构造、做法、尺寸等内容。图 18-19 中的详图Ⓐ是影视墙的侧面图。图的下方为地台，地台宽为 830 mm，其中设上下两层木龙骨，外缘收边做法有详图索引。壁炉的顶部造型采用木龙骨制作，正面饰有金粉饰面的雕花木线等装饰线，高度 280 mm，上下底面为木工板贴胡桃木饰面板并罩亚光清漆饰面。壁炉之上的背景墙面内部为木龙骨架，突出砖墙 150 mm，表面饰以胡桃木饰面板。右上方的细实线轮廓表示壁柱轮廓，壁柱突出背景墙面 80 mm，柱头突出柱面 60 mm。柱面、柱头均用胡桃木饰面板饰面，柱头上缘木线高度 50 mm。

图中反映壁炉台面标高为 1. 80 m。图的右侧分别引出柱头、壁炉、地台三个节点索引，反映这些部位的详细做法。

（3）识读平面图，明确影视墙在水平方向的凹凸变化、尺寸及材料用法。图 18-19 中的详图Ⓑ是影视墙的水平投影图。图中反映地台的落地长为 2. 43 m、宽为 0. 83 m，台面为紫罗红石材（图中有石材符号）。壁炉台面的长比地台每边加出 50 mm，台面为胡桃木饰面板罩亚光清漆。图中虚线代表壁炉支柱。背景墙面为木龙骨架，其中壁柱宽为 400 mm，从墙面伸出 230 mm。两边的背景墙构造厚度为 80 mm，中间墙面构造厚度为 150 mm。

（4）识读节点详图，注意各节点做法、线脚形式及尺寸，掌握细部内容。图 18-19 中①号详图（与详图Ⓐ中索引符号对应）反映地台外侧节点，台面选用 20 mm 厚紫罗红石材，边缘上下倒圆角，圆角半径 8 mm，精磨边。踢脚线也为紫罗红石材。①号详图上方标注了地台的分层构造做法，石材用玻璃胶粘贴在 18 mm 木工板上，龙骨采用 40 mm ×40 mm 双向木龙骨。

图 18-19 中②号详图表示壁炉台面边缘的装饰做法，上下两面按分层构造引出制作说明；面层为 3 mm 厚胡桃木饰面板罩亚光清漆，基层为 18 mm 厚木工板，骨架为 30 mm × 40 mm 木龙骨。壁炉正面粘贴胡桃木线，尺寸见图，台面总厚度 280 mm。

图 18-19 中③号详图表示了柱头的构造形式及尺寸。柱头的圆弧面半径为 135 mm。除用胡桃木线装饰外，其他均为胡桃木饰面板饰面。

图 18-19 中④、⑤号详图表示了背景及壁炉墙面留缝做法，④号详图表示在 30 mm × 40 mm 木龙骨上安装 18 mm 厚木工板作为基层，然后粘贴胡桃木饰面板，两板之间离开 3 mm 缝隙，板面饰以亚光清漆，缝内描黑漆。⑤号详图反映石材留缝的形式及做法，图中石材用云石胶粘贴，石材板边做 45°倒角、精磨边处理。

（5）识读影视墙定位尺寸。影视墙定位尺寸参考平面布置图即可。

5. 3. 4　家具详图

家具是室内环境设计中不可缺少的组成部分。家具具有使用、观赏和分割空间关系的功能，有着特定的空间含义。它们与其他装饰形体一起，构成室内装饰的风格、表达出特有的艺术效果和提供相应的使用功能，而这些都需要通过设计加以反映。因势利导就地制作适宜的家具，附以精心的设计和制作，可以起到既利用空间、减少用地，又增加装饰效果、提高服务效能的作用。所以，结合空间室内尺度、现场制作实用的固定（或活动）式家具，具有非常实用的意义，它的设计制作图也是建筑装饰施工图的组成部分。

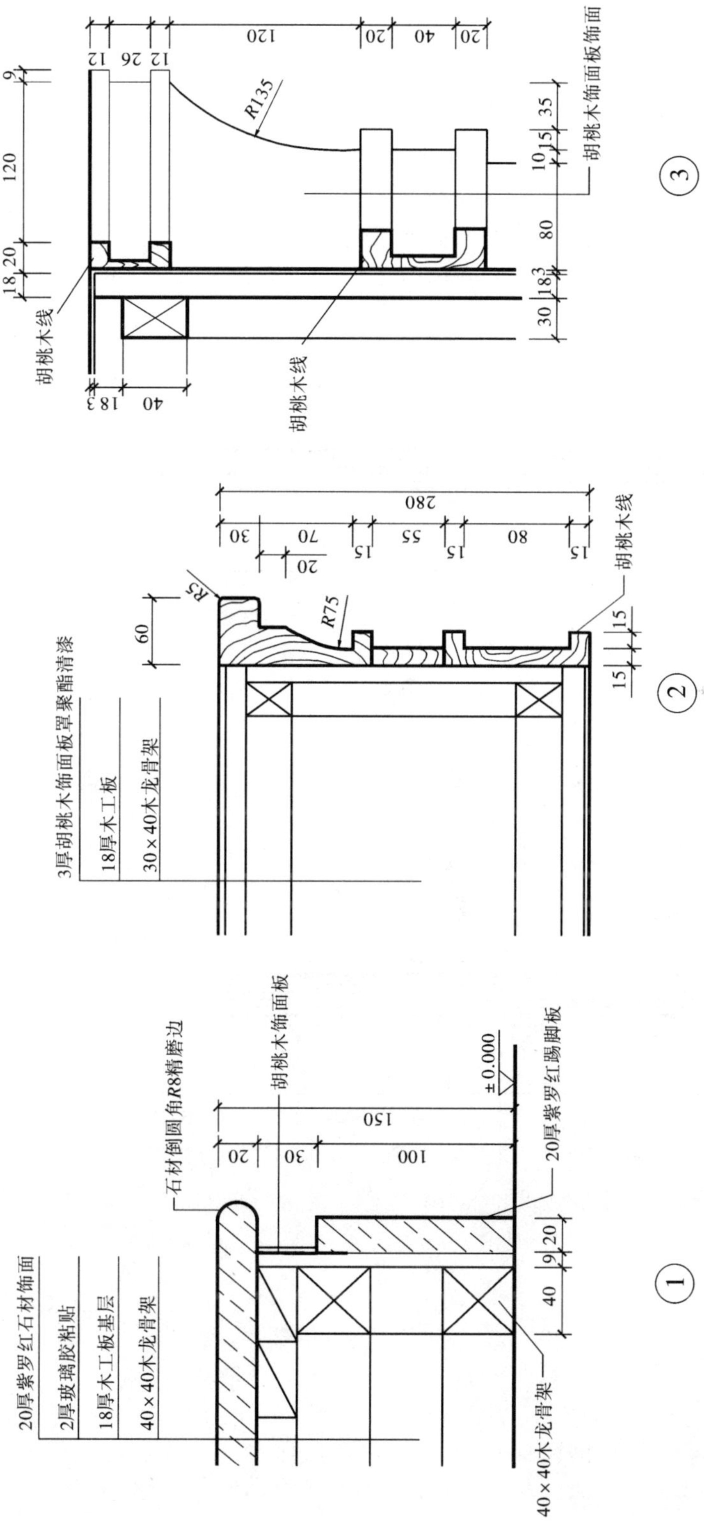

胡桃木面板饰面
胡桃木线
胡桃木线
R135
③
3厚胡桃木饰面板罩聚酯清漆
18厚木工板
30×40木龙骨架
胡桃木线
R5
R75
②
20厚紫罗红石材饰面
2厚玻璃胶粘贴
18厚木工板基层
40×40木龙骨架
石材倒圆角R8精磨边
胡桃木饰面板
20厚紫罗红踢脚板
±0.000
40×40木龙骨架
①

续图18-19

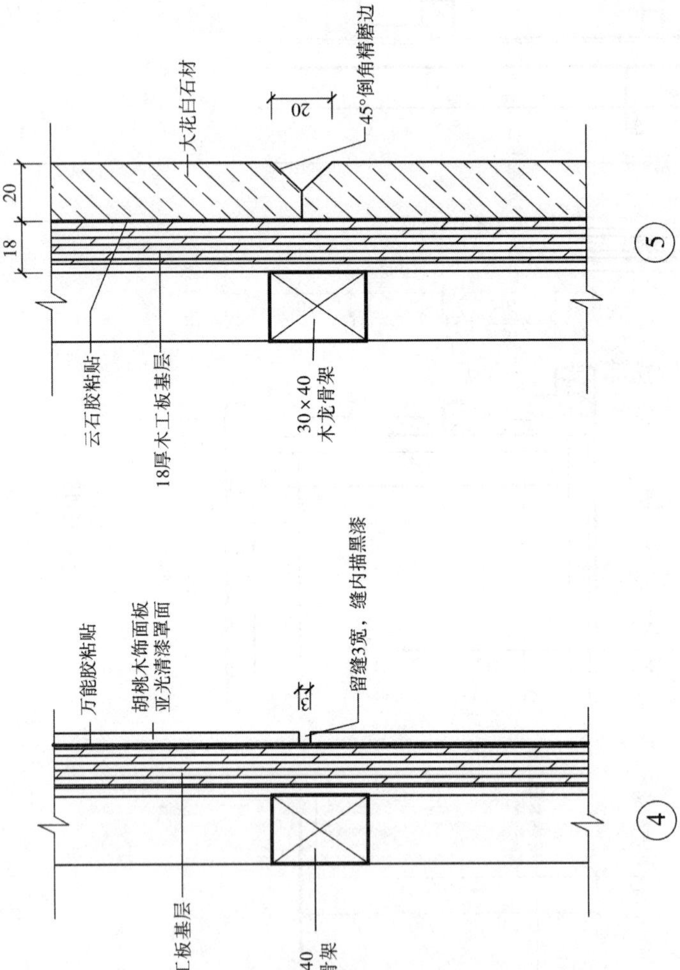
大花白石材
20
45°倒角精磨边
20
18
云石胶粘贴
18厚木工板基层
30×40
木龙骨架
5
万能胶粘贴
胡桃木饰面板
亚光清漆罩面
3
留缝3宽，缝内描黑漆
18厚木工板基层
30×40
木龙骨架
4

续图 18-19

家具详图的组成与表达在平面布置图中已经绘制有家具、陈设、绿化等水平投影，如现场制作家具还应标注它的定形和定位尺寸，并标注其名称或详图索引，以便对照识读家具详图。家具详图通常由家具立面图、平面图、剖面图和节点详图等组成。图式比例，线宽的选用同前述装饰造型详图。

家具详图的识读现以图18-20为例说明家具详图的识读。

(1)了解所要识读家具的平面位置和形状。图18-20是酒柜的平、立、剖面图，酒柜位置应该在轴线③墙一侧。

(2)识读立面图，明确其立面形式和饰面材料。图中酒柜分五部分，左右为带门的储物柜，接着是对称设置的敞开式陈列馆，正中间是带玻璃扇的陈列柜。酒柜饰面为胡桃木饰面板，家具线角均为胡桃木实木线角。木饰面罩亚光清漆。陈列柜玻璃扇为5 mm清玻璃(即透明玻璃)。为表现其功能，图中还画出了陈列馆和柜子中的部分陈设物品。

(3)识读立面图中的开启符号、尺寸和索引符号(或剖、断面符号)。酒柜门扇均绘制有"〈"或"〉"开启符号，表示外开平开门。柜体长3.32 m、高2.15 m，各部分细部尺寸见图示。图中有Ⓐ、Ⓑ两个索引符号，Ⓐ对应的是侧立投影，Ⓑ对应的是水平投影。

(4)识读平面图，了解平面形状和结构。明确其尺寸和构造做法。详图Ⓑ反映酒柜水平方向的剖切平面图，结构为板式(无龙骨)。其中储物柜长0.65 m、宽0.35 m，侧板结构为18 mm厚夹板、外贴胡桃木饰面板，柜门为15 mm厚胡桃木门芯板；中间陈列柜门扇用胡桃木作门框，中间镶嵌5 mm清玻璃，陈列柜长1.11 m、宽0.45 m；陈列柜的隔板为18 mm夹板，表面饰以胡桃木饰面板，长为0.435 m，宽为0.30 m。柜子中的靠墙背板采用5 mm夹板饰以胡桃木面板。为了反映90°转角位置做法，右下角引出Ⓔ索引号。

(5)识读侧面图，了解其纵向构造、做法和尺寸。该图表示的是中间陈列柜纵向剖切后向右投影的剖面图，图中反映了柜子内部隔板、抽屉的设置等内容。抽屉在柜子的下部，上下共三层，从左侧的立面图可见第一层为水平排列的两个抽屉，以下为每层一个。抽屉拉手为成品白瓷拉手。柜子最上口为胡桃木实木线条装饰，罩亚光清漆。柜子内部靠墙面设置背板构造，用于防潮和保持内部平整、美观。图中为了反映踢脚线和玻璃门扇的做法引出Ⓒ、Ⓓ两个索引符号。

(6)识读家具节点详图。图18-21为Ⓒ、Ⓓ、Ⓔ三个详图。详图Ⓒ反映玻璃门扇下部横框与抽屉连接处的做法，横框断面尺寸为50 mm×20 mm，连接处的隔板封边条为24 mm×6 mm，下部为抽屉面板，门扇横框、抽屉面板和封边条均为胡桃木。详图Ⓓ是酒柜踢脚线做法，图中看出基层均为18 mm厚夹板，踢脚饰面板为80 mm×20 mm胡桃实木线条，下方抽屉与踢脚板间留20 mm宽缝隙，缝内贴3 mm厚胡桃木饰面板。抽屉边倒半径为10 mm的圆角。详图Ⓔ为水平剖面图，表示柜子90°转角做法，图中可见门框为实木，断面尺寸为60 mm×20 mm，外侧也倒半径为10 mm的圆角，门芯板与门框企口连接，靠外留15 mm宽凹缝，形成装饰线槽。详图Ⓔ上部的断面图形是侧板，为18 mm厚夹板打底、表明粘贴胡桃木饰面板，与门框交接处封24 mm×6 mm实木线。详图Ⓔ右侧的细实线为踢脚线轮廓，踢脚线侧面凸出20 mm。

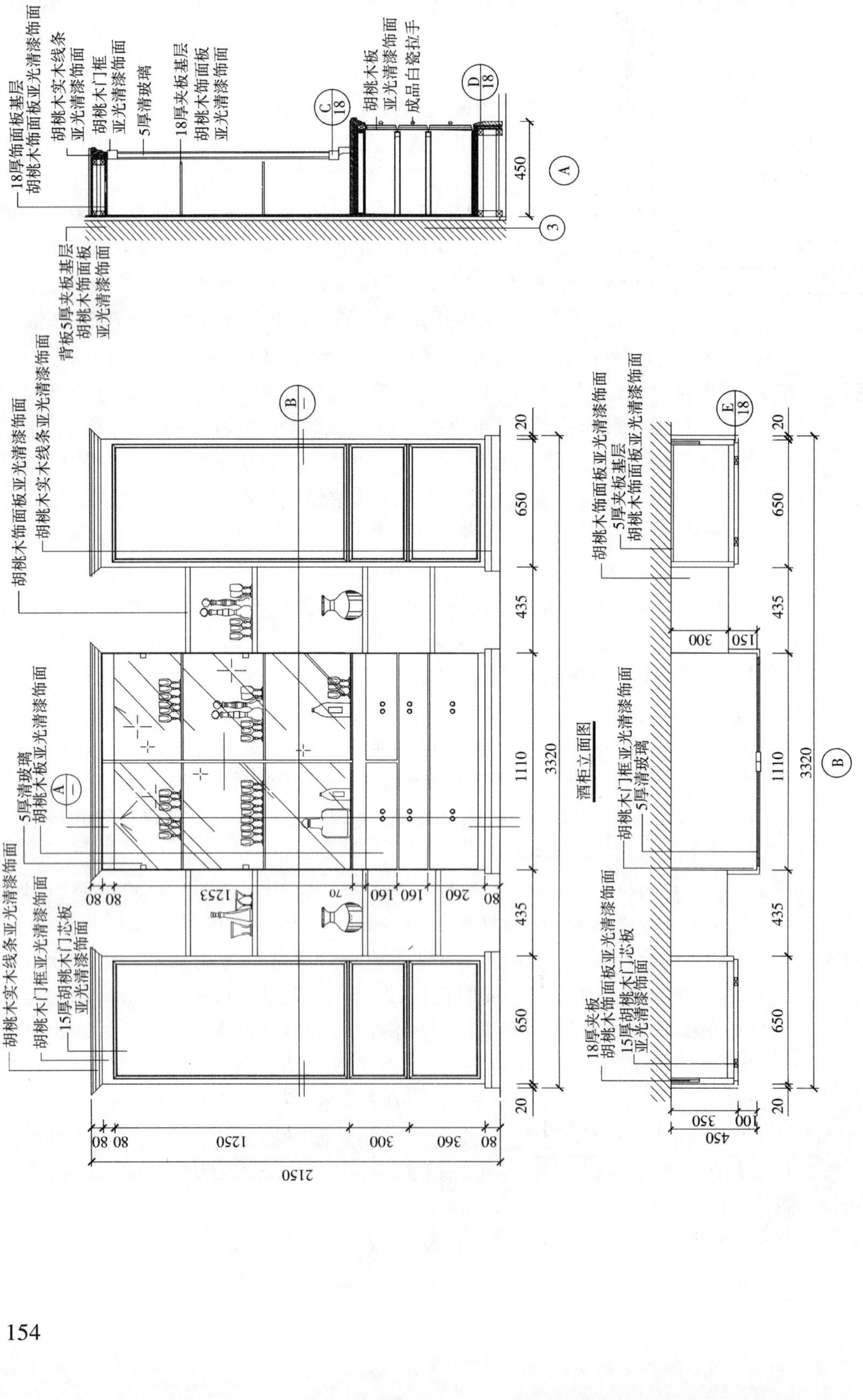

图 18-20 酒柜家具详图

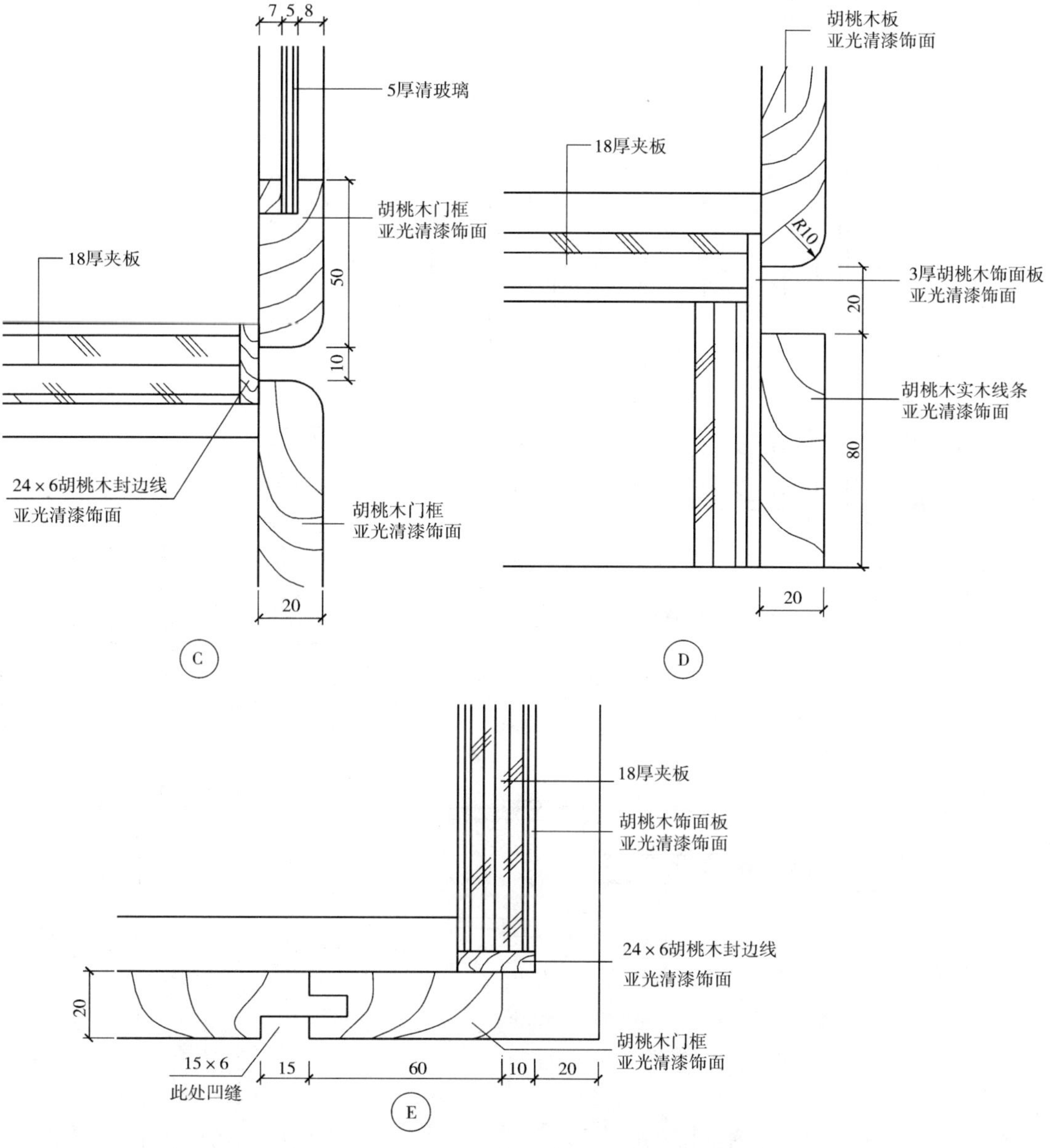

图 18-21　酒柜家具节点详图

5.3.5　装饰门窗及门窗套详图

门窗是装饰工程的重要内容之一。门窗既要符合使用要求又要符合美观要求,同时需符合防火、疏散等特殊要求,这些内容在装饰施工图中均应反映。

门详图通常由立面图、节点剖面详图及技术说明等组成。一般门窗多是标准构件,有标准图供套用,不必另画详图。而 M3 门是有一定要求的装饰门,不是定型设计,故需要另画详图。

图 18-22 为 M3 门详图,以此为例来说明装饰构配件详图的内容和读法。

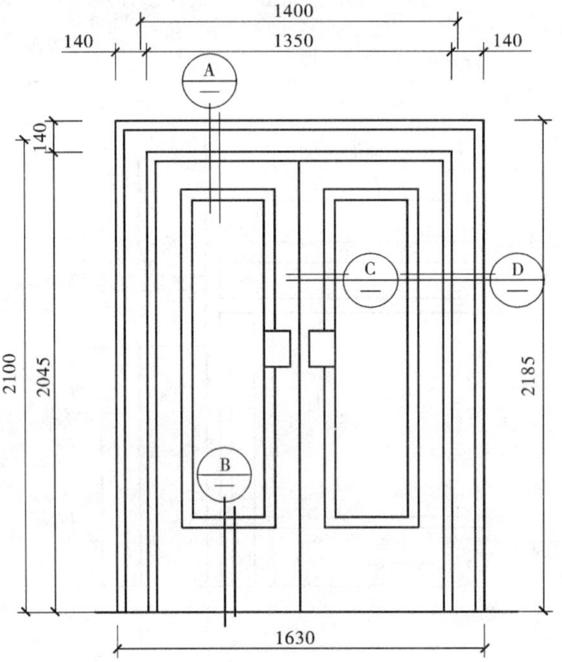

M2门立面 1:25

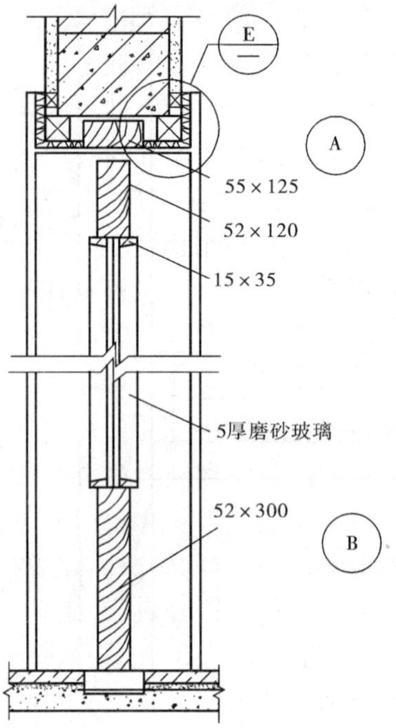

M2门详面 1:10

说明：

M3门门扇上下冒头和边梃均用水曲柳硬木制作，清水硝基漆。木材加工前应进行处理，含水率不得大于6%。

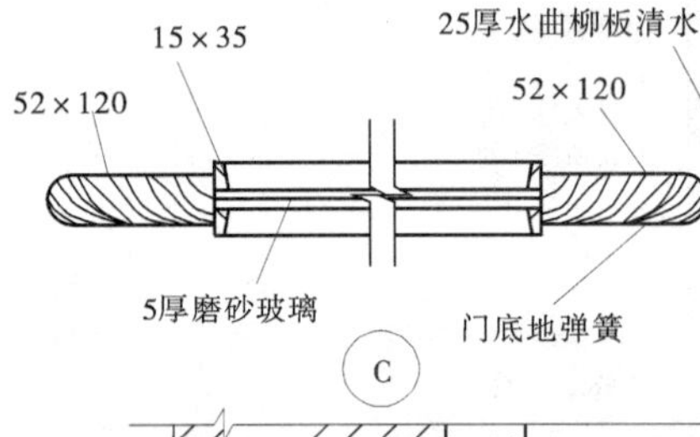

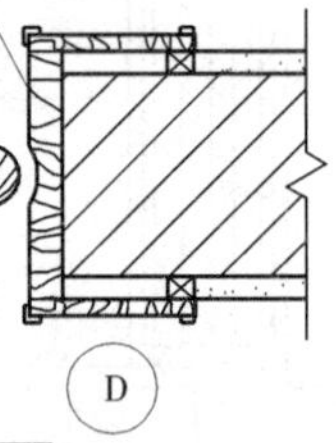

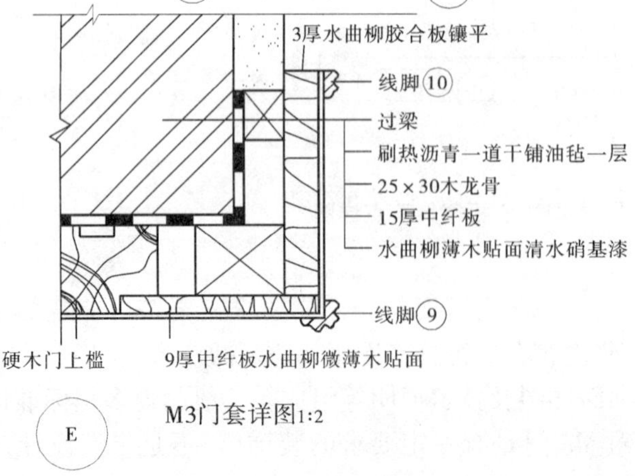

M3门套详图1:2

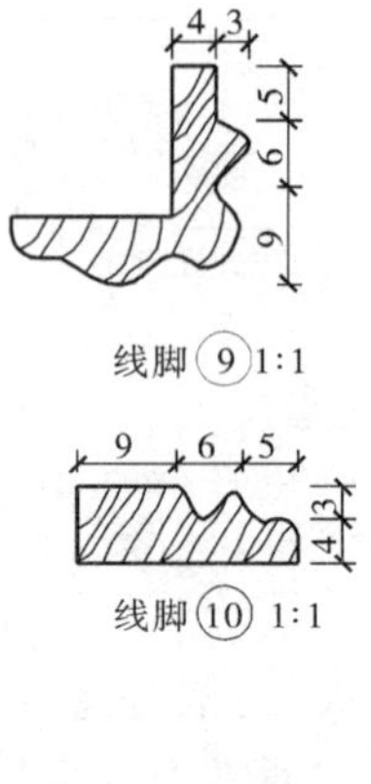

图 18-22 M3 门详图

(1)看门立面图:门立面图规定画它的外立面,并用细斜线画出门扇的开启方向线。两斜线的交点表示装门铰链的一侧,斜线为实线表示向外开,斜线为虚线表示向内开。本例图因为其开启方式已在平面布置图上表明,故不再重复画出。

门立面图上的尺寸一般应标出洞口尺寸和门框外延尺寸。本例图门框上槛包在门套之内,因而只注出洞口尺寸、门套尺寸和门立面总尺寸。

(2)看节点剖面详图:门详图都画有不同部位的局部剖面节点详图,以表示门框和门扇的断面形状、尺寸、材料及其相互间的构造关系,还表示门框和四周(如过梁、墙身等)的构造关系。通常将竖向剖切的剖面图竖直地连在一起,画在立面图的左侧或右侧;横向剖切的剖面图横向连在一起,画在立面图的下面,用比立面图大的比例画,中间用折断线断开,省略相同部分,并分别注写详图编号,以便与立面图对照。

本例图竖向和横向都有两个剖面详图。其中门上槛 55 mm × 125 mm、斜面压条 15 mm × 35 mm、门框 52 mm × 120 mm,都是表示它们的矩形断面外围尺寸。门芯是 5 mm 厚磨砂玻璃,门洞口两侧墙面和过梁底面用木龙骨和中纤板、胶合板等材料包钉。Ⓐ剖面详图右上角的索引符号表明,还有比该详图比例更大的剖面图表达门套装修的详细做法。

(3)看门套详图:门套详图通过多层构造引出线,表明了门套的材料组成、分层做法、饰面处理及施工要求。门套的收口方式是:阳角用线脚⑨包边,侧沿用线脚⑩压边,中纤板的断面用 3 mm 厚水曲柳胶合板镶平。

(4)看线脚大样与技术说明:线脚大样比例为 1:1,是足尺图。说明中明确了上下冒头的边梃用料和饰面处理。

5.3.6　楼地面详图

楼地面在装饰空间中是一个很重要的基面,要求其表面平整、美观,并且强度和耐磨性要好,同时兼顾室内保温、隔音等要求,做法、选材、样式非常多。

楼地面详图一般由局部平面图和断面图组成。

5.3.6.1　局部平面图

识读局部平面图时,应先了解其所在地面平面图中的位置,当图形不在正中时应注意其定位尺寸。图形中的材料品种较多时可自定图例,但必须用文字加以说明。

5.3.6.2　断面图

当装饰详图所反映的形体的体量和面积较大、以及造型变化较多时,通常先画出平、立、剖面图来反映装饰造型的基本内容。如准确的外部形状、凹凸变化、与结构体的连接方式、标高、尺寸等。选用比例一般为 1:10 ~ 1:50,有条件时平、立、剖面图应画在一张图纸上。当该形体按上述比例画出的图样不够清晰时,需要选择 1:1 ~ 1:10 的大比例绘制。当装饰详图较简单时,可只画其平面图、断面图即可。

地面断面图如图 18-23 所示。

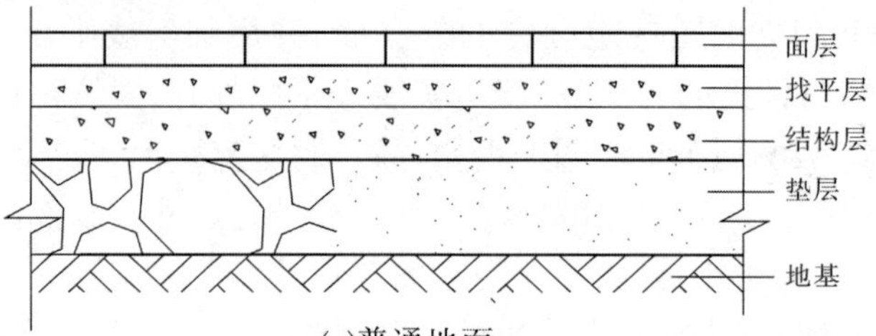

(a)普通地面

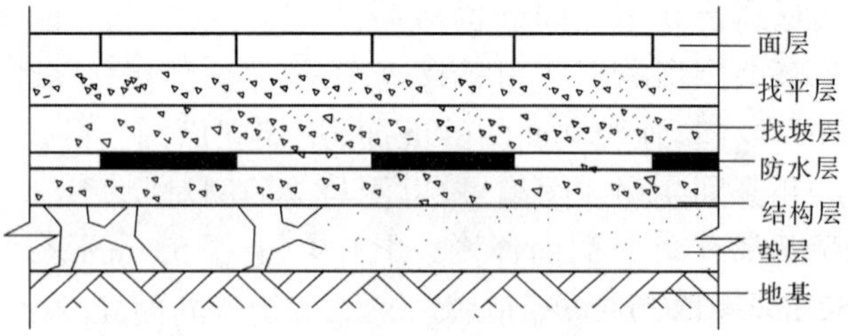

(b)防水地面

图 18-23　地面断面图

任务 19 建筑装饰工程测绘

1 建筑装饰工程测绘的目的和内容

建筑装饰设计的依据是建筑平面图和立面图,施工后的建筑尺寸往往会有较大误差。所以,在建筑装饰设计前,设计师都会对房间进行现场测量与草图绘制,俗称量房,然后根据测量草图进行相应的装饰设计。因此,建筑装饰工程测绘是整个装饰工程的基础工作。

建筑装饰测绘的内容主要包括:

(1)平面测绘:主要测绘房间的长、宽与误差大小,计算出每个用途不同的房间的面积。

(2)立面测绘:主要测绘房间的高度与误差,门、窗的立面尺寸与误差。

(3)平整度测量:主要测量地板与墙面的平整度。

(4)房间设施测量:主要测量已有的暖通设备、管道线路、电器开关与插座等实际位置。

2 建筑装饰工程测绘的主要工具与使用

进行现场量房时要备好绘制草图的工具:绘图垫板一块,A4 纸张几张,钢尺一把或者电子尺一台。

2.1 钢尺及使用方法

钢尺是量房的主要工具,如图 19-1 所示。

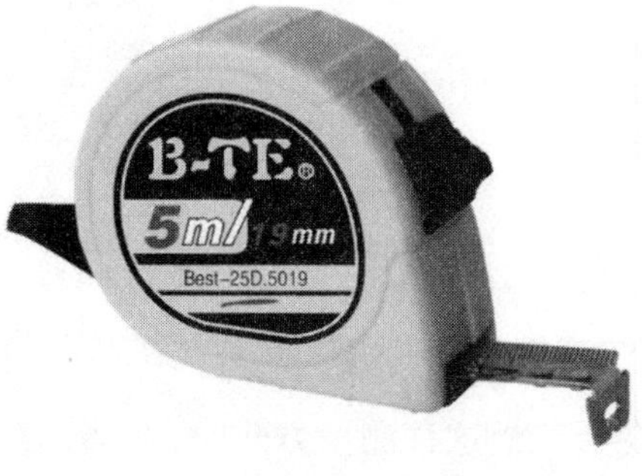

图 19-1 钢尺

钢尺测量时尽量靠紧墙角边,尽量平整成一条直线,减少测量误差,如图 19-2 所示。有转角墙时,钢尺的零刻度线一段紧靠与之垂直的墙脚,另外一段的钢尺读数即为此段墙的长度。

当测量墙体长度无与之垂直的墙体时,选取合适的刻度为测量起点,钢尺两端的数值之差的绝对值为物体所量尺寸,如图 19-3 所示。

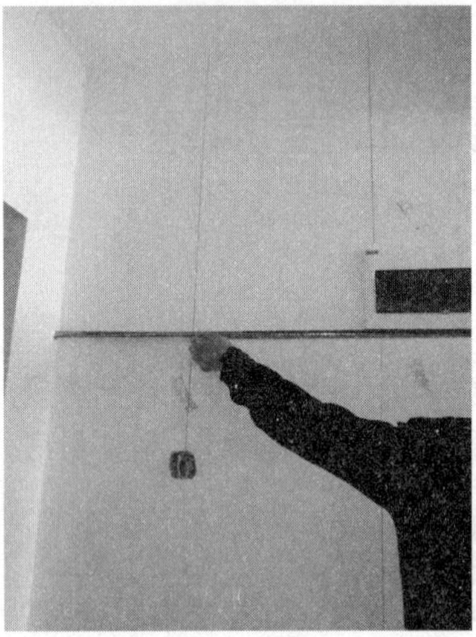

图 19-2　钢尺测量长度(一)

图 19-3　钢尺测量长度(二)

钢尺测量房间的净高时,有两种测量方式:一种是零刻度端放在底板上,如图 19-4 所示;另一种为零刻度段放置在顶棚上,如图 19-5 所示。

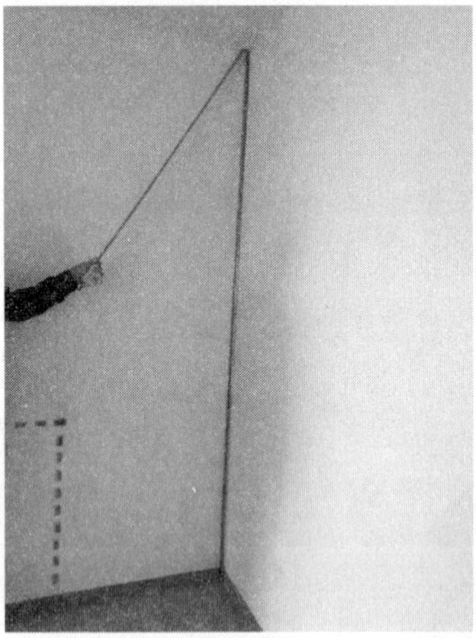

图 19-4　零刻度端放在底板上

图 19-5　零刻度段放置在顶棚上

当采用零刻度端放置在天花板这种测量方式时,在墙体约净高中部部位时,用左手按住钢尺,固定其位置,往下测量时用膝盖辅助走钢尺。

2.2　电子测距仪及使用注意事项

进行办公楼之类室内测量时,由于房间高度较高,通常钢尺测量不便,这时可以使用电子测距仪测距,常见的电子测距仪形状如图 19-6 所示。

电子测距仪使用时要注意仪器的使用说明,如图 19-6 所示这款仪器,面板上有水平泡,使用时需要仪器机身保持水平,水平泡居中时,读数才会准确。

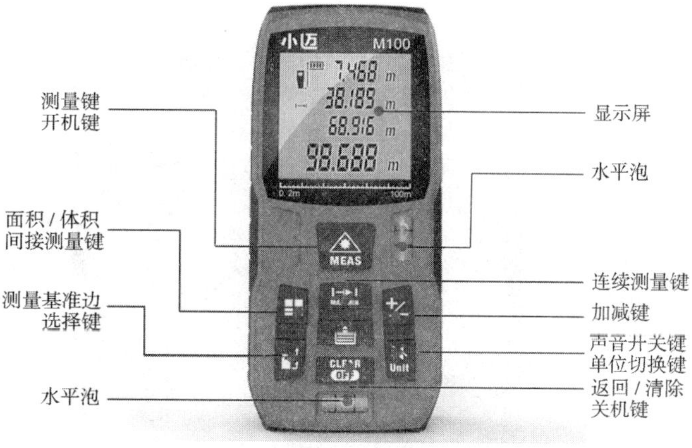

图 19-6　电子测距仪

3　建筑装饰工程测绘的主要方法步骤

对于一般居民住宅建筑，钢尺可以胜任装饰测量工作，所以主要介绍使用钢尺测绘的方法。

3.1　测绘前房屋基础质量检查

在现场的测量活动之前，设计师应该首先对该房屋基础进行检查。检查的过程如下：

一看：看该房屋有没有明显的质量缺陷，该缺陷是不是影响后期的装饰工程的进行；在看的过程中观察房屋的户型类型。

二摸：在一看的过程中，对主要的墙面用手轻轻敲打一下，看看墙面的抹灰（又称批荡）有没有挂网，抹灰不好的轻轻一碰会掉屑。白水泥是否达标，白水泥不达标的会沾手。原墙面的基层处理是否到位，原墙面的基层处理直接关系到后期施工项目及施工质量。一些原墙面处理不到位，如腻子处理不好，直接贴砖处理，容易造成后期瓷砖空鼓，重新进行处理，工期和资金都会造成损失。而如果对原墙面情况没有仔细考量就进行墙面施工，则容易发生装修后没多久墙面开裂的情况。

设计师通过一看二摸勘察房间之后，如有重要的质量缺陷影响正常使用，此工程应该先处理质量问题再进行装饰工程的设计与施工；如质量问题可以在装饰的施工过程中修复，也应在初步设计施工图前向业主提出，明确问题责任方和处理费用等问题。

3.2　现场测绘

现场测绘的方法是：先绘制房间草图；依据草图边测绘边记录；然后进行数据复核；最后整理草图绘成房屋装饰原始测绘图。

图 19-7 为一套住宅建筑的户型图，以该房为例，说明房屋装饰测绘的具体方法步骤。

3.2.1　入户观察

先进入户内，在对建筑物质量检查的基础上，仔细观察户型内墙体的位置关系。

3.2.2　绘制草图

绘制草图采用单线表示法。如图 19-8 所示为草图画法，图 19-8（a）表示入户门墙垛厚 240 mm，洞口宽 970 mm；图 19-8（b）表示窗台距地面 730 mm，距天花板距离为 340 mm，窗户洞口净高为 1 360 mm，窗户洞口宽 1 500 mm。

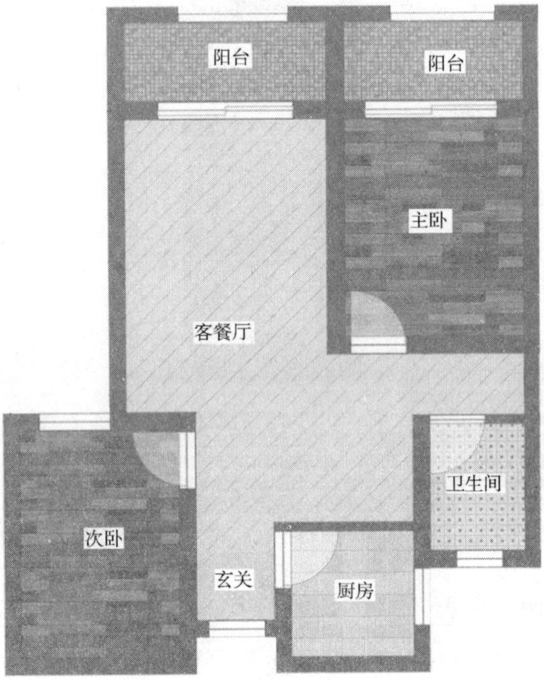

图 19-7 某住宅户型图

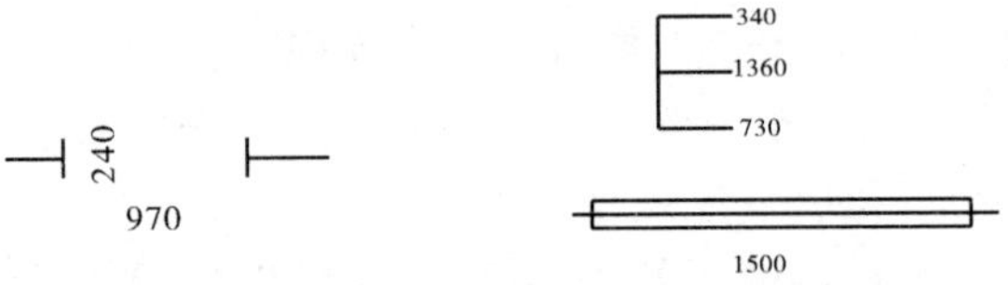

(a)入户门草图　　(b)窗户草图

图 19-8 草图画法

确定绘制草图的定位点，定位点须具有参考性且测量方便，一般取户型图中某个洞口或者某一堵墙起点作为量房草图的起点。本例户型把入户门洞口位置作为草图的起始定位点，绘制草图如图 19-9 所示。

3.2.3 现场测绘记录

在测绘时，需要遵循以下三点：

(1)遵循测量有序原则。为了绘图方便和测量结果尽量准确，我们从起点开始，顺时针或者逆时针挨个房间进行。

(2)遵循先简单后复杂原则。在居住建筑中，卫生间和厨房的管线和设备较多，相比其他空间较为复杂，测量时一般放在后面进行。

(3)遵循先整体后细部的原则。测量房间时，首先测定房间的整体尺寸，如房间的进深、面宽和净高，然后进行局部窗户洞口的细部测绘。

遵循上述原则，结合本户型特点，我们确定测绘的顺序为：门口—次卧—客厅—主卧—卫生间—厨房—门口。

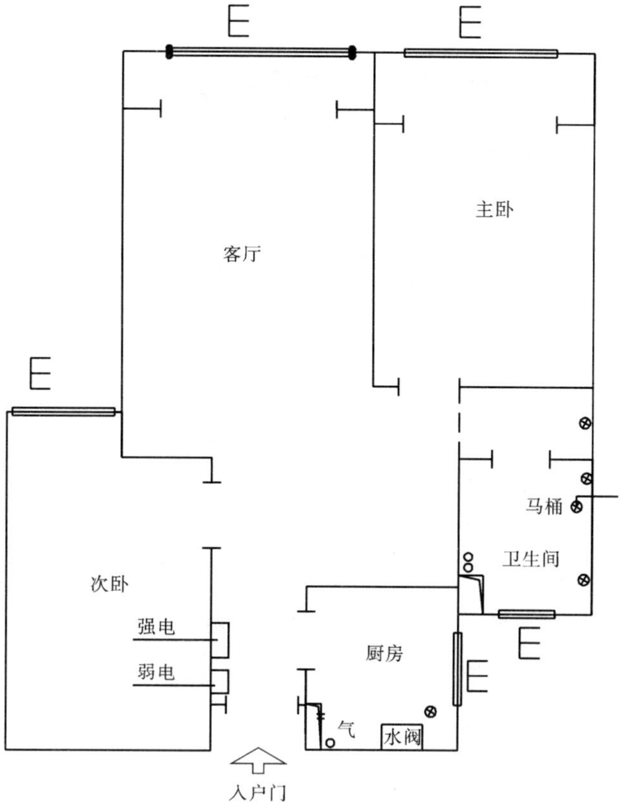

图 19-9 户型草图

具体操作中边测量边记录,形成测量数据图如图 19-10 所示。

说明:图中测量的都是户内的尺寸,部分尺寸标在户外是画图时为避开图形中其他尺寸和图线而采取的措施。

在上图中,出现了四处双虚线的部分,表示此处顶棚有结构梁,X 后数值表示梁底到顶棚的距离,W 后数值表示梁的宽度。

此外,在卫生间和厨房的管道较多,有些管道的位置决定了后期厨房家具和卫生洁具摆放的相对位置和型号。如卫生间的马桶漏管中心距最近那面墙的距离,称为坐便器的实测墙距。这个距离决定了马桶的安装位置和方向以及马桶的型号。现在的房屋坐便器一般都是采用下排水,一般市场上下排水坐便器的墙距大多数为 305 mm 和 400 mm。一般选购的坐便器墙距都小于卫生间的实测墙距,如实测此户的卫生间坐便器实测墙距是 330 mm,选墙距是 305 mm 的坐便器,扣除墙壁贴砖的厚度,这样装好的坐便器的后部与墙之间可能还会有一定空当,会影响美观,但不影响使用,若是选购的坐便器墙距大于卫生间的实际墙距,比如选墙距 400 mm 的坐便器,这种墙距的坐便器肯定是安装不上的。所以,在量房的时候坐便器的下水管要准确测出墙距。

其他给水排水管道,如地漏和上下水管等,它们不像马桶的下水管一样影响洁具的型号选择,只要给定大概的位置即可。卫生间和厨房的风道要给定在房间的位置,现在的风道安装都是成品,尺寸都是一定的,但是厨房的风道要给定风口的所在的位置,如图 19-10

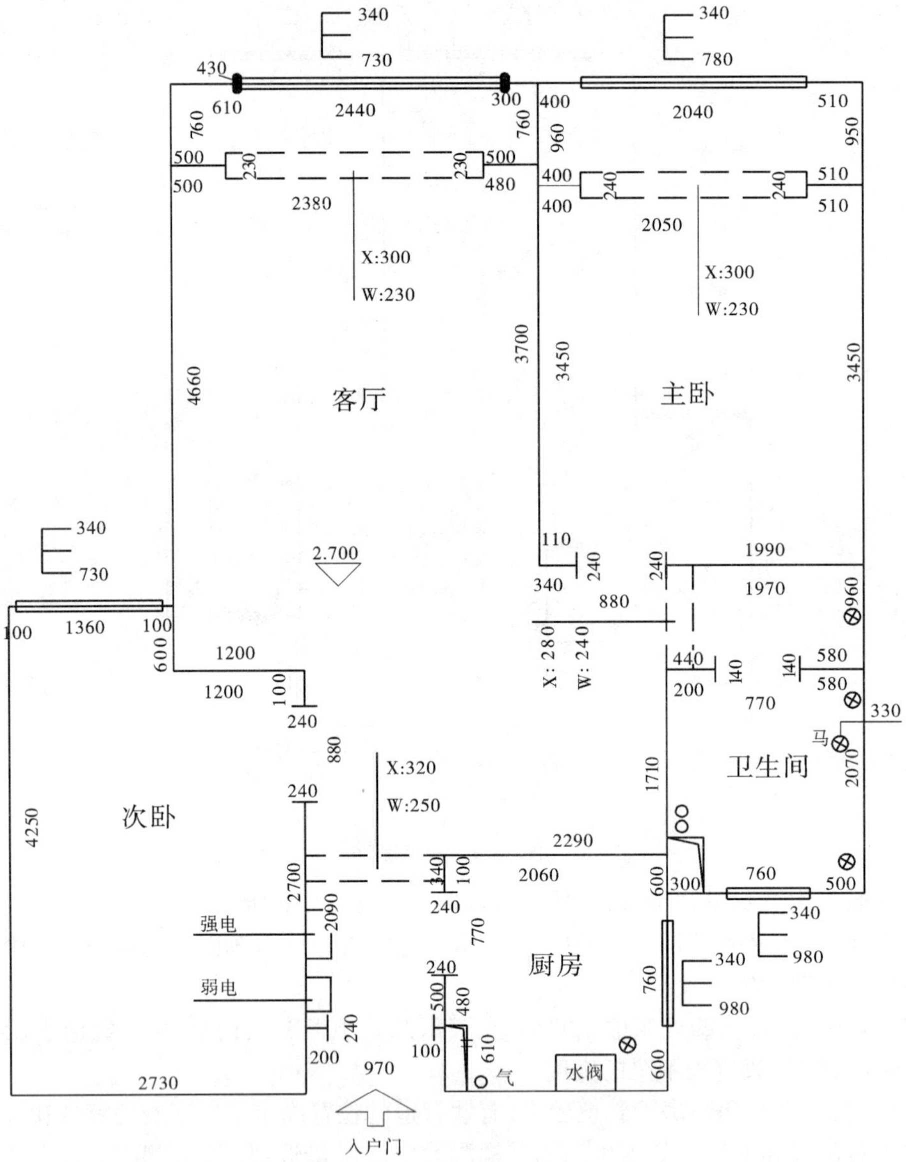

图 19-10 测绘数据草图

中，风口方向用两细线表示，说明这个厨房的风口开口方向向右。厨房的风口朝向决定的油烟机合理放置的方向，虽然也有不少家庭为了美观或者习惯会改造风口的朝向，这些改动势必会增加装修的成本，这个成本要放在装修预算内，所以在量房时需要格外注意。

在表达符号方面，下水口都用“⊗”表示，但是马桶下水口要加上一个“马”区分。水管和燃气管都用“○”表示，为了区别燃气管旁边加一个“气”区分。厨房中的水阀和整户强电和弱电也需要给出大概位置。

假如户型设计没有错层，只需要测量一个层间净高即可。如有错层，每个不同层高都需要测量出来，并且分别标注清楚。

▽符号上方注写 2.700 表示净高为 2 700 mm。

3.2.4　数据复核

房间测量的数据会产生误差，出现误差的原因有两种，第一种误差是建筑物本身存在的原始误差。例如房间的一面墙长设计为 4 900 mm 长，但是实际施工完成之后此面墙长 4 930 mm，这 30 mm 即为房屋在建造施工过程中产生的原始误差。第二种误差是在量房过程中工具的使用不准确，是测量数据与实际值产生的测量误差。

在装饰工程量房中允许一定的误差存在，这些误差可以在装饰活动中得到弥补，如我们可以通过抹灰使原本微倾斜的墙面变得垂直、通过调整底面铺设瓷砖时砂浆厚度调整使地面变得平整等。这种被允许的一定范围内的误差我们称为允许误差。在一般情况下，室内装饰测量允许误差为 ±100 mm。

现场测绘完房间之后，不应立即离开现场，要检查完数据是否合理，误差是不是在合理的范围内。

如图 19-11 所示的次卧测量数据图，左边墙长 4 250 mm，右边的墙总长为 4 280 mm，这两面墙长误差为 30 mm，原始误差与测量误差之和≤允许误差。

如图 19-12 所示的客厅和主卧共用墙测量数据图，这面墙左右的建筑布局不同，客厅外的阳台和主卧外的阳台在沿此墙长度方向的尺寸不同，左边测出的墙长为 5 120 mm，右边测出的墙长为 5 130 mm，这两面墙长误差为 10 mm≤允许误差。

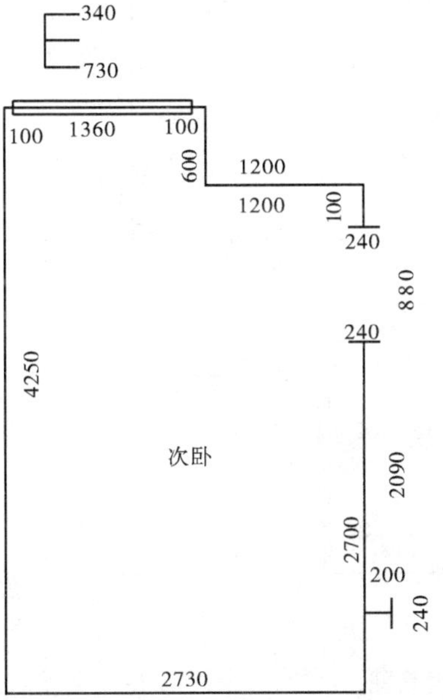

图 19-11　次卧测量数据图

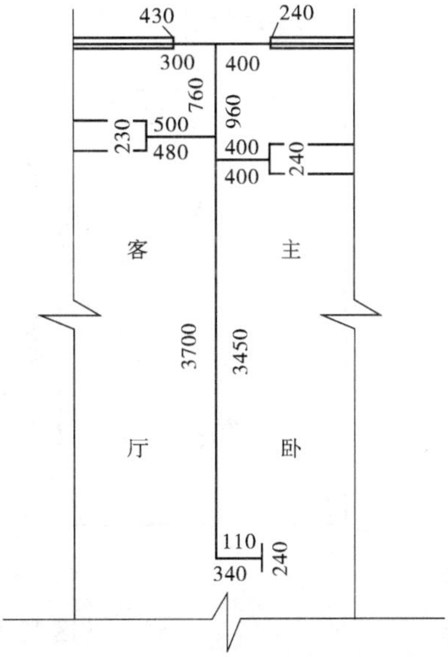

图 19-12　客厅和主卧共用墙测量数据图

根据上述检查方法，图 19-10 草图测量数据均在合理误差范围内。

3.2.5　调整尺寸，消除误差

草图中的原始数据要对允许范围内的误差进行消除处理。

在处理数据的合理误差时，我们应把握几个原则：

(1) 消除误差时考虑建筑模数制和常见的尺寸，建筑模数制是建筑规范，在调整尺寸时要与建筑模数一致。

(2)消除误差时数据要满足装饰施工要求,注意装饰施工工艺对尺寸的要求,以免给装饰施工设计带来困难。

(3)调整尺寸时要部分服从整体、次要服从主要。

根据以上原则调整之后的数据如 19-13 所示。

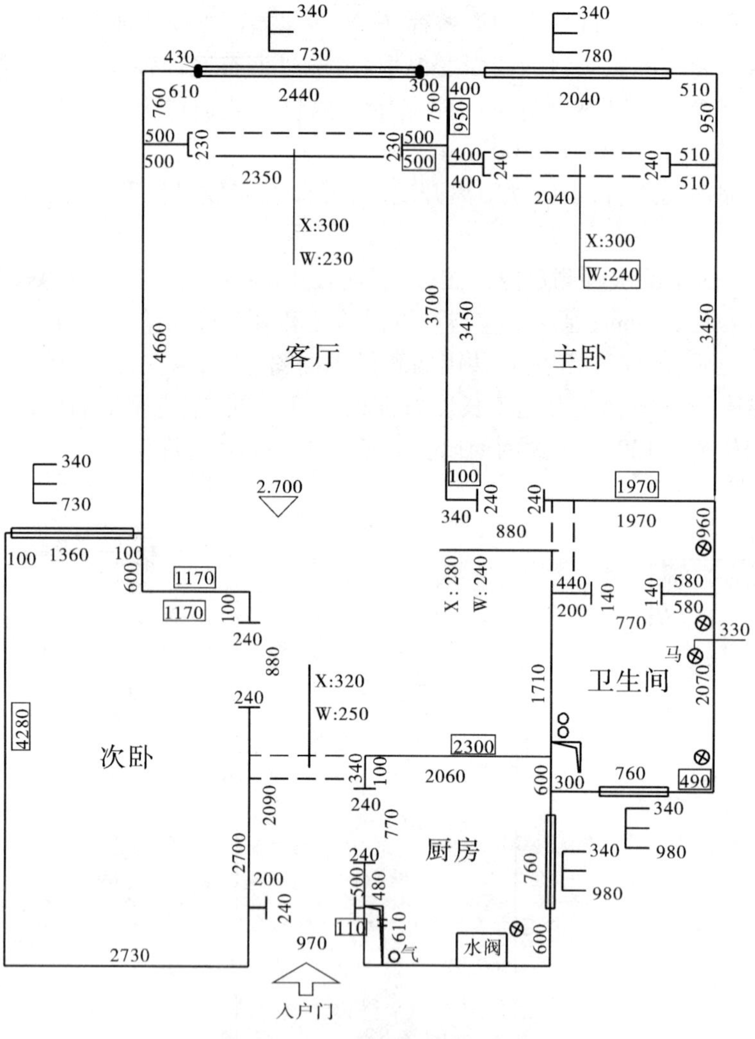

图 19-13　处理后数据草图

注:□内数据为消除误差后的调整数据

3. 2. 6　图形整理与绘制

根据消除误差后的原始数据图,依据尺寸规范要求利用计算机绘图软件画出设计测绘尺寸图。图 19-14 为本例的设计测绘尺寸图。

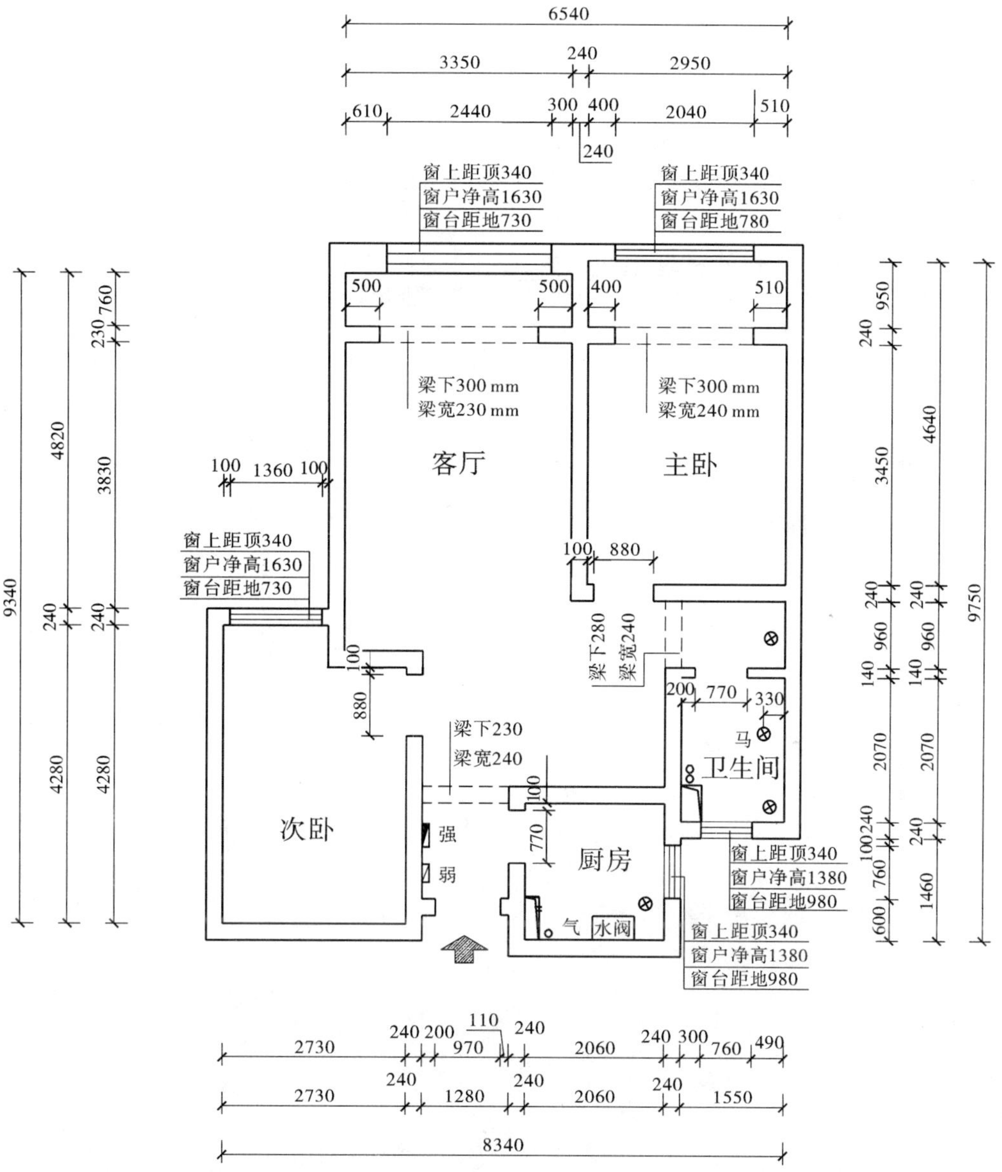

图 19-14 装饰设计测绘图

参 考 文 献

[1] 张多峰. AutoCAD 建筑制图[M]. 北京：中国水利水电出版社,2012.
[2] 吴伟,刘洋,吴俊. 建筑制图与识图[M]. 南京：南京大学出版社,2016.
[3] 赵方欣. 建筑装饰制图[M]. 北京：北京理工大学出版社,2010.
[4] 李思丽. 建筑装饰工程制图与识图[M]. 北京：机械工业出版社,2016.
[5] 高远. 建筑装饰制图与识图[M].3 版. 北京：机械工业出版社,2017.